Patentschutz und Innovation
in Geschichte und Gegenwart

AF151285

Studien zur Technik-, Wirtschafts- und Sozialgeschichte

Herausgegeben von Hans-Joachim Braun

Band 11

PETER LANG

Frankfurt am Main · Berlin · Bern · New York · Paris · Wien

Rudolf Boch (Hrsg.)

Patentschutz und Innovation in Geschichte und Gegenwart

PETER LANG
Europäischer Verlag der Wissenschaften

Die Deutsche Bibliothek - CIP-Einheitsaufnahme

Boch, Rudolf (Hrsg.):

Patentschutz und Innovation in Geschichte und Gegenwart /
Rudolf Boch (Hrsg.). - Frankfurt am Main ; Berlin ; Bern ; New
York ; Paris ; Wien : Lang, 1999
(Studien zur Technik-, Wirtschafts- und Sozialgeschichte ;
Bd. 11)
ISBN 3-631-33055-3

Gedruckt mit Unterstützung
der UniBw Hamburg
und der Siemens AG.

ISSN 0175-9868
ISBN 3-631-33055-3
© Peter Lang GmbH
Europäischer Verlag der Wissenschaften
Frankfurt am Main 1999
Alle Rechte vorbehalten.

Inhaltsverzeichnis

Vorwort des Herausgebers

Obwohl in ihrer Bedeutung ein wenig abgeschwächt, bilden Genese, Patentierung und Verbreitung von Erfindungen nach wie vor ein Kernthema technikhistorischer Untersuchungen. Insofern sind die Beiträge dieses Bandes von erheblichem Interesse für die technikgeschichtliche Forschung. Aber nicht nur dies: Indem auch die vielfältigen gegenwärtigen Probleme des Patentwesens behandelt werden, ist dieser Band auch für so unterschiedliche Disziplinen wie die Technikwissenschaften, die Wirtschafts- und Sozialwissenschaften, die Rechtswissenschaft oder die Politikwissenschaft von Bedeutung.

Die Aufsätze dieses Bandes machen deutlich, daß der Nutzen von Patenten keineswegs immer unumstritten war und daß es durchaus nachvollziehbare Gründe gegen das Patentwesen gegeben hat. Gleichwohl überwogen die Vorteile von Patentgesetzen. Der Band bietet unter anderem Analysen zur Bedeutung von Patenten im 20. Jahrhundert, etwa in der Weimarer Republik und im „Dritten Reich", über die wir bisher kaum etwas wissen und wendet sich in anderem Zusammenhang der höchst umstrittenen Frage zu, ob Patente als Innovationsindikatoren dienen können. Auch Fragestellungen wie der nach gewerblichen Schutzrechten im Kontext von Universitäten und Technischen Hochschulen wird Beachtung geschenkt, wobei im Falle Deutschlands vor allem eine ungenügende Verwertung der Patente herausgestellt wird. Zudem wird deutlich, daß das Bild vom risikofreudigen Unternehmer im Schumpeterschen Sinne, der, „schöpferisch zerstörend", Erfindungen als Innovationen in den Produktionsprozeß einführt, zur Klärung gegenwärtiger Probleme gravierende Mängel aufweist: Um der heutigen Situation gerecht zu werden, müssen eher „Innovationsnetzwerke" untersucht werden. Die aspektreichen Beiträge dieses Bandes liefern vielfältige Erkenntnisse zum besseren Verständnis von Vergangenheit und Gegenwart und sind geeignet, die Diskussion über Erfindungen und Patente ein gutes Stück weiterzubringen.

Hans-Joachim Braun

Vorwort

Am 25. Mai 1877 wurde im Deutschen Reichstag das Reichspatentgesetz
verabschiedet. Dieses Gesetz legte die Rechtsgrundlage für die Entwicklung
eines modernen Erfindungsschutzes nicht nur in Deutschland, sondern auch in
Nord- und Mitteleuropa und war – wie der vorliegende Tagungsband bestätigen
mag – nicht nur in rechtsgeschichtlicher, sondern auch in wirtschafts- und
technikgeschichtlicher Perspektive von epochemachender Bedeutung. Es
markiert die Abwendung des unlängst gegründeten Deutschen Reiches vom bis
dahin tonangebenden Freihandelsliberalismus und den Beginn einer neuen
Epoche aktiver Wirtschaftspolitik des Staates. Zugleich förderte das
Patentgesetz die Herausbildung einer spezifischen deutschen Technikkultur, die
bis zur Wende zum 20. Jahrhundert aus dem Handelszeichen „Made in
Germany", welches das britische Parlament noch 1887 als Warnung vor billigen
deutschen Nachahmungen eingeführt wissen wollte, ein Markenzeichen für
Qualitätsproduktion und Produktinnovation werden ließ. Das Gesetzeswerk
erwies sich als höchst rational und zukunftsorientiert, weil es die zunehmende
Industrialisierung des Erfindens voraussah. Zugleich aber begünstigte die dem
Gesetz inhärente Benachteiligung des unabhängigen Einzelerfinders – folgt man
dem derzeit profundesten Kenner der Geschichte des deutschen Erfindungsschutzes Kees Gispen – eine technologische Kultur des von den Forschungsabteilungen der großen Firmen geprägten „konservativen Erfindens", die
„radikale", d. h. über schrittweise Verbesserungen hinausweisende, Innovationen behinderte und auch heute noch das Erfinden und den Innovationsprozeß
in Deutschland zu beeinflussen scheint.

Die entscheidenden Vorarbeiten für dieses Gesetzeswerk bis hin zur
weitgehenden Ausformulierung des Gesetzentwurfs von 1876 wurden von dem
bedeutenden Unternehmer bzw. Politiker *Werner Siemens* und – weniger
bekannt – von dem damaligen *Chemnitzer Oberbürgermeister Wilhelm André*
als seinem sachkundigen juristischen Berater geleistet.

Ein Jahr nach Gründung des Kaiserlichen Patentamts in Berlin 1878 wurde
Chemnitz eine der ersten Patentauslegestellen in Deutschland. In den folgenden
Jahrzehnten lag die Zahl der Patentanmeldungen in Chemnitz dann stets weit
über dem Durchschnitt vergleichbarer Städte im Reich.

Diese historischen Ereignisse vor nun mehr 120 Jahren und die besondere
Rolle, die der Oberbürgermeister der traditionsreichen Industriestadt Chemnitz
dabei spielte, gaben den Anlaß für eine von der Technischen Universität
Chemnitz, unter Leitung der Professur für Wirtschafts- und Sozialgeschichte,
organisierte und durch die Stadt Chemnitz finanzierte Tagung zum Thema
„Patentschutz und Innovation in Geschichte und Gegenwart".

Einerseits, so beschloß das Vorbereitungsgremium, sollten Historiker der TU Chemnitz gemeinsam mit auswärtigen Fachkollegen einen Blick zurück auf die lange Vorgeschichte und die Entstehungszusammenhänge des gesetzlichen Erfinderschutzes werfen, auf die Argumente für und wider sowie die Motive und Zielperspektiven der schließlich erfolgreichen Befürworter eines Patentschutzgesetzes für das Deutsche Reich. Darüber hinaus sollten die weitere Entwicklung der Patentgesetzgebung im 20. Jahrhundert und die Folgewirkungen des Patentwesens auf technologische Kultur und industrielle Innovationsabläufe thematisiert werden.

Andererseits sollte das historische Ereignis Ausgangspunkt eines Brückenschlags zur Gegenwart sein, die Tagung mithin ein Forum bieten, um „interdisziplinär" mit Unternehmensvertretern, Wirtschaftswissenschaftlern, Industriesoziologen, Mitarbeitern des Deutschen Patenamts und des Bundesforschungsministeriums über die Probleme und Chancen von Erfinderschutz und technischer Innovation heute zu diskutieren.

Die Zahl der Patentanmeldungen in den neuen Bundesländern ist – bei langsam wieder steigender Tendenz – seit 1989 drastisch zurückgegangen. Das beunruhigt und beschäftigt die interessierte Öffentlichkeit einer Stadt wie Chemnitz, die die industrielle Struktur eines hochqualifizierten und diversifizierten Maschinenbaus trotz aller Schwierigkeiten, Schrumpfungs- und Umbruchsprozesse erhalten konnte, und sich selber als „Innovationszentrum" Ostdeutschlands begreift.

Aber auch in den alten Bundesländern gewann der Patentschutz seit den frühen 1990er Jahren ungeahnte Aufmerksamkeit, spielte doch der Verweis auf die im Vergleich zu Japan und den USA niedrige Zahl der Patentanmeldungen als Indikator für mangelnde Innovation und nachlassende internationale Wettbewerbsfähigkeit eine wichtige Rolle im – bis zur aktuellen „Asienkrise" – ubiquitären „Standort Deutschland" – Diskurs.

Können Patentanmeldungen überhaupt so einfach als Indikatoren der technologischen Innovationsfähigkeit einer Gesellschaft und ihrer zukünftigen ökonomischen Erfolge auf dem Weltmarkt gewertet werden? Hängt die vergleichsweise niedrige Zahl deutscher Patentanmeldungen mit einem mangelnden „Patentbewußtseins" zusammen? Ist dieser Mangel ein Problem v. a. der kleinen und mittleren Betriebe sowie der Hochschulforschung oder auch der Großunternehmen und Forschungszentren? Welche Zielsetzungen mit welchen Mitteln verfolgt die 1996 gestartete „Patentoffensive" des Bundesministeriums für Bildung, Wissenschaft, Forschung und Technologie (BMBF)? Wie können darüber hinaus die Rahmenbedingungen für die unternehmerische Umsetzung von Erfindungen verbessert werden? Welche Rolle können die Hochschulen, die Patentanwälte oder regionale und kommunale Institutionen dabei spielen? Müssen nicht heute „Innovationsnetzwerke" die innovative Persönlichkeit und die organisierte Großforschung ergänzen?

Diese und ähnliche Fragen sollten den gegenwartsbezogenen Teil der wissenschaftlichen Tagung, die am 10. Oktober 1997 im Rahmen der jährlichen „Chemnitzer Begegnungen" stattfand, aber auch die zwei Abendveranstaltungen am 09. und 10. Oktober, die sich an ein größeres Publikum von Unternehmern, Managern, Erfindern, Gewerkschaftsvertretern, Patentanwälten, Kommunalpolitikern und Mitarbeitern von Technologieförderzentren und Patentauslegestellen wendeten, strukturieren. Mehr als 120 Personen der genannten Kreise waren am Abend des 09. Oktobers 1997 der Einladung gefolgt, um im historischen Stadtverordnetensaal des Chemnitzer Rathauses den kurz und allgemeinverständlich gehaltenen Vorträgen einiger Teilnehmer der wissenschaftlichen Tagung zuzuhören und – ausgehend von der Geschichte des Patentschutzes jenseits tagespolitischer Polemiken – über „Patentbewußtsein" und „Innovationsklima" zu diskutieren und über die Bedingungen der Möglichkeit technischer Innovation heute nachzudenken.

Der vorliegende Tagungsband dokumentiert auch die wichtigsten Kurzbeiträge dieser Abendveranstaltung, die zugleich eine Einführung in das Thema der Tagung bieten sowie den ebenfalls für eine breitere Öffentlichkeit am Abend des 10. Oktobers gehaltenen Schlußvortrag von Prof. Dr. Werner Rammert „Wer ist der Motor der technischen Entwicklung heute?" Eine Wiedergabe der freien Diskussion hätte freilich den Rahmen dieser Publikation gesprengt.

Schon in der Vorbereitung der Tagung an der Jahreswende 1996/97 war ich überrascht von dem regen Zuspruch und der aufmunternden Hilfe der von mir kontaktierten Institutionen, Firmen und Hochschulkollegen. So ist es gelungen, zum Thema Patentschutz Vertreter unterschiedlichster Professionen und Wissenschaften zusammenzuführen: Historiker, Sozialwissenschaftler, Juristen, Mitarbeiter des Deutschen Patentamtes – auch dessen ehemaligen Präsidenten Prof. Dr. Erich Häusser – Arno Körber als Leiter der Abteilung Patente der Siemens AG sowie Ministerialrat Günter Reiner als Vertreter des BMBF und „Spiritus rector" der 1996 gestarteten „Patentoffensive".

Es gab eine große Bereitschaft aller Beteiligten, sich auf die Konzeption der Chemnitzer Tagung einzulassen, hat es doch im deutschsprachigen Raum bisher weder eine wissenschaftliches Kolloquium noch eine Publikation gegeben, die sich dem Patentwesen in den verschiedenen Fascetten seiner Bedeutung etwa als Indikator, aber auch Initiator technischer Innovation, als Ausdruck staatlicher Wirtschaftspolitik oder der Technikkultur sowohl in historischer Perspektive als auch mit Gegenwartsbezug gewidmet hat.

Die Teilnahme bekannter Wissenschaftler und wichtiger Personen aus der Praxis bzw. Administration des Patentschutzes sowie die nicht alltägliche Verbindung von Geschichte und Gegenwart, sprachen für eine Veröffentlichung der Beiträge in einem Tagungsband.

Die Siemens AG und die AUDI AG ermöglichten die Drucklegung. Ihnen, aber auch der Stadt Chemnitz und den privaten Sponsoren der „Chemnitzer Begegnungen", sei herzlich gedankt.

Chemnitz im Juli 1998

Rudolf Boch

Oberbürgermeister André, Werner von Siemens: Das Patentgesetz und die Stadt Chemnitz

Friedrich Naumann

Zwei weithin bekannte Namen stehen für das genannte Thema: Dr. Heinrich Friedrich Wilhelm André, der Chemnitzer Oberbürgermeister (1874 – 1896), und Dr. Werner von Siemens, der Physiker, Elektrotechniker und berühmte Erfinder – häufig nennt man ihn in einem Atemzuge mit der Entdeckung des dynamoelektrischen Prinzips im Jahre 1866 als Voraussetzung für den daraus entwickelten „Dynamo". Der Zusammenhang zwischen diesen beiden Persönlichkeiten und dem Patentgesetz sowie der Stadt Chemnitz dürfte jedoch eher weniger geläufig sein; lassen Sie mich deshalb die Beziehungen in kurzen Zügen darlegen.

Das vergangene Jahrhundert war eine Zeit der Großen Industrie sowie hervorragender Entdeckungen auf allen Gebieten der Wissenschaft. Gewerbe, Industrie und Wirtschaft erlebten einen bemerkenswerten Aufschwung, technischer Fortschritt machte sich breit, ganz wesentlich bestimmt auch durch Neuerungen und Erfindungen – wir sprechen heute von Innovationen. Es stellte sich bereits damals die Frage, ob und inwieweit der Staat dafür Sorge zu tragen habe, diese Erfindungen als geistiges Eigentum entsprechend zu schützen. Das war nicht einfach zu beantworten, wie sich zeigte, denn während verschiedene Staaten sich beizeiten bemühten, diesen Schutz durch entsprechende Regulative bzw. Gesetzlichkeiten zu gewährleisteten, erklärten dies andere als unnötig und überflüssig. Solch unterschiedliche Auffassungen herrschten allerdings auch innerhalb der deutschen Kleinstaaten, und mitunter entbrannte hinsichtlich des Für und Wider ein heftiger Kampf bis hin zu einer regelrechten Antipatentbewegung. Der Wert des Erfindungsschutzes wurde vor allem dadurch bezweifelt, daß man die *„Beförderung des gemeinschaftlichen Wohls"* und die *„Interessen der Nation"* beeinträchtigt sah; Erfindungsschutz sei *„ein die freie Konkurrenz beeinträchtigendes Gewerbemonopol"* und würde demnach zum *„Hemmschuh der Industrie"*.

Der dem Patent innewohnende Monopolgedanke paßte also nicht in die liberale Wirtschaftspolitik jener Zeit, und die Verschiedenartigkeit der wirtschaftspolitischen Grundauffassungen behinderte deshalb auch über Jahrzehnte die Aufstellung eines Patentgesetzes.

Die Befürworter hingegen – in der Hauptsache natürlich Gewerbetreibende und Industrielle – engagierten sich in Kommissionen, verfaßten Denkschriften und kämpften nahezu verbittert um eine gesetzliche Regelung. Zu diesen Protagonisten gehörte auch Friedrich Georg Wieck[1], der bereits 1839 in einer bemerkenswerten Schrift[2] über die Grundsätze des Patentwesens ein für alle deutschen Bundesstaaten gleich geltendes Patentgesetz unter Garantie des Bundestages einforderte. Auslösendes Moment dafür war vor allem sein enger Kontakt mit der sich rasch entwickelnden sächsischen Industrie, die ihre Konzentration besonders hier in Chemnitz erfuhr.

Wieck gab mit den „Grundsätzen des Patentwesens" viele wichtige Empfehlungen, beklagte jedoch auch, daß in Deutschland noch immer „das System der gegenseitigen Absperrung und Verheimlichung industrieller Kenntnisse Anwendung" findet, „aus dem das allgeliebte und allgemein angewandte Mausesystem entsprungen ist, welches darin besteht, sich gegenseitig durch Intriguen, Abspenstigmachung von Arbeitern, heimliche Benutzung von Formen und Modellen, werthvolle, industrielle Einrichtungen zu entfremden".[3]

Nach jahrzehntelangen Diskussionen auf verschiedenen Ebenen engagierte sich vor allem der 1856 gegründete Verein Deutscher Ingenieure (VDI) für das Patentwesen. Als Interessenvertreter sowohl der Industriellen als auch der Erfinder brachte er es bereits auf seiner vierten Hauptversammlung 1861 auf die Tagesordnung und begründete dessen Notwendigkeit. Zu den einflußreichen Personen, die die öffentliche Diskussion durch Petitionen und dgl. unentwegt ankurbelten, zählten auch Werner von Siemens und Wilhelm André.

Heinrich Friedrich Wilhelm André (1827 – 1903), studierter Jurist, zum Dr. jur. promoviert und zu jener Zeit Obergerichtsanwalt in Osnabrück, konnte auf eine beachtenswerte Reihe von Erfahrungen in Fragen des Privatrechts, des gemeinen Zivilrechts und des Patentrechts verweisen; er verfügte zudem über gründliche Kenntnisse der englischen, französischen und amerikanischen Patengesetzgebung.

Seine Haltung zum Patentschutz in Preußen war eindeutig, deshalb beklagte er auch öffentlich und unmißverständlich: „Die preußische Regierung stand damals dem Patentschutze gegenüber auf einem durchaus ablehnenden Standpunkte und hätte am liebsten die ganzen damals in Deutschland geltenden Bestimmungen einfach aufgehoben. Einen Patentgesetzentwurf ihrerseits dem Reichstage vorzulegen, hatte die Regierung keinerlei Neigung. Man ging damals von der Ansicht aus, daß sich ein brauchbares Patentgesetz überhaupt nicht herstellen lasse und daß die in anderen Ländern bestehenden zahlreichen Patente mehr Schaden durch vielfache Belästigungen der Industrie hervorriefen, als Nutzen stiften durch Anregung neuer Erfindungen."[4]

André plädierte deshalb mit Nachdruck für die Ausarbeitung eines eigenen Patentgesetzes und stimmte hierin auch mit dem Ausschuß des VDI überein, der durch den Generaldirektor Winzer zu Georg-Marienhütte, den Fabrikbesitzer Gärtner zu Buckau bei Magdeburg sowie den Vereinsvorsitzenden Professor Grashof zu Karlsruhe gebildet wurde. Der Ausschuß wandte sich schließlich an André mit dem Ersuchen, eine Petition an den Reichstag zu verfassen. Um die Arbeiten zum Entwurf aufzunehmen, gewann man auch den einflußreichen und *„auf dem Gebiete der Elektricität berühmten Fabrikbesitzer Werner Siemens in*

Berlin" sowie *„den Schriftführer des Ingenieurvereins Ingenieur Ziehbarth in Berlin"*[5] und bildete eine Kommission, die erhebliche Autorität und damit auch Einfluß in Staat und Wirtschaft besaß. Auf diese Weise gelangten André und Siemens erstmals zusammen, um die wichtigsten Grundsätze zu diskutieren und auszuarbeiten.

Über die Zusammenarbeit mit Siemens schreibt André: „Ich habe seiner Zeit etwa 14 Tage bei ihm in Charlottenburg gewohnt und mich mit ihm lebhaft nicht bloß unterhalten, sondern auch gestritten. Denn Dr. Siemens besaß große Erfahrung und meine juristischen – und was die Hauptsache war – Verwaltungstheorien verfocht ich meinerseits auch nicht eben sehr nachgiebig. Schließlich einigten wir uns so vollständig, daß wir uns später immer sehr leicht verständigten." Und weiter: „Es kam denn auch ein Entwurf zu Stande, der als Entwurf des deutschen Ingenieurvereins von diesem angenommen und veröffentlicht wurde. Er wurde ins Englische und Französische übersetzt und gelangte in dieser dreifachen Gestalt an die Patentconferenz auf der Wiener Weltausstellung."[6]

Man berief André ebenfalls in eine Kommission, wo er als juristischer Berater eine Stellungnahme für die Mitglieder des Reichstages, den Bundesrat und die Tagespresse anzufertigen hatte. Außerdem erhielt er den Auftrag, einen Vorentwurf herzustellen, der dann mit Siemens weiter beraten werden sollte. Zur Kommission gehörten noch der Zivilingenieur Carl Pieper aus Dresden, Prof. Klostermann aus Bonn, Assessor Dr. Rosenthal sowie Wilhelm Siemens, Werner von Siemens' Bruder aus England.

André stützte sich vor allem auf die Verhandlungen der englischen Parlamentskommission von 1871 und 1872 sowie auf die amerikanische Patentgesetzgebung. Der so entstandene und als Entwurf des VDI von diesem angenommene und veröffentlichte „Entwurf eines Patentgesetzes für das Deutsche Reich" war sehr praxisnah ausgerichtet und regelte den Gegenstand des Patentschutzes und das Erteilungsverfahren, die Aufgaben der Patentbehörden (Patentamt und Reichsoberhandelsgericht) sowie die Rechtsstreitigkeiten. Vor allem orientierte er auf eine schnelle Verbreitung von Erfindungen.

1873 gelang es, in Wien einen internationalen Patentschutzkongreß zu organisieren; Erfinder, Industrielle und Bürokratie – *„achtungsgebietende Klassen und Interessen"*, wie Siemens es ausdrückte – fanden damit erstmals das angestrebte Forum, die immer dringender werdenden Fragen zu beraten. Der Kongreß trug entscheidend zur Verbesserung des Rechtsbewußtseins für einen Schutz von Erfindungen bei und faßte den sehr programmatischen Beschluß, diesen Schutz in den Gesetzgebungen aller zivilisierten Nationen zu verankern. An Gegnern mit pronociertem Auftritt fehlte es trotz allem nicht, und auch diese hatten gute Gründe wider das Patentwesen vorzubringen.

André nahm als deutscher Vertreter teil und brachte vor allem das als „Entwurf des deutschen Ingenieur-Vereins" bekannt gewordene Dokument in die Diskussion ein. Natürlich wußte er damit nicht nur die Meinung des VDI, sondern auch die deutsche Auffassung zu vertreten. Nach den Verhandlungen in Wien stand für Deutschland die Gründung eines nationalen Patentschutzvereins zur Disposition, dessen Vorsitz Werner von Siemens übernahm. In diesem Zusammenhang sei auf einen Brief (vom 16. Februar 1874) an Eugen Langen, Vorsitzender des Kölner Bezirksvereins des VDI, verwiesen; Siemens hatte hierin mit einigen bemerkenswerten Sentenzen nochmals an den Kongreß erinnert, vor allem jedoch die nationalen Erfordernisse dargelegt:

„Das Einzige, was wir tun können, ist daher die Bildung eines rein deutschen Organismus einzuleiten, welcher die weitere Agitation in die Hand nimmt. Ich schlage daher vor, einen deutschen Patentschutz-Verein zu organisieren. Dieser Verein muß seinen Sitz in Berlin haben. Er muß sich Journale beschaffen für seine Agitationszwecke. Er muß Zweigvereine über ganz Deutschland haben, natürlich mit Ausschluß Österreichs. Er muß alle technischen Gesellschaften Deutschlands auffordern, sich seinen Bestrebungen anzuschließen. Er muß ferner eine Form finden, unter welcher er wohlhabende Fabrikanten und technische Firmen zur Aussprache für die Vereinszwecke und zur Zahlung von Geldbeträgen für die Agitation heranzieht. Er muß dann schließlich interpellieren und petitionieren. Ich gebe zu, daß dieser Weg beschwerlich und zeitraubend ist, er wird aber desto sicherer zum Ziel führen."[7]

Mit der Gründung des Deutschen Patentschutzvereins waren vor allem die Unternehmerinteressen gesichert, denn dem Vorstand gehörten neben sechs Professoren und drei Juristen zehn Fabrikanten an – Ingenieure waren nicht vertreten. So konnte Werner von Siemens seinem Bruder Wilhelm nun mit Stolz berichten: „Die ganze deutsche Großindustrie und wissenschaftliche Technik ist im Verein vertreten, und eine Menge Vereine haben ihren Beitritt mit ansehnlichen Beiträgen zugesagt. Wir werden auf diesem Wege unseren Zweck durchsetzen, da nicht die Erfinder, sondern die Gewerbetreibenden Deutschlands jetzt für das Patent eintreten."[8]

Eine ähnliche Diktion enthielt die auf der 1874 abgehaltenen Hauptversammlung des VDI von André vorgetragene Begründung zum Patentgesetz. In seinen Lebenserinnerungen findet sich zum Wesen der deutschen Patentgesetzgebung deshalb die Bemerkung, daß diese „nicht in der Anerkennung einer naturrechtlichen Befugnis des Erfinders, sondern in der Bekämpfung des Geheimnisses gegen entsprechende Berücksichtigung des Interesses der Erfinder" bestehe, „Das sollte nicht sein und sollte bekämpft werden." Auch er orientierte sich also im wesentlichen auf das Interesse der Fabrikanten und der ihnen nahestehenden Gewerbetreibenden. Das Publikum hingegen hätte vor allem ein Interesse, „beim Ingebrauchnehmen nicht auf Hindernisse zu stoßen und unbehelligt zu bleiben". Es „hat nur das Interesse an dem durch Erfindungen bedingten Fortschritt der Industrie." Auf die Ausarbeitung des Gesetzes bezogen, hieß dies also: „Bei dieser Sachlage und im wohlverstandenen Interesse der Erfinder muß man jede Maßregel darauf prüfen, ob die von dem einzelnen Standpunkte aus mehr Vorteile oder Nachtheile bringt und ob schließlich die Allgemeinheit davon Nutzen zieht."[9]

Obwohl die im Frühjahr 1875 einberufene Generalversammlung durch einen Eklat überschattet wurde, der den Verein in Gefahr zu bringen drohte, wurden die Vorbereitungsarbeiten fortgeführt. Von großem Vorteil erwies sich nicht zuletzt der Beitritt des einflußreichen Centralvereins deutscher Industrieller – einer der wesentlichen Propagandisten für das Motto „Schutz der nationalen Arbeit" und orientiert auf das Zurücktreten der Interessen der Einzelerfinder.

Nachdem die ganze deutsche Großindustrie sowie die Vertreter der wissenschaftlichen Technik dem Patentverein beigetreten waren, konnte Siemens seine berühmte Denkschrift zusammen mit dem Gesetzentwurf am 6. April 1876 an den Reichskanzler Otto von Bismarck übergeben. Das Reichskanzleramt ernannte daraufhin im September 1876 eine Patent-Kommission zur Vorbereitung eines Reichsgesetzes, wobei auch die Länder durch Einrichtung von Enquête-Kommissionen in die Arbeit einbezogen wurden. Der Entwurf wurde am 14. November 1876 fertiggestellt und veröffentlicht. Nachdem die Landesregierungen ihr Einverständnis erklärt hatten, die kaiserliche Genehmigung sowie die Billigung von Bundesrat und Reichstag vorlagen, wurde das Gesetz mit 138 Ja- und 90 Neinstimmen angenommen und am 25. Mai 1877 verkündet. Am 1. Juli 1877 trat das 45 Paragraphen umfassende Gesetzeswerk schließlich in Kraft.

Der bekannte Jurist Rudolf Klostermann schrieb dazu 1877: „Möge das Gesetz, wie es aus den eigensten Bestrebungen des deutschen Gewerbestandes hervorgegangen ist, der deutschen Industrie zur schirmenden Wehr und zur Waffe des siegreichen Fortschritts gedeihen." Und Siemens: „Wir können in der Tat zufrieden mit unserem Resultat sein."[10]

Inwieweit das Patentgesetz ein wesentlicher Hebel des Fortschritts und für das industrielle Wachstum bedeutsam wurde, ist sicher nur aus gesamt-gesellschaftlicher Sicht heraus zu beantworten. Die Vorteile nutzten vor allem Unternehmer und Finanziers, demgegenüber drohte der „kleine Erfinder" bereits an der Schutzgebühr von 15.000 Mark zu scheitern.

Für den Chemnitzer Oberbürgermeister Dr. André, der fast 22 Jahre die Geschicke unserer Industriestadt leitete, blieben Patentwesen und Gesetzeswerk auch fürderhin interessant. Er widmete sich deshalb nicht nur weiteren wissenschaftlichen Untersuchungen[11], sondern beteiligte sich auch an der juristischen Präzisierung und Vervollständigung des neuen Patentgesetzes, das am 7. April 1891 erlassen wurde. Ihm gebührt deshalb gleichermaßen die von Siemens für die Arbeit aller Beteiligten ausgebrachte Wertschätzung:

„Diese Herren haben ohne irgendein eigenes Interesse zu Sache sich mit großem Eifer und Fleiß der übernommenen Aufgabe gewidmet und sich dadurch ein unzweifelhaftes Verdienst um die deutsche Industrie erworben. Es ist um so höher anzuerkennen, als früher kaum ein Jurist in Deutschland zu finden war, welcher nicht die damals herrschende, von der Staatsregierung vertretene und begünstigte Ansicht teilte, daß das Patentwesen schädlich wirkte und sich überlebt hätte und daß ein regionales Patentgesetz überhaupt nicht zu machen wäre."[12]

Ich denke, wir haben Grund genug, André auch in dieser Hinsicht in guter Erinnerung zu behalten.

Anmerkungen:

[1] Friedrich Georg Wieck (1800 – 1860) verfaßte zahlreiche Abhandlungen technischen und ökonomischen Charakters für die Zeitschrift „Gewerbe-Blatt für das Königreich Sachsen", später „Deutsche Gewerbezeitung und sächsisches Gewerbeblatt"; 25 Jahre redigierte er diese Zeitschrift bzw. stand ihr als Chefredakteur vor.

[2] Friedrich Georg Wieck, Grundsätze des Patentwesens. Wichtigkeit der Erfindungs- und Einführungspatente für die Industrie und die dringende Nothwendigkeit einer allgemeinen Patentgesetzgebung für Deutschland, Chemnitz 1839.

[3] Ebenda, S. 32.

[4] Wilhelm André, Lebens-Erinnerungen, Marburg 1901, S. 66.

[5] Ebenda.

[6] Ebenda, S. 67f.

[7] Karl-Heinz Manegold, Vom Erfindungsprivileg zum „Schutz der nationalen Arbeit", in: Zs. d. TU Hannover 2 (1976), S. 13.

[8] Carl Matschoß, Werner Siemens, Bd. 1, Berlin 1916, S. 521.

[9] Wilhelm André, Lebens-Erinnerungen [wie Anm. 4], S. 72, 74.

[10] Zit. von Wilhelm Treue, Die Entwicklung des Patentwesens im 19. Jahrhundert in Preußen und im Deutschen Reich, in: Wissenschaft und Kodifikation des Privatrechts im 19. Jahrhundert, Bd. 4, hrsg. v. Helmut Coing und Walter Wilhelm, Frankfurt/M. 1979, S. 179.

[11] Vgl. z. B.: Die Neuheit einer Erfindung im Sinne des Reichspatentgesetzes, in: Patentblatt Nr. 49 (1878), S. 267 – 272.

[12] Werner Siemens, Auswahl von Briefen, l. c., S. 526. Zit. in: Werner Siemens und der Schutz der Erfindungen, Berlin 1922, S. 52.

Hintergrund, Bedeutung und Entwicklung der Patentgesetzgebung in Deutschland 1877 bis heute[1]

Kees Gispen

Patente sind auf Zeit festgelegte Privilegien. Staaten verleihen Patente im Austausch für die Veröffentlichung einer Erfindung, in dem Glauben, daß dies der Gesellschaft als ganzes *nützlich* ist. Ob Patente Erfindungen und Innovationen tatsächlich fördern, ist schwer zu messen und bleibt bis heute ein Streitpunkt. Die meisten Experten aber sind der Meinung, daß Patente den technologischen Fortschritt maßgebend vorantreiben. Viel Energie wird darauf verwendet, um die Beziehungen zwischen Patentsystemen und Innovationen zu erforschen. Es gibt aber noch einen anderen Aspekt des Patentschutzes, der normalerweise viel weniger Beachtung findet. Dies ist die sozialpolitische Seite des deutschen Patentsystems, welche auch von einigem Interesse ist und in diesem Beitrag etwas näher erörtert wird.

Als das kaiserliche Deutschland 1877 das Patentgesetz erstmals verabschiedete, geschah dies in Zusammenhang mit einem fundamentalen Umschwung in der Wirtschaftspolitik. Bis zur Mitte der siebziger Jahre des 19. Jahrhunderts war die Wirtschaftspolitik von einem dogmatischen Glauben an Handels- und Gewerbefreiheit geprägt. Patente, in dem Blickwinkel des deutschen Wirtschaftsliberalismus der damaligen Zeit, waren schädlich, weil sie als besondere Privilegien das Wirtschaftswachstum nur behinderten. Vor der Mitte der siebziger Jahre spielten Patente deshalb eine kleine und sich verringernde Rolle in den meisten deutschen Staaten.[2]

Als die Wirtschaftskrise von 1873 – 79 den Liberalismus diskreditierte und eine neue, auf Zollschutz beruhende Wirtschaftspolitik hervorbrachte, wurde auch die Antipatenttheorie verworfen. Nach dieser Wende wurden Patente als wichtige Instrumente zur Stärkung der deutschen Industrie geschätzt. Es wurde jetzt eingesehen, daß Patente z. B. Investitionen in sonst allzu riskante Techniken fördern konnten. Wie bekannt, hat Werner von Siemens eine sehr wichtige Rolle in dieser Umorientierung und der Verabschiedung des deutschen Patentgesetzes gespielt.[3]

Siemens hatte aber nicht alle Ideen der früheren Antipatentbewegung aufgegeben. Einerseits sah er ein, daß Patentschutz benötigt wurde, um die deutsche Industrie lebensfähig zu erhalten und neue Techniken zu entwickeln. Andererseits hatte er aber auch vieles von dem alten Mißtrauen Patenten gegenüber beibehalten. Vor allem befürchtete Siemens, daß Patente die Urheberrechte des Erfinders allzusehr schützten und deshalb dem Erfinder zu viel Macht dem Unternehmer gegenüber gaben und das Tempo der Innovation verlangsamen konnten.[4]

Das Ergebnis dieser erfinderfeindlichen Einstellung war ein Patentsystem, das sich von denen in Großbritannien, Frankreich und den USA wesentlich unterschied. Die Patentsysteme dieser Staaten beruhten auf dem sogenannten *Erfinderprinzip*, welches den Erfinder als den Urheber der Erfindung betrachtete und ihm Eigentumsrechte vergleichbar mit denen eines Schriftstellers oder Künstlers zugestand. Dieses Erfindersystem, welches aus der Zeit der Französischen Revolution stammte, verlieh das Patent demjenigen, der als erster die betreffende Erfindung gemacht hatte. Das wesentlich jüngere Patentsystem des deutschen Kaiserreichs dagegen erwähnte noch nicht einmal den Erfinder. Es basierte auf dem sogenannten *Anmelderprinzip*, welches das Patent demjenigen ausstellte, wer als erster die Erfindung beim Patentamt einreichte. Das Anmelderprinzip wurde von vielen Regelungen unterstützt, die der Großindustrie günstig, dem individuellen Erfinder dagegen abträglich waren. Es wurde z. B. ein System von hohen und jährlich steigenden Patentgebühren eingeführt, welches den Patentinhaber dazu zwang, entweder seine Erfindung so bald wie möglich auf den Markt zu bringen, oder aber sein Patent fallen zu lassen. Die hohen deutschen Patentgebühren haben viele kleine unabhängige Erfinder um ihre Patente gebracht.[5]

Eine weitere, sich aus dem Anmelderrecht entwickelnde erfinderfeindliche Regelung war die sogenannte Betriebserfindung, welche die Rechte des angestellten Erfinders einschränkte. Der Theorie der Betriebserfindung zufolge hatten Erfindungen, die aus der Zusammenarbeit mehrerer enstanden oder durch die Hilfsmittel und Erfahrungen des Betriebes ermöglicht wurden, keinen menschlichen Erfinder. Der Betrieb als solcher hätte die Erfindung gemacht, weshalb sie dem Unternehmer unmittelbar gehörte. Die Betriebserfindung entzog dem Arbeitnehmer die Erfindereigenschaft. Infolgedessen wurde ihm die Grundlage eines Anspruchs auf Sondervergütung oder Gewinnbeteiligung genommen.[6]

Selbstverständlich war das Patentgesetz von 1877, das 1891 ergänzt wurde, aber im großen und ganzen bis 1936 in Kraft war, wesentlich komplizierter als diese kurzen Ausführungen aufzeigen können. Insgesamt jedoch war es, wirtschaftlich gesprochen, ein höchst rationales und zukunftsorientiertes System, welches die Industrialisierung des Erfindens voraussah und in der Zukunft die herrschende Form des technischen Fortschritts wurde. Trotzdem läßt sich festhalten, daß im Vergleich mit Staaten wie z. B. den USA, die deutsche Patentgesetzgebung den Erfinder benachteiligte. Diese Ausrichtung, vor allem die Benachteiligung des unabhängingen Erfinders, hatte m. E. weitreichende Konsequenzen für die technologische Kultur Deutschlands. Historiker der Technik sehen einen Zusammenhang zwischen unabhängigen Erfindern und *radikalem Erfinden*, d. h. der Einführung von komplett neuen Technologien. Die Forschungsabteilungen der Großkonzerne, im Vergleich dazu, scheinen sich durch *konservatives Erfinden*, d. h. die schrittweise Verbesserung von bestehenden Techniken auszuzeichnen. Falls diese Hypothese stimmt, würden die erfinderfeindlichen Regelungen im deutschen Patentsystem zum Teil erklären wie sich ein gewisses technologisches Klima entwickelt hat. Dieses Klima hätte, im Vergleich mit den USA, die Perfektion von existierenden und etablierten Technologien vorangetrieben, anstatt neue und revolutionierende einzuführen.[7]

Obwohl das Patentgesetz von 1877 dieses konservative Erfinden gestützt hat, verhalf es der deutschen Industrie trotzdem zum Aufschwung. Das Patentsystem war also zweifellos ein wichtiger Faktor im Aufstieg Deutschlands zur industriellen Großmacht, vor allem in den Bereichen Chemie, Elektrotechnik und Maschinenbau. Dieser wirtschaftliche Erfolg mußte aber teuer bezahlt werden. Der Preis war nicht nur eine Tendenz zu relativer technologischer Beharrlichkeit und Ordnung, sondern ebenfalls ein hoher Grad von sozialpolitischem Unmut. Besonders die Verdrängung der Person des Erfinders hilft die Frustration der Ingenieure, Erfinder und Wissenschaftler hinsichtlich ihrer Stellung in der Gesellschaft zu verstehen, ebenso wie den jahrzehntelangen Kampf um ihr berufliches Ansehen, in dem sie versuchten, das Patentsystem erfinderfreundlich umzugestalten.[8]

Bereits im ersten Jahrzehnt des 20. Jahrhunderts wurde von Interessenvertretern der Ingenieure und anderen Patentgesetzreformern eine Bewegung ins Leben gerufen, um das Patentgesetz zu ändern. Sie forderten die Einführung des Prinzips des amerikanischen Erfinderrechts, die Abschaffung der Betriebserfindung, gesetzliche Angestelltenerfindervergütung und reduzierte Patentgebühren für unabhängige Erfinder. Die kaiserliche Regierung, beunruhigt über den Anstieg der Wählerstimmen für die Sozialdemokratie, wollte 1913 eine Patentgesetzreform einführen, die Teilen dieser Forderungen nachkam. Wegen des Ausbruchs des Ersten Weltkrieges wurde das Gesetz nicht mehr erlassen, und während des Krieges kam die Reform zum Erliegen.[9]

Nach 1918 nahmen Patentreformer den Kampf wieder auf, aber aus verschiedenen Gründen war die Weimarer Republik noch weniger bereit ihnen zu helfen als das Kaiserreich. Der Arbeitsrechtsgesetzentwurf von 1923 z. B., der ausführliche Regelungen über Angestelltenerfindungen vorsah, verschwand während der politischen Umorientierung die mit dem Ende der Inflation zusammenhing. Ebenso verschwand der Entwurf des Patentgesetzes von 1932 in dem Chaos, das den Zusammenbruch der Weimarer Republik und die Machtübernahme der Nationalsozialisten 1933 begleitete.[10]

Genauso wie die Patentreformbewegung selbst, entsprangen die Argumente, mit denen die Patentreformer ihre Forderungen begründeten, aus dem Gefühl der Benachteiligung des Mittelstandes heraus. Im Zentrum dieser Argumentation stand die romantische Idee, die Erfinden als ureigenst individuelle und kreative Handlung des menschlichen Geistes darstellte. Erfindungen, in dieser Sichtweise, resultierten nicht aus rationalisierter, syste-

matischer und kollektiver geistiger Arbeit, wie die Großindustriellen be-
haupteten, sondern aus künstlerisch inspirierter Eingebung, die in dem
heroischen und talentierten Individuum gefunkt hatte. Vor allem während der
Zwanziger Jahre fanden solche Ideen Anklang bei Erfindern, Ingenieuren
und sogar bei einem größeren Publikum. Visionen des Erfinders als
eingekreistem Genie im Kampf mit den Mächten des Bösen – Rationalisierung
und marxistischem wie kapitalistischem Kollektivismus – trafen zusammen mit
dem allgegenwärtigen Unmut über den verlorenen Krieg, Arbeitslosigkeit und
wirtschaftlicher Stagnation während dieser Jahre.[11]

Die Übertreibungen der romantischen Erfinderidee finden sich auch in
Adolf Hitlers Buch „Mein Kampf". Hitler machte sich die anti-kollektivistischen
Argumente der Patentreformer zu eigen und vereinigte sie mit der völkischen
Ideologie der Arier-Genialität für technische Kreativität, welche er der
kapitalistischen Habgier und dem jüdischen Finanzkapitalismus gegenüber-
stellte. Es ist nicht deutlich, bis zum welchen Ausmaß Hitler im Stande war, die
Frage der Patentreform für seine Zwecke bei den Wählern auszubeuten. Aber
nachdem die Nationalsozialisten an die Macht kamen, wurde die Patentgesetzreform, wie das in „Mein Kampf" angedeutet und von Erfindern und
Ingenieuren seit langem gefordert worden war, bald zur Realität.[12]

Obwohl der ständige Widerstand der Großindustrie anhielt, drückten die
Nationalsozialisten Reformen durch, die den Erfinder in den Mittelpunkt des
Patentsystems stellten. Das Patentgesetz von 1936 hat – jedenfalls im Prinzip –
das Anmelderecht durch das Erfinderrecht ersetzt. Das Gesetz hat auch die
gehaßte Betriebserfindung ausscheiden lassen, die Patentgebühren herabgesetzt
und eine Vielfalt von finanziellen Erleichterungen für unabhängige Erfinder
eingeführt.[13] Zur gleichen Zeit wurden die Arbeiten an einem *Gefolgschaftserfindergesetz* mit obligatorischer Erfindervergütung wieder aufgenommen. Die
Arbeitnehmererfindervergütung wurde dann endlich 1942 und 1943 in Form von
Kriegsverordnungen verabschiedet, die Hermann Göring und Albert Speer
verkündeten – wieder über die Proteste der Industrie hinweg – um die
Leistungen der Rüstungsindustrie zu erhöhen.[14]

Speers Verordnungen stellten keine isolierte Vorgehensweise dar. Sie
waren Teil einer allumfassenden Politik der Erfinderbetreuung, die versuchte,
Erfindungen und Innovation von der Münchener Parteizentrale aus zentral zu
lenken und zu fördern. Grundsätzlich beruhte die ganze nationalsozialistische
Erfinderpolitik, einschließlich der Patentgesetzreform von 1936, auf einer
Einschätzung stagnierender Innovationen und Erfindungen während der
Weimarer Republik, deren Ursachen auf die Erfinderfeindlichkeit des
Patentgesetzes und des Kapitalismus im allgemeinen zurückgeführt wurde. Der
Gedankengang des Nationalsozialismus war, das System durch Reformen
erfinderfreundlicher zu machen und damit die im Volke vorhandene technische

Genialität zu befreien. Das sollte es Deutschland ermöglichen, die Welt-machtstellung zu erobern, auf die es Anspruch hatte.[15]

Nach 1945 wurde die Erfinderbetreuung sowie andere rassistische und totalitäre Änderungen des Patentsystems abgebaut. Die Hauptreformen des Patentgesetzes von 1936 aber haben die Entnazifizierung überstanden. Die Großindustrie z. B. versuchte, in der Nachkriegszeit die Betriebserfindung wieder einzuführen. Dieses Vorhaben schlug jedoch fehl und das vom Nationalsozialismus eingeführte Erfinderprinzip bildet bis heute die Grundlage des deutschen Patentgesetzes. Die Speerschen Erfindervergütungsverordnungen überlebten ebenso den Krieg, obwohl die Industriellen auch in diesem Fall erneut opponierten. Diese Verordnungen haben dann die Grundlage für das 1957 verabschiedete Arbeitnehmererfindergesetz gebildet, das bis heute in Kraft ist.[16]

Abschließend sei auf einige ironische Aspekte der oben skizzierten Entwicklung hingewiesen: Der Nationalsozialismus verfolgte seine Patent- und Erfindungspolitik hauptsächlich in der Hoffnung, Deutschlands technologische Kultur neu zu beleben. Die Befreiung des Erfinders von den Ketten des alten Patentsystems, so glaubte man, würde eine Welle neuer Technologien auslösen, die der Kapitalismus angeblich unterdrückt hatte.[17] Vermutlich haben die nationalsozialistischen Patentreformen, deren wichtigste in der Praxis die gesetzliche Arbeitnehmererfindervergütung war, aber das *konservative Erfinden* eher verstärkt als die erhofften *radikalen Erfindungen* gefördert.

Auch ist die historische Entwicklung, die der Bundesrepublik ihr heutiges Patentgesetz und ihr fein abgestimmtes Arbeitnehmererfindergesetz gegeben hat, nicht ohne Ironie. Beide Gesetze wirken bis heute international vorbildlich und haben Einfluß auf Reformen des gewerblichen Rechtsschutzes im Ausland ausgeübt. Sie haben den Ruf, zu den gewissenhaftesten Gesetzen ihrer Art zu gehören. Dieses lobenswerte System aber ist das Resultat einer Dialektik, die den reaktionären Modernismus des Kaiserlichen Patentgesetzes mit den entgegengesetzten und noch viel rückständigeren Fortschrittsideen der nationalsozialistischen Erfinderideologie zusammenstoßen ließ. Nur ihre Synthese hat es ermöglicht, beide aufzuheben und die Grundlage für das heutige, sozialpolitisch vorzüglich ausgewogene Patentsystem zu bilden. Ob dieses System aber ebenso innovationsfördernd wie sozial gerecht ist, bleibt allerdings eine offene Frage.

Anmerkungen:

[1] Aus dem Amerikanischen übersetzt von Brigitte Ebel und dem Autor.

[2] Alfred Heggen, Erfindungsschutz und Industrialisierung in Preussen, 1793 – 1877, Göttingen 1975; Karl-Friedrich Beier, Wettbewerbsfreiheit und Patentschutz. Zur geschichtlichen Entwicklung des deutschen Patentrechts, in: Gewerblicher Rechtsschutz und Urheberrecht 80 (1978) 3, S. 123 – 132.

[3] Alfred Heggen, Erfindungsschutz [wie Anm. 2], S. 86 – 135.

[4] Ludwig Fischer, Werner Siemens und der Schutz der Erfindungen, Berlin 1922.

[5] Ernst Heymann, Der Erfinder im neuen deutschen Patentrecht, in: Das Recht des schöpferischen Menschen, hrsg. von der Akademie für Deutsches Recht, Berlin 1936, S. 99 – 126; Carl Hartung, Wie ist es mit dem Schutze geistiger technischer Arbeit bestellt? in: Wirtschaftliche Technik 5 (1924), S. 35 – 37; Gutachten des Ausschusses zur Beratung des Entwurfs eines Gesetzes zur Abänderung der Gesetze über gewerblichen Rechtsschutz, 4.6.1928, Bundesarchiv Koblenz (BAK), R131/155.

[6] Ludwig Fischer, Betriebserfindungen, Berlin 1921; Hermann Schmelzer, Erfinder oder Naturkraftentbinder? in: Der leitende Angestellte. Zeitschrift der Vereinigung der leitenden Angestellten in Handel und Industrie e.V., 3 (1921), 22 – 24 (15.11. – 15.12.1921), S. 170 – 72, 177 – 181, 184 – 85; 4 (1922), 1 (2.1.1922), S. 5 – 6; Bund Angestellter Chemiker und Ingenieure (Hg.), Denkschrift zum Erfinderschutz. Sozialpolitische Schriften des Bundes Angestellter Chemiker und Ingenieure e.V., I. Folge, 6 (1922); Max Eyth, Zur Philosophie des Erfindens, in: Max Eyth, Lebendige Kräfte. Sieben Vorträge aus dem Gebiete der Technik, Berlin 1924, S. 240, 262.

[7] Thomas Parke Hughes, American Genesis. A Century of Invention and Technological Enthusiasm 1870 – 1970, New York 1989, S. 53 – 54, 139, 180 – 183; Wolfgang König und Wolfhard Weber, Netzwerke Stahl und Strom 1840 bis 1914 [Propyläen Technikgeschichte, Bd. 4], Berlin 1990, S. 271.

[8] Kees Gispen, New Profession, Old Order. Engineers and German Society, 1815 – 1914, Cambridge 1989, S. 255 – 287; Der Verlauf dieser Auseinandersetzung von 1914 bis etwa 1960 ist das Thema einer größeren Studie, die der Verfasser demnächst abzuschließen hofft.

[9] Ebenda.

[10] Entwurf eines Allgemeinen Arbeitsvertragsgesetzes, in: *Reichsarbeitsblatt*, Nr. 15 (1.8.1923), *Amtlicher Teil*, S. 498 – 507; Reichsrat, 1931, Drucksache Nr. 109, 17.9.1931, Entwurf eines Gesetzes über den gewerblichen Rechtsschutz, BAK [wie Anm. 5], R131/156.

[11] Ludwig Fischer, Betriebserfindungen [wie Anm. 6]; Hermann Schmelzer, Naturkraftentbinder [wie Anm. 6]; Max Eyth, Zur Philosophie [wie Anm. 6]; Hugo Kretzschmar, Die Technischen Akademiker und die Führerauslese, u. Kurt Milde, Abbau, ein Schlagwort und seine tiefere Bedeutung [= Sozialpolitische Schriften des Bundes angestellter Akademiker technisch-naturwissenschaftlicher Berufe e.V., 1. Folge, H. 13 u. 14], Berlin 1930.

[12] Adolf Hitler, Mein Kampf, München 1927, S. 496 – 7.

[13] Ernst Heymann, Der Erfinder [wie Anm. 5]; Ebenda, Hans Frank, Geleitwort, S. 7 – 12; Franz Gürtner, Geleitwort, S. 13 – 16; Wilhelm Kisch, Anmelderprinzip oder Erfinderprinzip, S. 127 – 136.

[14] NSDAP, Hauptamt für Technik, Amt für technische Wissenschaften (Hg.), Nachrichten über die Erfinderbetreuung, 1942 – 1944.

[15] Heinrich Barth, Persönlichkeit und Volksgemeinschaft im Rechte der Erfinder und Erfindungen, in: Zeitschrift der Akademie für Deutsches Recht (1935), S. 823 – 6; Karl August Riemschneider, Empfiehlt sich die Einrichtung von Treuhandstellen zur Förderung von Erfindungen und Patenten? (1937), Deutsches Museum, Bayerischer Polytechnischer Verein/DAF, VIII, 290, 1 – 2.

[16] Georg Benkard, Patentgesetz, Gebrauchsmustergesetz, München 1981; Eduard Reimer, Das Recht der Arbeitnehmererfindung. Gegenwärtiger Rechtszustand und Vorschläge zur künftigen Gesetzesregelung, Berlin 1951; Heinrich Kirchhoff, Das Deutsche Patentwesen. Rückschau und Ausblick, Berlin 1947; Bernard Volmer u. Dieter Gaul, Arbeitnehmererfindungsgesetz. Kommentar, München 1983.

[17] Karl August Riemschneider, Empfiehlt sich die Einrichtung [wie Anm. 15]; Heinrich Barth, Persönlichkeit [wie Anm. 15]; Albert Speer, Vorwort, in: Karl August Riemschneider u. Heinrich Barth (Hg.), Die Gefolgschaftserfindung. Erläuterungen über die Behandlung von Erfindungen von Gefolgschaftsmitgliedern, 2. Aufl., Berlin/Leipzig/Wien 1944, S. 9 – 10.

Vom Wesen des Patentschutzes

Erich Häusser

Über viele Jahrhunderte hinweg hat sich der technische Fortschritt nur überaus schleppend vollzogen. Zwar entstanden außerhalb Europas, vor allem in China und in arabischen Ländern, sehr frühzeitig herausragende Erkenntnisse auf vielen Gebieten der Naturwissenschaften und wertvolle technische Leistungen. In den europäischen Ländern selbst war technischer Fortschritt vorwiegend auf den Gebieten der Waffentechnik und der kriegsrelevanten technischen Gebiete festzustellen, wenn man von Ausnahmen wie der Erfindung des Buchdrucks oder der Taschenuhr absieht. Allerdings brachten Wissenschaftler und Gelehrte von Beginn der Neuzeit an auch in Europa und nicht zuletzt in Deutschland mit zunehmender Dichte glanzvolle naturwissenschaftliche Leistungen hervor, ohne daß dadurch jedoch ein wesentlicher industrieller Fortschritt entstanden wäre.

Eine oder überhaupt die wesentliche Ursache für diese jahrhundertelange Stagnation ist mit Sicherheit weniger in mangelnder Geschicklichkeit oder fehlender technischer Kreativität der mit technischen Problemen befaßten Kreise, also insbesondere der Handwerkerschaft, zu sehen, sondern vielmehr darin, daß das Wissen um technische Problemlösungen geheim gehalten wurde. Das durch das Zunftwesen noch geförderte Streben nach Geheimhaltung war auch die einzige Möglichkeit, andere (heute würde man sagen Wettbewerbsteilnehmer) von der Nutzung eigener wertvoller technischer Erkenntnisse und fertigungstechnischer Lösungen abzuhalten und sich so die ausschließliche Verfügung darüber zu sichern. Es ist kaum zu ermessen, welche Schätze an technischem Wissen mit dem Tod der Urheber verloren gingen.

Dies änderte sich erst, als die Staaten im 19. Jahrhundert dazu übergingen, durch den Patentschutz für technische Erfindungen die Garantie zu gewähren, daß während der zeitlich begrenzten Dauer dieses Schutzes grundsätzlich dem Urheber das ausschließliche Recht zur gewerblichen Nutzung der Erfindung zustand. An die Stelle des tatsächlichen Schutzes einer Erfindung vor unberechtigter Nutzung durch Geheimhaltung trat also nahtlos der rechtliche Schutz durch das Patent. Damit entfiel auch das wesentliche Motiv für die Geheimhaltung von neuen technischen Problemlösungen. Dementsprechend sahen fortschrittliche Patentgesetze von Anfang an vor, daß der Gegenstand einer geschützten Erfindung vollständig zu offenbaren und mit der Bekanntmachung der Patenterteilung zu veröffentlichen ist. Dieses grundsätzliche Prinzip des Patentrechtes wurde erst durchbrochen, als in Deutschland im Jahre 1968 das System der „verschobenen Prüfung" eingeführt wurde, das auch die Offenlegung nicht geprüfter Patentanmeldungen vorsieht und damit bis zur Erteilung des Patents jedermann die Befugnis zur Benutzung der offengelegten

Erfindung gewährt. Lediglich die Vereinigten Staaten von Amerika und Österreich haben bisher diesen Verstoß gegen den tragenden Grundsatz des Patentrechts vermieden und machen der Öffentlichkeit nur solche Erfindungen durch Patentdokumente zugänglich, für die Schutz gewährt wurde.

Durch die Gewährung des Rechts zur ausschließlichen Nutzung einer Erfindung wurde erfinderische Tätigkeit in vorher nie gekannter Weise angeregt, weil den technischen Urhebern dadurch die Möglichkeit eröffnet wurde, am wirtschaftlichen Erfolg ihrer Schöpfungen teilzuhaben. Dies nicht zuletzt durch die selbständige Weiterführung und Verwertung im Rahmen eigener unternehmerischer Betätigung, die wegen des Patentschutzes nicht durch Nachahmungen unredlicher Wettbewerbsteilnehmer behindert werden konnte. Heute wird von arroganten Managern allzu oft verdrängt, daß zwischenzeitlich große und weltweit tätige Unternehmen aus kleinsten Anfängen entstanden sind und auf den herausragenden Leistungen von großen Erfindern wie Werner von Siemens, Karl Benz, Gottlieb Daimler, Wilhelm Maybach und Robert Bosch beruhen, die seinerzeit auch als selbständige Erfinder anfingen. Jedenfalls hat schon Werner von Siemens in seinen „Positiven Vorschlägen zu einem Patentgesetz" (1863) eine bis heute immer wieder bestätigte Erfahrung vorweggenommen, daß nämlich „die rapide Entwickelung der Industrie in allen Zeiten und Ländern mit der Entwickelung der Patentgesetzgebung zusammenfällt".

In dieser Denkschrift wird aber auch die zweite wichtige Funktion des Patentwesens mit aller Deutlichkeit hervorgehoben: Die Veröffentlichung von Erfindungen und den durch Patentdokumente ermöglichten Zugang der Öffentlichkeit zu dem jeweils neuesten technischen Wissen. Werner von Siemens spricht von der „infolge der Patentgesetzgebung so ziemlich glücklich beseitigten Geheimniskrämerei" und berichtet ersichtlich aus eigener Beobachtung, daß „die durch die Publikation der Patente bewirkte Verbreitung neuer Ideen das eigentlich treibende Rad ist, welches die Industrie aller Länder in ihrem rapiden Entwickelungsgange erhält". Und in der Patentenquete des Jahres 1886 stellt er zutreffend fest, vom volkswirtschaftlichen Standpunkt aus bestehe der wesentliche Wert der Patente in der schnellen Veröffentlichung der neuen Erfindungsgedanken, „denn durch die Patentierung wird jeder neuer Gedanke hinausgetragen in die Welt; es sind 100 Köpfe, die ihn aufgreifen, die ihn vielleicht auf ganz andere Bahnen lenken und da wieder nützlich verwerthen".

Daran hat sich bis heute nichts geändert. Es ist deshalb nicht verwunderlich, daß eine erhebliche Dynamik des technischen Fortschritts vor allem in den Volkswirtschaften zu beobachten ist, die den durch die Patentdokumentation ermöglichten Zugang zu neuestem technischen Wissen auf allen Gebieten der Technik besonderes Augenmerk schenken, in denen deshalb unter Einsatz moderner Technik umfassende Informationsbestände aufbereitet wurden, die von allen mit Forschung und Entwicklung befaßten Stellen – von Einrichtungen der Großforschung über private Unternehmen bis zu selbständigen Erfindern – konsequent in Anspruch genommen werden. Deutschland gehört nicht mehr zu diesen Ländern. Wir nehmen hin, daß technisch-kreative Menschen mit großem Aufwand Ergebnisse erarbeiten, die vorhandenes, dokumentiertes und damit zugängliches technisches Wissen darstellen. Die dadurch verursachte Verschwendung von öffentlichen und privaten Forschungsmitteln und der Verschleiß an technischer Intelligenz und Kreativität haben zwischenzeitlich ein nahezu unerträgliches Ausmaß gewonnen.

Alles in allem ist der Patentschutz ein wirksames und unverzichtbares Instrument, um technischen Fortschritt zu ermöglichen und zu beschleunigen, aber auch eine wichtige Voraussetzung erfolgreicher unternehmerischer Tätigkeit durch die Verwertung von Erfindungen in neuen Produkten oder Verfahren. Patente sind also überaus wichtige Instrumente im Wettbewerb und für planende, vorausschauende unternehmerische Entscheidungen.

Das Patentwesen kann seine Wirkungen aber nur entfalten, wenn Patente als Instrumente eines fairen technischen und wirtschaftlichen Wettbewerbs eingesetzt werden, wenn bestehender Patentschutz respektiert wird und den Urhebern moderner Technik der ihnen zustehende „gerechte Lohn" nicht verweigert wird. In Deutschland ist sehr oft zu beobachten, daß diese dem Patentwesen vom Grundgedanken her selbstverständlich zugeordneten Verhaltensweisen nicht beachtet werden. Immer wieder werden Erfindern die ihnen nach dem Gesetz zustehenden Ansprüche verweigert oder ihnen das wichtige Erfolgserlebnis der Verwirklichung ihrer Ideen von engstirnigen „Fachleuten" versagt. Der damit für viele Unternehmen und unsere gesamte Volkswirtschaft verursachte Schaden ist nicht meßbar. Wir müssen dieses Verhalten ändern und erfinderische Leistungen wieder anerkennen, aber auch Erfindern wieder die Anerkennung der Gesellschaft sichern. Dann könnte auch eine von Werner von Siemens in einer weiteren Denkschrift des Jahres 1876 zum Ausdruck gebrachte Hoffnung Realität werden, daß nämlich eine Folge des Patentwesens „Redlichkeit und Solidität im Geschäftsverkehr" sein wird.

Internationale Wettbewerbsfähigkeit Deutschlands am Beispiel der Patentanmeldungen

Ulrich Schmoch

Unter dem Schlagwort „Standort Deutschland" ist die internationale Wettbewerbsfähigkeit Deutschland in den letzten Jahren zu einem wichtigen Thema der öffentlichen Diskussion geworden. Hintergrund dieser Debatte ist der zögerliche Konjunkturaufschwung in Deutschland bei hoher Arbeitslosigkeit, während in den Vereinigten Staaten die Wirtschaft boomt. Es stellt sich die Frage, welche Faktoren für die Wettbewerbsfähigkeit eines Landes maßgeblich sind und wie man diese in möglichst objektiver Form erfassen kann. Bei genauer Betrachtung erweist sich, daß die Wettbewerbsfähigkeit von einer Vielzahl von Einflüssen wie Löhnen und Gehälter, Lohnnebenkosten, Produktivität, Qualität oder Termintreue abhängt. Alle diese Dinge sind im internationalen Vergleich nur schwer meßbar, weil sie durch Faktoren wie unterschiedliche Kaufkraftniveaus oder Steuersysteme verzerrt werden. Als relativ aussagekräftig hat sich jedoch eine Analyse der Außenhandelsströme erwiesen, wonach Deutschland im internationalen Vergleich nach wie vor eine sehr gute Position hat. Der Außenhandel erfaßt allerdings nur die Erfolge einer wettbewerbsfähigen Wirtschaft und nicht deren Grundlagen. Hier konnte die Innovationsforschung zeigen, daß neben der Höhe der Preise in zunehmendem Maße die technische Neuheit von Produkten eine Rolle spielt, also ihre im Vergleich zur Konkurrenz überlegene Funktion. Neben der rein ökonomischen ist damit die technologische Wettbewerbsfähigkeit wesentlich, was vor allem für Hochlohnländer wie die Bundesrepublik Deutschland gilt. Deutschland verdankt seine internationale Wettbewerbsfähigkeit zu einem großen Teil der Tatsache, daß die Produkte eine hohe technologische Qualität aufweisen. Grundlage dafür ist ein qualifiziertes Personal vom Facharbeiter über den Ingenieur bis hin zum Wissenschaftler. Neben Kapital und Arbeit ist Wissen zu einer wichtigen Ressource geworden. Der kanadische Soziologe Nico Stehr hat in seinen Überlegungen zu „Wissensgesellschaften" zu Recht darauf hingewiesen, daß weniger die Verfügung über möglichst viel vorhandenes Wissen entscheidend ist, sondern vielmehr der Zugang zu neuem Wissen.

Zur Messung der technologischen Wettbewerbsfähigkeit ist es möglich, die technischen Merkmale neuer Produkte auf dem Weltmarkt miteinander zu vergleichen. Dieses sehr leistungsfähige Verfahren läßt sich allerdings nur für begrenzte Produktlinien durchführen und nicht für die gesamte Produktpalette einer Volkswirtschaft. Von daher ist es naheliegend, Patentanmeldungen als Indikator für die technologische Wettbewerbsfähigkeit heranzuziehen. Patente sind zwar eigentlich juristische Dokumente, in denen das geistige Eigentum an spezifischen Erfindungen definiert wird. Gleichzeitig war es aber immer Ziel der Patentgesetzgebung, die durch Patente geschützten Erfindungen der Öffentlichkeit zugänglich zu machen und so Wettbewerber zu eigenen Verbesserungen anzuregen. Die nunmehr über ein Jahrhundert alten Erfahrungen mit dem deutschen Patentwesen haben gezeigt, daß das Verbot einer – zeitlich beschränkten – Nachahmung durch Wettbewerber keineswegs zu einem Stillstand des technischen Fortschritts, sondern vielmehr zu dessen Beschleunigung geführt hat. Die statistische Auswertung von publizierten Patentanmeldungen als Indikator für technologische Wettbewerbsfähigkeit liegt auf dieser Linie einer legitimen Nutzung der Patentliteratur. Sie verstößt nicht, wie manchmal unterstellt, gegen die Vorschriften des Datenschutzes.

Die Messung der technologischen Wettbewerbsfähigkeit über Patentanmeldungen hat den Vorteil, daß diese 18 Monate nach ihrer Hinterlegung beim Patentamt veröffentlicht werden. Da Patente meist relativ kurz nach dem Abschluß von Forschungsarbeiten hinterlegt werden, sind bei der Veröffentlichung der Patente die entsprechenden Produkte in der Regel noch nicht auf dem Markt. Patentstatistiken geben deshalb früher als Produktions- oder Außenhandelsstatistiken Einblick in den Stand der Wettbewerbsfähigkeit. Da Patente mit Kosten verbunden sind, signalisieren sie auch ein deutliches Marktinteresse des Anmelders, weshalb die Anmelder in den meisten Fällen Unternehmen sind.

Eine wesentliche Voraussetzung für die Nutzung von Patentanmeldungen für Vergleiche der Wettbewerbsfähigkeit auf der Ebene von ganzen Volkswirtschaften ist die zunehmende Verbreitung von elektronischen Datenbanken, in denen die Anmeldungen der verschiedensten Patentämtern gespeichert sind. Heute ist es ohne weiteres möglich, von Deutschland aus über Datennetze auf Rechner in Karlsruhe, Frankfurt, aber auch Paris, Washington, D. C. oder Tokyo zuzugreifen. Da die Datenbankbetreiber wissen, daß ihre Kunden nicht nur einzelne Schriften suchen, stellen sie inzwischen auch eine leistungsfähige Statistik-Software zur Verfügung, mit der in wenigen Sekunden Anmeldetrends oder Unternehmensranglisten erstellt werden können. Als meine Kollegen Mitte der siebziger Jahre daran gingen, die Möglichkeiten der Patentstatistik zu erforschen, mußten sie im Patentamt in München noch Karteikarten per Hand auszählen. Der leichte Zugang zur Patentstatistik in den heutigen Tagen verführt allerdings zu quick-and-dirty-Analysen, so daß wir in der Presse immer wieder mit den erstaunlichsten Ergebnissen konfrontiert werden.

Doch wie kann man Patentanmeldungen unterschiedlicher Länder seriös miteinander vergleichen? Zeitungsmeldungen, daß in Japan mehr als 300.000 und in Deutschland nur rund 40.000 Patente angemeldet werden, lassen Zweifel aufkommen, ob solche Vergleiche sinnvoll sind. Denn Japan ist mit seinem Bruttosozialprodukt, der Zahl der Beschäftigten oder dem Umfang der Industrieforschung gerade doppelt so groß wie Deutschland. Sind japanische Forscher so viel effizienter wie deutsche? Bei genauer Betrachtung zeigt sich, daß unterschiedliche Rechtssysteme und Patentanmeldegewohnheiten für diese drastischen Unterschiede verantwortlich sind. Es sind aber dennoch gute Vergleiche möglich, wenn man nicht verschiedene Patentämter vergleicht, sondern in einem System bleibt. Bei Patentanalytikern sind vor allem das amerikanische und das europäische Patentamt beliebt, weil beide große, wichtige Märkte repräsentieren. Jedes Patentamt hat für Vergleiche der technologischen Wettbewerbsfähigkeit Vor- und Nachteile, die hier nicht ausführlich diskutiert werden sollen. Es bleibt aber festzuhalten, daß Ländervergleiche der technologischen Wettbewerbsfähigkeit mit Hilfe von Patentanmeldungen durchaus möglich sind, wenn der richtige methodische Rahmen gewählt wird.

Was läßt sich nun aus patentstatistischen Analysen an Ergebnissen ableiten? In vielen Fällen ist die Beobachtung der Zeitverläufe von Patentanmeldungen sehr aufschlußreich, wofür Japan ein gutes Beispiel ist. Die Zahl der japanischen Patentanmeldungen am deutschen Markt – also Anmeldungen am Deutschen Patentamt und solche am Europäischen Patentamt mit Benennung Deutschland – hat sich zwischen 1980 und 1990 in etwa verdoppelt. Japan hat sich von einem Imitator zu einem eigenständigen Technik- und Wissensproduzenten entwickelt. Auch in Japan ist heute der technologische Gehalt seiner Produkte mindestens ebenso wichtig wie der Preis. In jüngster Zeit ist allerdings zu beobachten, daß in nahezu allen Ländern die Zahl der Patentanmeldungen steigt, was auch für Deutschland gilt. Die Forschungsgelder in der Industrie sind aber nicht in gleichem Maße gestiegen, sondern stagnieren seit mehreren Jahren. Es mag sein, daß die Forschung in vielen Betrieben effizienter geworden ist. Die Rationalisierungsanstrengungen der letzten Jahre bezogen sich nicht nur auf die Produktion, sondern auch auf Forschung und Entwicklung. Das kann aber dennoch nicht den Anstieg der Patentanmeldungen – zumindest in diesem Umfang – erklären. Wichtiger ist vielmehr, daß Patente immer häufiger zum Schutz technischer Neuheiten herangezogen werden. Die Instrumente eines schnellen Markteintritts, um damit Wettbewerber zu überrennen, niedriger Preise oder guter Serviceleistungen, erweisen sich häufig als ein nicht ausreichender Schutz von Innovationen. Außerdem müssen sich deutsche Unternehmen gegen aggressive Patentstrategien zur Wehr setzen, die vor allem bei japanischen Unternehmen, zunehmend aber auch bei andern Wettbewerbern zu beobachten sind. Wenn nicht nur die eigentliche Erfindung, sondern das gesamte Umfeld mit patentiert wird, bleibt kaum noch Bewegungsspielraum für Wettbewerber. Hier kann ein Unternehmen nur mithalten, wenn es in gleicher Weise seine Patentanmeldungen steigert und so seinen Spielraum sichert.

Noch aufschlußreicher als allgemeine Trendbeobachtungen sind Vergleiche der inhaltlichen Schwerpunktsetzungen der verschiedenen Länder bei Patent-

anmeldungen. Die so gewonnenen technologischen Profile und ihre zeitlichen
Veränderungen haben sich als ein sehr leistungsfähiges Instrument zur
Beurteilung der technologischen Wettbewerbsfähigkeit erwiesen. Im Falle von
Deutschland, Japan und den Vereinigten Staaten zeigt eine solche Untersuchung, daß sich hinter den allgemeinen Patentzahlen sehr unterschiedliche
technologische Profile verbergen. In Japan liegt der Schwerpunkt auf der
Mikroelektronik und ihren Anwendungsbereichen, also der Unterhaltungs-
elektronik, der Telekommunikation, der Computertechnik oder der Industrie-
elektronik. Es zeigen sich auch in anderen Bereichen wie der Materialforschung,
der Robotik oder der Fahrzeugtechnik inhaltliche Stärken. Im Laufe der 80er
Jahre haben sich die japanischen Aktivitäten von engen Nischen aus immer
stärker ausgebreitet und besetzen nun breite Technikfelder. Diese inhaltliche
Ausbreitung steht hinter dem starken Anstieg der japanischen Patentzahlen, der
oben hervorgehoben wurde. Auch die Vereinigten Staaten haben viele Patentaktivitäten in der Mikroelektronik und konzentrieren sich auf Anwendungen in
der Computertechnik. Weitere Stärken liegen in der Medizintechnik sowie allen
Bereichen der Chemie. Die allgemein anerkannte amerikanische Überlegenheit
in der Biotechnologie zeigt sich in nachdrücklicher Weise auch in der Zahl der
Patentanmeldungen, die erheblich über der aller anderen Länder liegt.

Im Vergleich zu Japan und den Vereinigten Staaten gibt sich für Deutschland ein völlig anderes Bild. In der Elektrotechnik ist nur der Bereich der
elektrischen Energie im internationalen Vergleich überdurchschnittlich, während
die Mikroelektronik und ihre Anwendungen nur schwach vertreten sind. Das
bedeutet nicht, daß es in Deutschland keine Unternehmen in der Mikroelektronik gäbe. Einzelne Unternehmen sind sehr innovativ und international
durchaus wettbewerbsfähig. Es fehlt aber eine Breite und Vielfalt von Unternehmen, wie wir sie in Japan oder den Vereinigten Staaten finden können. Ein
Schwerpunkt der deutschen Industrie ist die Chemie, wobei es einen erheblichen
Wettbewerb mit Unternehmen aus den Vereinigten Staaten gibt. Insbesondere in
dem Zukunftsbereich der Biotechnologie – und damit auch der Pharmazie – tun
sich deutsche Unternehmen schwer. Der absolut dominierende Schwerpunkt der
deutschen Patentaktivitäten ist allerdings der Maschinenbau mit all seinen Teil-
bereichen von Werkzeugmaschinen bis hin zur Fahrzeugtechnik.

Diese grundsätzlichen technologischen Strukturen der deutschen Wirtschaft
sind seit Jahrzehnten nahezu unverändert geblieben ungeachtet der mikro-
elektronischen Revolution und des Aufkommens des biotechnologischen
Paradigmas. Damit sind in Deutschland nur in begrenztem Maße die neuen
wissensintensiven Bereiche aufgegriffen worden. Statt dessen sind die Unternehmen bei der alten, wissensarmen Technologie verharrt. Wissensintensiv
meint hier zum einen die Notwendigkeit eines hohen Forschungs- und Ent-
wicklungsaufwandes bei der Generierung neuer Produkte und Prozesse. Zum
anderen geht es um Technologien, die sehr eng an Ergebnisse der Grundlagen-

forschung und der langfristig angewandten Forschung anknüpfen, woraus sich die Notwendigkeit einer engen Zusammenarbeit zwischen Unternehmen und wissenschaftlichen Einrichtungen ergibt. Gerade in einem fortgeschrittenen Industrieland wie Deutschland sollte man annehmen, daß die internationale Wettbewerbsfähigkeit durch Schwerpunktsetzungen in wissensintensiven Technologien erreicht wird. In den Vereinigten Staaten beruht jedenfalls der gegenwärtige Boom maßgeblich auf solchen High-Tech-Industrien. Breite Expertenumfragen zur zukünftigen Entwicklung der Technik geben auch deutliche Evidenz, daß die Wachstumsmärkte im Bereich wissensintensiver Technologien zu suchen sind. Umgekehrt ist bei weniger wissensintensiven Bereichen eher die Gefahr gegeben, daß aufholende Länder, etwa die aufstrebenden Staaten in Osteuropa, zu einer ernsthaften Konkurrenz werden könnten. Schon heute ist im Bereich des Maschinenbaus ein erhebliches Outsourcing in diese Regionen zu beobachten.

Das hier gezeichnete Bild ist allerdings etwas zu einfach. Sicherlich hat sich der deutsche Maschinenbau in den letzten Jahren als besonders anfällig für einen ungünstigen Konjunkturverlauf erwiesen. Das aktuelle Beispiel Japans zeigt aber, daß auch eine Schwerpunktsetzung in der Informationstechnik keine dauerhaft stabile Konjunktur sichert. Darüber hinaus zeigen die hohen Patentanmeldezahlen des deutschen Maschinenbaus, daß die Unternehmen auch in dieser alten Technologie nach wie vor innovativ sind und damit versuchen, ihren Wettbewerbsvorsprung zu sichern. Patentanalysen belegen schließlich, daß in Deutschland enge Kooperationen zwischen Universitäten und Unternehmen gerade im Maschinenbau bestehen, was in keinem anderen Land so ausgeprägt der Fall ist. Offensichtlich gibt es nach wie vor Möglichkeiten, den Maschinenbau in einer spezifischen Weise wissensintensiv zu machen, wenn auch mit einem geringeren Bezug zur Grundlagenforschung, als dies in der Informationstechnik, Chemie oder Biotechnologie der Fall ist.

Was bedeuten diese Überlegungen für die Zukunft der technologischen Wettbewerbsfähigkeit Deutschlands? Die genannten Vorzüge des deutschen Innovationssystems im Maschinenbau sind sicherlich kein Anlaß für eine allgemeine Entwarnung, da die letzten Jahre die Anfälligkeit dieses Industriezweigs deutlich vor Augen geführt haben. Es macht aber keinen Sinn, für die Zukunft nur noch auf High-Tech-Gebiete zu setzen, weil das Umsteuern eines nationalen Innovationssystems sehr lange dauert. Der Einstieg in neue Bereiche ist ein langwieriger Prozeß des Wissensaufbaus, der mit kurzfristigen Kraftanstrengungen nur bedingt verkürzt werden kann. Deutsche Unternehmen verfügen im Maschinenbau über ein Erfahrungswissen, das in vielen Jahren akkumuliert wurde und keinesfalls leichtfertig aufgegeben werden sollte. Umgekehrt wäre es gefährlich, ausschließlich auf neue Gebiete zu setzen, in denen andere Länder wie Japan und die Vereinigten Staaten bereits sehr stark sind.

Vor diesem Hintergrund bieten sich zwei Strategien an, die komplementär verfolgt werden sollten. Zum einen gibt es für innovative deutsche Firmen auch in Gebieten wie der Informationstechnik oder Biotechnologie spezielle Felder, in denen sie trotz der allgemeinen Übermacht des Auslandes international wettbewerbsfähig sein können. Japanische Unternehmen haben in den 70er und 80er Jahren vorgemacht, wie man ausgehend von Nischen sich immer weiter ausdehnen kann. Deutsche Unternehmen sollten daher durchaus in High-Tech-Bereiche gehen, wobei aber erst mittel- bis langfristig breitere Effekte auf die Volkswirtschaft zu erwarten sind. Es wäre in jedem Fall fatal, wenn diese Bereiche grundsätzlich aufgegeben würden. Zum zweiten sollten Gebiete vorhandener Stärken weiter verteidigt und ausgebaut werden. In der Chemie bedeutet dies vor allem, daß die neuen Möglichkeiten der Biotechnologie intensiver genutzt werden müssen. Außerdem eröffnet sich mit Design neuer Stoffe am Computer – insbesondere in der Pharmazie – ein vielversprechendes Feld. Auch im Maschinenbau liegen wesentliche Zukunftschancen in der Verbindung alter und neuer Technologie, der Technologieintegration oder – um ein englisches Schlagwort einzuführen – bei der „technology fusion". Der Kraftfahrzeugbau hat bereits erfolgreich vorgemacht, wie Informationstechnik, Mikrosensoren und neue Materialien mit klassischen Konzepten ausgefeilter Mechanik verbunden werden können. Maschinenbauunternehmen sollten in ihrer Forschung und Entwicklung neben einer Konzentration auf Kernkompetenzen daher bewußt auch nach Ankopplungsmöglichkeiten an neue Technologien suchen. Mittel- bis langfristig wird sich daraus eine Anwendungskompetenz für wissensintensive Technologien ergeben, die eine wesentliche Säule der internationalen Wettbewerbsfähigkeit sein kann.

Abschließend sei kritisch angemerkt, daß solche Überlegungen aus der Perspektive des Wettbewerbs zwischen Nationen in Zukunft immer mehr an Bedeutung verlieren werden. Im Zuge der Globalisierung wird es zunehmend unklarer, wo geforscht, wo produziert und wo verkauft wird. Die nationale Zuordnung von Unternehmen wird obsolet. Diese Überlegungen gelten allerdings so zugespitzt nur für einige hundert große, multinationale Unternehmen. Aber auch kleine und mittlere Unternehmen werden sich stärker global orientieren müssen. Die nationale Wissensbasis wird aber – zumindest in absehbarer Zeit – eine nach wie vor zentrale Rolle spielen. Die Analyse der internationalen Wettbewerbsfähigkeit wird damit komplexer. Patentstatistische Untersuchungen sind gerade in dieser veränderten Situation ein wesentliches Instrument, um Prozesse der Globalisierung von Forschung und Vermarktungsstrategien zu erfassen, indem Unternehmens- und Erfinderadressen und Anmeldeländer in verschiedener Weise miteinander verknüpft werden. Sie werden daher auch in Zukunft für die Analyse der internationalen Wettbewerbsfähigkeit eingesetzt werden auch und gerade, wenn dieser Begriff nicht mehr nur den ökonomischen Wettbewerb zwischen Nationalstaaten meint.

Patentschutz aus der Sicht eines Großunternehmens

Arno Körber

Für viele Großunternehmen hat der Patentschutz traditionell einen verhältnismäßig hohen Stellenwert. Dies gilt besonders für das Haus Siemens. Werner v. Siemens, der Gründer unseres Unternehmens, war nicht nur selbst ein sehr kreativer Erfinder, der seine Erfindungen und die seiner Mitarbeiter auch als Unternehmer in innovative Produkte und Systeme umzusetzen verstand. Er war auch in der zweiten Hälfte des 19. Jahrhunderts, bereits zur Zeit des Deutschen Bundes und insbesondere nach Gründung des Deutschen Reiches im Jahre 1871, einer der wesentlichen Förderer eines einheitlichen deutschen Patentsystems. Seine Zusammenarbeit mit dem späteren Oberbürgermeister von Chemnitz, Dr. André, und anderen zur Erreichung dieses Zieles ist im 150. Jahr des Bestehens des von ihm gegründeten Unternehmens der eigentliche Anlaß für dieses Kolloquium.

Bei der Nutzung der verschiedenen Möglichkeiten des Patentschutzes durch Großunternehmen gab und gibt es jedoch branchenspezifisch unterschiedliche Schwerpunkte. So spielt für die chemische und insbesondere die pharmazeutische Industrie die Sicherung der Alleinstellung des eigenen Unternehmens durch Ausschluß von Wettbewerbern mit Hilfe des Patentschutzes nach wie vor eine bedeutende Rolle. Dies erklärt sich daraus, daß auf breiter Basis betriebene Forschungsarbeiten in der Regel nur bei verhältnismäßig wenigen Produkten zum schließlichen Erfolg führen und der hohe Forschungsaufwand beim Vertrieb dieser Produkte über ihren Preis wieder eingespielt werden muß. Der Patentschutz ist daher Voraussetzung für die Investition in ein Produkt. Die betreffenden Unternehmen melden daher ihre Erfindungen in der Regel auch in wesentlich mehr Ländern zum Patent an, als dies in anderen Branchen üblich ist. Dazu kommt, daß Sachpatente auf chemische Substanzen in vielen Fällen kaum zu umgehen sind.

Im Vergleich hierzu hat der Ausschluß von Wettbewerbern in den Schutzrechtsstrategien von Großunternehmen der Elektrotechnik- und Elektronikindustrie in den letzten Jahrzehnten nur eine verhältnismäßig geringe Rolle gespielt. Wenn man sich mit Wettbewerbern über die Hauptmotive für die Anmeldung und Durchsetzung von Patenten unterhielt, bekam man in aller Regel die Antwort, es gehe in erster Linie um die Sicherung der nötigen Freiräume für die eigene Geschäftätigkeit, bei der man durch Patente von Wettbewerbern möglichst nicht behindert werden wolle. Patente wurden also vorwiegend dazu eingesetzt, einerseits die eigenen Entwicklungsprojekte durch rechtzeitige Schutzrechtsanmeldungen von später entstehenden Schutzrechten

Dritter freizuhalten und, soweit dies nicht möglich war, im Austausch gegen
Lizenzen an den eigenen Schutzrechten Benutzungsrechte an den Schutzrechten
der Wettbewerber zu erwerben. Der Ausschluß eines Wettbewerbers vom Markt
spielte und spielt auch heute noch dem gegenüber praktisch keine wesentliche
Rolle.

Unter anderem erklärt sich diese Situation daraus, daß auf den entsprechenden technischen Gebieten im Verlauf der normalen Entwicklung
gegenseitige Überschneidungen und daraus entstehende schutzrechtliche Ab-
hängigkeiten oft nicht zu vermeiden sind. Auf verschiedenen Gebieten,
beispielsweise in der Kommunikations- und Informationstechnik, ist die
sogenannte Interoperabilität, also das Zusammenwirken verschiedener Systeme,
sogar eine wesentliche Voraussetzung für den Markterfolg. Dazu kommt, daß in
der Elektrotechnik und Elektronik Möglichkeiten zur Umgehung von
Schutzrechten, wenn auch mit einigem Aufwand, häufig leichter gefunden
werden können, als dies beispielsweise beim chemischen Stoffschutz der Fall
ist. Außerdem hat in der Nachkriegszeit über viele Jahre die weitgehende
Trennung der Märkte den Abschluß von Patentlizenzaustauschverträgen
zwischen Unternehmen mit Tätigkeitsschwerpunkt in Europa und Unternehmen
mit Tätigkeitsschwerpunkt in den Vereinigten Staaten oder Japan zusätzlich
erleichtert. Bei der Bewertung der Ausgewogenheit solcher Verträge wurde in
erster Linie die Forschungs- und Entwicklungsstärke der beteiligten Unternehmen in Betracht gezogen. Die Patentbestände selbst wurden, von
Ausnahmen abgesehen, in der Regel nur pauschal, also nach ihrer zahlen-
mäßigen Stärke bewertet. Gerichtliche Auseinandersetzungen waren verhältnismäßig selten.

Die Zeiten des relativen Patentfriedens sind indessen auch in unserer
Branche weitgehend zu Ende gegangen. Zunächst haben gesetzliche Maßnahmen in den USA, wie die Erstreckung des Schutzes von Verfahrenspatenten
auf das unmittelbare Verfahrensprodukt und die Gründung des Court of Appeal
for the Federal Circuit, zu einer Stärkung des Patentschutzes geführt. Dies hat
einige Unternehmen dazu veranlaßt, ihre Schutzrechte wesentlich aggressiver
als bisher einzusetzen. Die hohen Schadenersatzsummen, die teilweise von US-
Gerichten den Patentinhabern zuerkannt wurden, haben auch Unternehmens-
leitungen in anderen Ländern die Bedeutung von Schutzrechten als geldwerte,
zur Erhöhung des Geschäftsergebnisses unmittelbar nutzbare Assets ins
Bewußtsein gerufen. Dazu kam eine erhebliche Verschärfung der Wettbewerbs-
situation. Im Zuge der Globalisierung und Deregulierung traten einerseits
zahlreiche neue Wettbewerber auf, andererseits erschlossen sich vorhandenen
Wettbewerbern bislang kaum zugängliche Märkte. Dazu kam auf weiten
Gebieten ein, von Unterbrechungen abgesehen, nahezu kontinuierlicher Preis-
verfall, dem die Unternehmen nur mit innovativen Produkten und Systemen und
ständigem Produktivitätsfortschritt entgegenwirken können.

Beim Erwerb und bei der Vergabe von Patentlizenzen spielt in dieser Situation der „Preis" eine wesentlich bedeutendere Rolle als dies vordem der Fall war. Vor dem Abschluß von Patentlizenzausverträgen werden heute üblicherweise die beiderseitigen Patentbestände in aufwendigen Verfahren im einzelnen inhaltlich bewertet. Bei aussichtsreichen, erfolgversprechenden Zukunftstechnologien kann es für ein Unternehmen, das selbst keine Gegenlizenzen an wertvollen eigenen Schutzrechten anbieten kann, sogar schwierig werden, gegen Geld allein Patentlizenzen zu Bedingungen zu erhalten, die es selbst noch als angemessen betrachten kann.

Eine wichtige Rolle spielen Patente inzwischen auch bei internationalen und nationalen Standards. Besonders auf technischen Gebieten, wie der Kommunikations- und Informationstechnik, bei denen es wesentlich auf die Interoperabilität ankommt, gehen technische Standards inzwischen sehr ins Detail. Dadurch steigt die Wahrscheinlichkeit, daß für den Standard wesentliche Patente bestehen oder angemeldet werden, also solche Patente, die bei Benutzung des Standards nicht umgangen werden können. Bei der Vereinbarung von Standards durch die Standardisierungsorganisationen ist es zwar üblich, daß die beteiligten Patentinhaber sich bereit erklären müssen, an ihren Patenten Lizenzen zu angemessenen, nicht diskriminierenden Bedingungen zu erteilen. Dennoch ist ein Unternehmen, das selbst keine wesentlichen Patente besitzt, im Nachteil. Es muß nicht nur von allen Patentinhabern Lizenz nehmen, sondern kann auch die Durchsetzung eigener Entwicklungen als Standards nicht durch entsprechende Lizenzpolitik fördern. Bei sogenannten de-facto-Standards, die sich ohne Vereinbarung im Markt entwickeln, ist die Situation gegebenenfalls noch kritischer. Hier besteht für die Schutzrechtsinhaber, die den Standard etabliert haben, keinerlei Verpflichtung, jedem interessierten Wettbewerber eine Lizenz einzuräumen. Eigene wesentliche Patente können in solchen Fällen für ein Unternehmen die einzige Möglichkeit sein, nicht aus dem Markt gedrängt zu werden.

Zusammenfassend läßt sich somit feststellen, Patente sind für Großunternehmen – und nicht nur für diese – heute wichtiger denn je.

Für die Patentabteilung eines Unternehmens ergeben sich unter diesen Aspekten über die üblichen Dienstleistungsfunktionen hinaus unternehmerische Aufgaben. In unserem Unternehmen sehen wir diese in der „Stärkung der Wettbewerbsfähigkeit des Unternehmens durch Entwicklung und Umsetzung von Strategien für den gewerblichen Rechtsschutz".

Schon aus Gründen des hohen für einen auch international angemessenen Patentschutz erforderlichen Aufwandes ist ein Unternehmen heute gezwungen, die Patentaktivitäten zu optimieren, d. h. sie möglichst eng an den gegenwärtigen und insbesondere zukünftigen Geschäftsabsichten und -strategien auszurichten. Neben der Formulierung und Verfolgung von geschäftsunterstützenden Patentstrategien geht es dabei insbesondere um die Bereitstellung

bedarfsgerechter Patentportfolien nach technischen und regionalen Gesichts-
punkten und um Maßnahmen zur offensiven Verwertung der eigenen Patente.
Besonders wichtig ist ferner die frühzeitige Ermittlung und Begrenzung von
Risiken aufgrund fremder Patente.

Voraussetzung für geschäftsorientierte und geschäftsnahe Patentaktivitäten
ist vor allem eine ausreichende Entscheidungsbasis. Die im Unternehmen vorhandenen Informationen über technologische Entwicklung, eigene Geschäftsabsichten, voraussichtliches Verhalten des Wettbewerbs und die Schutzrechts-
situation müssen für die einzelnen Geschäftszweige und Geschäftsfelder zusam-
mengeführt werden. Vom Vorstand eines Unternehmens von der Größenordnung der Siemens AG und auch von den Vorständen der geschäftsführenden
Bereiche können im wesentlichen nur allgemeine Grundsätze für die Patentpolitik des Unternehmens bzw. des Bereiches beschlossen und geschäftsüber-
greifende Prioritäten gesetzt sowie die erforderlichen Budgetbeschlüsse gefaßt
werden. Zur Formulierung detaillierterer Schutzrechtsstrategien und der zuge-
hörigen Entscheidungsrichtlinien haben wir unterhalb der Bereichsvorstands-
ebene strategische Patentkomitees gegründet, in denen außer Technik, Vertrieb
und Patentabteilung insbesondere auch das Marketing vertreten ist. Die im
Tagesgeschäft im Rahmen der von den strategischen Patentkomitees
formulierten Richtlinien zutreffenden Einzelentscheidungen sind in der Regel
an operative Patentkomitees delegiert, denen wenigstens ein Vertreter der be-
troffenen Geschäteinheit sowie der für diese verantwortliche Mitarbeiter der
Patentabteilung angehört.

Standardthemen für die strategischen Überlegungen sind das eigene
Erfindungsaufkommen nach technischen Prioritäten und bezogen auf den Ein-
satz von Forschungs- und Entwicklungsmitteln, die Einreichung von Schutz-
rechtsanmeldungen und deren Aufrechterhaltung im In- und Ausland, die
Auseinandersetzung mit Schutzrechten von Wettbewerbern, Lizenz- und
Kooperationsstrategien, sowie die Geltendmachung der eigenen Schutzrechte.

Vergleichsmaßstab für die Bewertung der eigenen Schutzrechtspositionen
sind die entsprechenden Positionen der wichtigsten Wettbewerber. Solche
Vergleiche haben daher in unserer Patentarbeit einen sehr hohen Stellenwert.
Rein zahlenmäßige Vergleiche geben nach unseren Erfahrungen keinen
hinreichenden Aufschluß über die Stärken und Schwächen der zu vergleichenden Patentportfolien. Die aufwendige inhaltliche Auseinandersetzung
mit den einzelnen Schutzrechten ist nicht zu umgehen. Wir haben für die
Strukturierung solcher Vergleiche und die Darstellung der Ergebnisse spezielle
Methoden entwickelt, auf die an dieser Stelle allerdings nicht näher
eingegangen werden kann.

Basis für Patente und damit auch für Patentstrategien sind Erfindungen,
und zwar in unserem Haus wie in anderen Großunternehmen in erster Linie die
Erfindungen der eigenen Mitarbeiter. Die möglichst systematische und voll-

ständige Erfassung der entstehenden Erfindungen ist daher von besonderer Bedeutung.

Hier hatten wir Anfang der 90er Jahre ein gewisses Problem. Die Zahl der jährlich bei der deutschen Patentabteilung eingehenden Erfindungsmeldungen lag über mehr als zehn Jahre jeweils um die 2000, und dies trotz steigenden F&E-Aufkommens, trotz eines zunehmenden Anteils neuer Produkte und Systeme an unserem Jahresumsatz und trotz ständiger Bemühungen der Mitarbeiter der Patentabteilung, Erfindungsmeldungen anzuregen. Wir fanden für dieses Phänomen schließlich zwei Hauptursachen.

Die erste Ursache war, daß speziell auf dem Gebiet der Informations-, Kommunikations- und Automatisierungstechnik zunehmend Hardwarelösungen durch Softwarelösungen ersetzt wurden und daß viele Softwareentwickler dem Mißverständnis unterlagen, Softwareerfindungen seien nicht patentfähig. Zudem waren anfänglich auch nur wenige Mitarbeiter der Patentabteilung hinreichend erfahren in der Abfassung von Patentanmeldungen auf software-bezogene Erfindungen und in der Führung von entsprechenden Verfahren vor den Patentämtern, ganz abgesehen von der zunächst keineswegs software-patentfreundlichen Praxis einiger Ämter. Zur Lösung dieser Probleme beauftragten wir eine Arbeitsgruppe erfahrener Patentingenieure, weitere ihrer Kollegen zu trainieren und Informationsveranstaltungen für die entsprechenden Entwicklungsabteilungen durchzuführen. Dennoch bleibt die Patentierung softwarebezogener Erfindungen eine zeitraubende Aufgabe für Erfinder und Patentingenieure sowohl wegen der üblicherweise hohen Komplexität der Materie, als auch wegen der noch uneinheitlichen Praxis von Patentämtern und Gerichten. Andererseits würde der Verzicht auf die Patentierung von software-bezogenen Erfindungen gerade auf den technischen Gebieten mit den meist-versprechenden Zukunftsaussichten zu erheblichen wettbewerblichen Nach-teilen führen. Wir sind daher entschlossen, die Patentierung softwarebezogener Erfindungen weiter voranzutreiben und wie bisher unseren Beitrag zur Weiterentwicklung von Patentamtspraxis und Rechtsprechung zu leisten.

Ein weiterer Grund für die Stagnation bei Erfindungsmeldungen war der, daß manche Entwickler unter dem ständig steigenden Termindruck nicht mehr die Zeit fanden, während der Arbeitszeit eine Erfindungsmeldung abzufassen oder sich wenigsten mit dem für sie zuständigen Patentingenieur in Verbindung zu setzen. Auch für etliche Vorgesetzte hatte die pünktliche Einhaltung von Entwicklungsterminen aus im Einzelfall durchaus nachvollziehbaren Gründen Priorität gegenüber der Anzahl der aus ihrer Abteilung stammenden Erfindungs-meldungen. Auch die nach deutschem Recht einem Erfinder zustehende, oft erhebliche Erfindervergütung erwies sich in vielen Fällen nicht als aus-reichender Anreiz für Erfinder, eine Erfindungsmeldung in ihrer Freizeit abzufassen. Das Problem ist der Zeitunterschied zwischen der Entstehung bzw. Meldung einer Erfindung und der ersten Erfindervergütung, die in der Regel erst nach Beginn der geschäftlichen Nutzung der Erfindung bzw. nach Erteilung des Patentes bezahlt wird. Wenn die erste Erfindervergütung eintrifft, haben viele Erfinder die entsprechende Erfindungsmeldung bereits wieder vergessen oder stellen zumindest geistig den Zusammenhang mit dieser nicht mehr her.

Wir haben daher eine Initiative eines unserer geschäftsführenden Bereiche aufgegriffen und zunächst für die in Deutschland ansässigen Teile unseres Unternehmens ein Programm zur Förderung der Erfindungstätigkeit mit entsprechendem finanziellen Anreiz geschaffen. Das Programm, das an dieser Stelle nicht näher erläutert werden kann, besteht aus der Kombination der Zahlung eines bestimmten Betrages an den Erfinder nach unbeschränkter Inanspruchnahme der Erfindung durch das Unternehmen – also im unmittelbaren zeitlichen Zusammenhang mit der Erfindungsmeldung – und der Abgeltung einer Reihe von Verpflichtungen aus dem Arbeitnehmererfindergesetz, die üblicherweise von den Erfindern nicht genutzt werden. Jeder Erfinder kann sich nach Einreichung einer Erfindungsmeldung entscheiden, ob er mit dieser an dem Programm teilnehmen will. Das Programm war so erfolgreich, daß sich die Anzahl der Erfindungsmeldungen ohne wesentlichen Qualitätsverlust innerhalb von drei Geschäftsjahren mehr als verdoppelte.

Unterstützt wurde diese Entwicklung durch weitere, das erfindungs- und innovationsfreundliche Unternehmensklima fördernde Maßnahmen. Außer einer unternehmensweiten Innovationsinitiative gehört hierzu die jährliche Nominierung und Auszeichnung von „Erfindern des Jahres", die erstmals 1995 stattfand. Zusätzlich erstellte und verteilte die Patentabteilung verschiedene Broschüren für Manager und Erfinder mit Informationen über die Bedeutung von Patenten als Instrumente des Wettbewerbs, über das praktische Vorgehen bei Patentanmeldungen und über die besonderen Probleme bei Softwareerfindungen. Dazu kommen Informationsblätter über Patentthemen aus aktuellem Anlaß und Plakataktionen. Die erwähnten Veröffentlichungen und weiteres Informationsmaterial über Patente sind über eine Homepage der Patentabteilung im Intranet für jeden an das Netz angeschlossenen Mitarbeiter unseres Hauses zugänglich.

Alle diese Maßnahmen sind Teile des strategischen Konzeptes, die erfinderischen Ideen unserer Mitarbeiter so systematisch und vollständig wie möglich zu sammeln und sie entsprechend den mittel- und langfristigen Geschäftszielen in wertvolle Schutzrechte umzusetzen.

Ein weltweit tätiges Großunternehmen kann sich dabei selbstverständlich nicht auf national begrenzte Betrachtungsweisen beschränken. Da alle Teile des Unternehmens an den Vorteilen globaler Patentportfolien teilhaben, müssen sie hierzu auch ihren jeweils eigenen Beitrag liefern. Enge Kontakte und ständiger Informationsaustausch mit unseren Patentabteilungen in anderen Ländern und eine gemeinsame Patentdatenbank sollen dazu beitragen, den an verschiedenen Stellen der Welt zu treffenden Entscheidungen wenn nicht identische, so doch wenigsten vergleichbare Kriterien zugrunde zu legen. Der Beitrag, den die außerdeutschen Unternehmensteile zum Gesamterfindungsaufkommen des Hauses Siemens leisten, hat in den letzten Jahren ebenfalls stark zugenommen. Er liegt gegenwärtig bei etwa 20 Prozent.

Für ein innovativ tätiges Unternehmen sind den Geschäftszielen entsprechend positionierte Patentportfolien jedoch noch mehr als in konkrete Wettbewerbsvorteile umsetzbare Rechtstitel. Sie sind sichtbarer Ausdruck einer technisch kreativen, innovativen Unternehmenskultur und der technologischen Stärke und Innovationskraft eines Unternehmens und bilden damit eine Quelle ständiger Motivation für kreative Mitarbeiter.

Wozu braucht man einen Patentanwalt?

Gerd Wystemp

Zum Ausklang möchte ich ein Thema anschließen, daß sich schon rein äußerlich insofern von den vorangegangenen unterscheidet, als an seinem Schluß ein Fragezeichen steht:
Wo*zu* braucht man einen Patentanwalt?
oder
*Wo*zu braucht man einen Patentanwalt?
Man kann die Betonung setzen wie man will, aus der Fragestellung ist ein gewisser Zweifel herauszuhören. Die der Fragestellung zugrundeliegende Skepsis der Öffentlichkeit ist mir aus meiner nunmehr siebenjährigen Praxis als freiberuflicher Patentanwalt in Chemnitz nicht fremd. Wahrscheinlich wird die überwiegende Zahl meiner Kolleginnen und Kollegen in irgendeiner Weise ebenfalls mit diesem Problem konfrontiert worden sein. Denn diese Skepsis ist alt. Sie bestand offenbar schon am Anfang meines Berufsstandes. Und der ist älter als das Reichspatentgesetz von 1877! Beispielsweise ist bereits im Jahre 1872 von dem *Stadtrat und Landtagsabgeordneten Otto Theuerkorn* in Chemnitz ein *Patent-Anwalts-Büro* gegründet worden, das von seinem Sohn, dem *Ingenieur und Patentanwalt Paul Theuerkorn* übernommen und weitergeführt wurde und jedenfalls 1926 noch bestand und seinen Sitz Johannisplatz 12 hatte.[1]

Mein Kollege Paul Theuerkorn ist im Jahre 1900 unter der Nummer 70 in die Liste der Patentanwälte beim Reichspatentamt in Berlin eingetragen worden. Offenbar wurden Patentanwälte bereits zu der damaligen Zeit gebraucht, sonst hätte es sie nicht gegeben. Andererseits bestand offensichtlich dringender Regelungsbedarf hinsichtlich des Vertretungswesens. Die Notwendigkeit einer Berufsordnung läßt sich aus dem am 29. Dezember 1899 dem Deutschen Reichstage zur verfassungsmäßigen Beschlußfassung vorgelegten *„Gesetz, betreffend die Patenanwälte"* entnehmen, in dem einleitend durch *Wilhelm, von Gottes Gnaden Deutscher Kaiser, König von Preußen im Namen des Reichs* verordnet wird:

§ 1 Bei dem Kaiserlichen Patentamte wird eine Liste der Patentanwälte geführt.

In die Liste werden Personen, welche Andere in Angelegenheiten, die zum Geschäftskreise des Patentamts gehören, vor demselben für eigene Rechnung berufsmäßig vertreten wollen, auf ihren Antrag eingetragen.[2]

Gestatten Sie mir, daß ich aus der zu dem Gesetzentwurf gleichfalls 1899 veröffentlichen „Begründung" vortrage:

„Die gesetzliche Regelung des Vertretungsgeschäfts in Patentangelegenheiten ist schon bei der, Mitte der achtziger Jahre eingeleiteten, Revision des Patentgesetzes vom 25. Mai 1877 Gegenstand der Erörterung gewesen... Die Kommission kann nicht verkennen, daß die Organisation einer Patentanwaltschaft an und für sich in hohem Grade wünschenswerth sein würde. Für den ersprießlichen Erfolg der Thätigkeit einer Behörde, wie das Patentamt, welche berufen ist, darüber zu entscheiden, ob die von den Patentsuchern erhobenen Ansprüche auf Ertheilung von Patenten begründet sind, und welcher damit Entscheidungen richterlicher Natur zugewiesen sind, liegt eine der wesentlichsten und unentbehrlichsten Garantien darin, daß der Behörde eine auf der erforderlichen Höhe technischer und, soweit erforderlich, juristischer Ausbildung stehende Patentanwaltschaft integren Charakters gegenübersteht..."

„Die bestehende Gesetzgebung macht den Betrieb des Vertretungsgeschäfts in Patentsachen von besonderen formellen oder materiellen Voraussetzungen nicht abhängig; die Folge davon ist, daß dieses Geschäft vielfach in den Händen von Persönlichkeiten liegt, welche weder in Bezug auf die moralische Haltung, noch in Bezug auf ihre allgemeine und fachliche Vorbildung den zu stellenden Anforderungen genügen..."

„Nach den vorliegenden Nachrichten sind es neben einer Reihe von Rechtsanwälten, die aus der Betrachtung ausscheiden, (Anmerkung von mir: es wurde offensichtlich schon damals als gegeben angesehen, daß die Kollegen Rechtsanwälte über eine ausreichende technische Qualifikation und einen integren Charakter verfügen – weiter im Zitat) gegenwärtig etwa 300 Personen, welche als „Patentanwälte" oder unter einer ähnlichen Bezeichnung die Vertretung in Angelegenheiten des Erfindungs-, Gebrauchsmuster- und Warenzeichenschutzes in Berlin ansässig, die Minderheit vertheilt sich auf andere Mittelpunkt des gewerblichen Verkehrs. Es muß von vornherein anerkannt werden, daß viele Patentanwälte durchaus ehrenwerth, zuverlässig und den Anforderungen ihres Berufs gewachsen sind. Es fehlt aber auf der anderen Seite nicht an Persönlichkeiten, welche diese Eigenschaften in mehr oder minder hohem Grade entbehren. So ist es in den letzten Jahren nicht selten bekannt geworden, daß Patentanwälte wegen gemeiner Verbrechen und Vergehen (Urkundenfälschung, Betrug, Unterschlagung, Untreue) zur gerichtlichen Untersuchung und Bestrafung haben gezogen werden müssen. Die Mehrzahl dieser Strafthaten steht mit der Ausübung des Vertretungsgeschäfts im Zusammenhang. Namentlich beziehen sich die Fälle der Unterschlagung meist auf Geldbeträge, welche den Vertretern zur Deckung der an die Kasse des Patentamts jährlich zu zahlenden Patentgebühren anvertraut waren..."

„Verzögerungen in der Erledigung von Aufträgen, Säumnisse in der Wahrung gesetzlicher oder von der Behörde gestellter Fristen, unterlassener Gebührenzahlung bilden den Gegenstand vielfacher Beschwerden. Die Durchführung eines civilrechtlichen Ersatzanspruchs gegen den schuldhaften Vertreter

gelingt selten, schon weil die Geschädigten über die nöthigen Geschäfts-
kenntnisse meist nicht verfügen,... (Anmerkung von mir: Waren das noch
Zeiten! Heute verfügt das „den gewerblichen Rechtsschutz nachsuchenden
Publikum" zu einem großen Teil über diese Kenntnisse. Ein kleiner Teil ent-
ledigt sich auf dem Wege der Gesamtvollstreckung seiner Verpflichtung gegenüber seinen Gläubigern. Der Patentanwalt geht als solcher in der Regel leer aus.
Er kann schon froh sein, wenn er nach monate- oder jahrelanger Wartezeit von
ihm verauslagte Amtsgebühren oder Honorare ausländischer Kollegen ersetzt
bekommt und den Lohn für seine Arbeit erhält.)

„Hat sich erst in den betheiligten Kreisen ein Mißtrauen gegen die Vertretung festgesetzt, so wächst damit das dem Gemeinwohle nicht zuträgliche
Bestreben, die Verwerthung einer Erfindung unter den Schutz des Fabrik-
geheimnisses zu stellen. Die Unvollständigkeit mancher Patentanmeldung wird
schon jetzt darauf zurückgeführt, daß der Erfinder aus Mißtrauen gegen seinen
Vertreter den Kern seiner Erfindung zu verschleiern sucht."[3]

Womit ich beim Thema aus heutiger Sicht bin:

„Wozu braucht man einen Patentanwalt?"

Wenn es auch nicht in meiner Absicht liegt, sie in der mir noch zur Verfügung
stehenden Vortragszeit davon zu überzeugen, daß die Patentanwälte heutzutage
die reinsten Engel sind, so können sie doch meiner Versicherung Glauben
schenken, daß der Gesetzgeber und die Vereinigung des Berufsstandes die
geschilderten Mißstände weitgehend beseitigt haben.

Die „Patentanwaltsordnung" und die beschlossene „Berufsordnung" sowie
einschlägige gesetzliche Bestimmungen in StGB, der StPO und natürlich im
PatG, GbmG, MarkenG, Sortenschutzgesetz und GeschmMG legen fest, wozu
man einen Patenanwalt braucht.[4]

Danach ist die Patentanwältin bzw. der Patenanwalt in dem ihm
zugewiesenen Aufgabenbereich ein *unabhängiges Organ der Rechtspflege.* Der
Patentanwalt übt einen freien Beruf aus. Jedermann hat das Recht, sich von
einem Patentanwalt seiner Wahl beraten und vertreten zu lassen. Er muß es aber
nur dann zwingend, wenn er im Inland weder Wohnsitz noch Niederlassung hat.
In Angelegenheiten der Erlangung, Aufrechterhaltung, Verteidigung und An-
fechtung eines Patents, eines ergänzenden Schutzzertifikats, eines Gebrauchs-
musters, eines Geschmacksmusters, des Schutzes einer Topographie, einer
Marke oder eines anderen Kennzeichens oder eines Sortenschutzrechtes kann
der Patentanwalt seinen Mandanten beraten und gegenüber

- Dritten
- dem Deutschen Patentamt
- dem Bundespatentgericht
- in bestimmten Angelegenheiten dem Bundesgerichtshof
- bestimmten Verwaltungsbehörden und Schiedsgerichten

vertreten. Vor allen ordentlichen Gerichten ist dem Patentanwalt auf Antrag einer Partei das Wort zu erteilen, sofern sich die Rechtsstreitigkeit auf das geschilderte Fachgebiet, aber auch Arbeitnehmererfindungen, Datenverarbeitungsprogramme, Technik oder die Pflanzenzüchtung bereichernde sonstige Leistungen handelt.

Der Patentanwalt ist zur Verschwiegenheit über Geheimnisse verpflichtet, die ihm bei Ausübung des Berufs anvertraut worden sind. Der Patentanwalt ist an einer Schnittstelle zwischen Recht und Technik tätig und für seinen Mandanten ein sachkundiger Mittler, weil im einschlägigen Recht genauso zu Hause ist wie in der Technik. Er steht aber auch für seine „Patzer" ein. Für Vermögensschäden, die er seinem Mandanten im Einzelfalle schuldhaft verursachen sollte, ist er im Rahmen seiner Vermögenshaftpflichtversicherung mit mindestens 500.000,- DM versichert.

Die „Kunst" des Berufsstandes besteht beispielsweise darin, aus der Fülle der technischen Informationen das „Neue" und „Erfinderische" zu erkennen, zu beurteilen und daraus eine Patentanmeldung zu formulieren.[5]

Mitunter besteht die „Fülle der Informationen" allerdings ausschließlich aus einer Handskizze oder aus einem auf dem Schreibtisch liegenden Funktionsmuster, verbunden mit dem frommen Wunsch des „Erfinders", „doch bitte daraus etwas zu machen". Es ist absolut nicht ungewöhnlich, daß Erfindungen „nicht fertig" sind und der Patentanwalt den potentiellen Erfinder erst „in die richtige Richtung" weist, wobei es zum ungeschriebenen Ehrenkodex des Berufstandes gehört, sich nicht als Miterfinder anzusehen. Überhaupt besteht die allerwichtigste Voraussetzung einer erfolgreichen Zusammenarbeit zwischen dem Erfinder und seinem Patentanwalt in deren gegenseitiges Vertrauen.

Die Patentansprüche sind in sachlicher, akribischer Korrektheit in präziser Terminologie so zu formulieren, daß sie den jeweiligen Stand der Technik berücksichtigen und für die Erfindung einen umfassenden Schutzbereich sichern, der nicht leicht umgangen werden kann. Ein Patentanspruch besteht bekanntlich in der Regel aus einem Satz. Oft ist dieser eine Satz aber das Ergebnis kreativer Tätigkeit eines ganzen Tages, oder eines noch längeren Zeitraumes.

Im Idealfall begleitet ein Patentanwalt ein marktfähiges Produkt von der allerersten Idee bis hin zu optimalen Verwertung. Insbesondere Klein- und Mittelbetriebe sowie Einzelerfinder unterstützt er bei der Abfassung von Forschungs- und Kooperationsverträgen und arbeitet Lizenzverträge aus. Die Praxis lehrt, daß schutzrechtliche Belange dabei leider oft vernachlässigt werden, sehr zum Schaden der Erfinder und der Unternehmen.

Obwohl nach einer Presseermittlung des Deutschen Patentamtes vom 5. August 1997 eine Entwicklung der Eingangszahlen von Schutzrechtsanmeldungen gegenüber 1996 zu erwarten ist, besteht doch im internationalen Vergleich gegenüber Japan und USA ein erheblicher Rückstand.[6]

Ausdrücklich weisen der Präsident des Deutschen Patentamtes, Norbert Haugg, und Lutz van Raden darauf hin, daß „...ein weiterer Bereich des Innovationspotentials stärker genutzt werden könnte, der heute ebenfalls noch weitgehend brachliegt, das sind die Hochschulen und Universitäten." Sie halten es für „... unerläßlich, die Schnittstelle zwischen Forschung und Industrie zu verbessern und daraus entstandene technische Innovationen mit Schutzrechten abzudecken. Den kreativen Kräften, insbesondere an Hochschulen und Universitäten, sollten ‚Umsetzer' für ihre Innovationsleistungen, z. B. Patentanwälte, zur Seite gestellt und die Leistung dieser ‚Umsetzer' auch durchaus bezuschußt werden."[7]

Patenanwältinnen und Patentanwälte müssen, um den ansatzweise geschilderten Anforderungen entsprechen zu können, eine der längsten Ausbildungen in Deutschland absolvieren. Die rund 1.600 deutschen Patentanwältinnen und Patentanwälte sind überwiegend Diplomingenieure oder Naturwissenschaftler mit einem abgeschlossenen technischen oder naturwissenschaftlichen Hochschulstudium. An das Studium schließt sich in der Regel eine praktische Tätigkeit in der Industrie an, die oft dazu genutzt wird um zu promovieren.

Schließlich ist eine mindestens dreijährige juristisch-praktische Ausbildung auf dem Gebiet des gewerblichen Rechtsschutzes zu durchlaufen. Sein theoretisches Rüstzeug holt der Anwärter beispielsweise an der Fernuniversität Hagen, seinen praktischen Schliff erhält er während eines Ausbildungsjahres beim Deutschen Patentamt und beim Bundespatentgericht sowie während zweier Jahre bei einem tätigen Patentanwalt. Wenn er das alles hinter sich gebracht und auch noch die staatliche Prüfung erfolgreich bestanden hat, dann ist er „schon" Patentanwalt. Allerdings noch nicht „Europäischer Patentvertreter". Dazu müßte er weitere Ausbildungs- und Prüfungshürden nehmen.

Natürlich ist die Patentanwältin oder der Patentanwalt aufgrund der technischen oder naturwissenschaftlichen Ausbildung auf einem speziellen Fachgebiet besonders qualifiziert. Aus diesem Grund lehnen die gegebenenfalls die Übernahme von Mandanten ab und verweisen den Rechtsuchenden an kompetentere Kolleginnen und Kollegen. Auch bezüglich der juristischen Fachgebiete haben sich einzelne Kolleginnen und Kollegen freiwillig spezialisiert und sind so beispielsweise eher als „Markenanwälte" oder als „Geschmacksanwälte" denn als „Patentanwälte" tätig.

Abschließend möchte ich die Titelfrage mit einem Satz beantworten: *Patentanwältinnen und Patentanwälte sind kompetente Helfer und Partner in allen Fragen des gewerblichen Rechtsschutzes.*

Anmerkungen:

[1] Patent-Anwalts-Büro Paul Theuerkorn. Chemnitz, in: „Deutschlands Jubiläumsfirmen", Handelskammerbezirk Chemnitz, hrsg. von „REGE", Leipzig 1926, S. 208.

[2] Entwurf eines Gesetzes, betreffend die Patentanwälte, Blatt für Patent-, Muster-, Zeichenwesen, 1900, S. 3.

[3] Ebenda, S. 5 – 12.

[4] Elisabeth Reinhard, Patentanwaltsordnung mit Nebenvorschriften und dem Recht der vor dem Europäischen Patentamt zugelassenen Vertreter, Berlin 1995, S. 3ff.

[5] Patente-Marken-Design, Nutzen der gewerblichen Schutzrechte, Tätigkeiten der Patentanwälte, hrsg. von der Patentanwaltskammer und vom Bundesverband Deutscher Patentanwälte e. V., ohne Angabe des Jrg., S. 25ff.

[6] Gewerbliche Schutzrecht in Deutschland sehr gefragt, Pressemitteilung des Deutschen Patentamtes vom 5. August 1997, in: Patentanwaltskammer – Kammerrundschreiben (1997) 4, S. 129.

[7] Norbert Haugg und Lutz van Raden, Bedeutung des nationalen Rechtsschutzes, in: Mitteilungen der deutschen Patentanwälte 88 (1997) 6, S. 173.

Erfinder und Erfinderschutz im Spätmittelalter und in der Frühen Neuzeit

Gerhard Dohrn-van Rossum

Die Figur des Erfinders, die Natur und die äußeren Umstände der Erfindung und der spätestens seit Walt Disney's Figur des Daniel Düsentrieb bekannte „Geistesblitz", sind so aktuelle Themen, weil „Innovation" zu einem modernen politisch handlungsleitenden Begriff aber auch schon zu einem verbrauchten Modewort geworden ist.

„Innovation" ist für uns zum Zauberwort der Zukunftssicherung geworden. Die Bereitschaft, sich von alten Strukturen und gewohnten Errungenschaften zu trennen, die Frage nach den politischen und wirtschaftlichen Rahmenbedingungen zur Freisetzung und wirtschaftlichen Umsetzung von Kreativität, erscheint als Schlüsselfrage auch und gerade in den neuen Bundesländern. Obwohl man darüber auch lächeln kann, die Begriffe „Innovation" und „innovativ" haben in der politischen Diskussion eine sehr stark motivierende, legitimierende und Entscheidungen selektierende Funktion gewonnen. Selbst Institutionen, die eher der Tradition, der Sicherung und Bewahrung verpflichtet sind – Universitäten, Gerichtshöfe, Museen, Archive, Bibliotheken – müssen heute ihren Beitrag zum Gemeinwohl als innovativ etikettieren, mindestens aber ihre Überlieferungsbestände in digitaler Form „im Netz" zur Verfügung stellen. Im globalen Netz erscheinen so auch die ältesten Weisheiten als neu und aktuell, Ruinen und alte Steine werden schichtenweise bunt beleuchtet, vielleicht auch durch Animationen zum Sprechen gebracht, alte Patente kommen aus den Kellern der Archive. Auch Traditionspflege muß sich heute innovativ vermarkten. Niemand kann sich dem Sog der Schlagworte, „der Fortschritt ist unaufhaltsam", „das Neue ist das ökonomisch und moralisch Gute" entziehen, aber diese scheinbaren Selbstverständlichkeiten haben eine historische und eine globale Dimension, über die man auch heute gelegentlich nachdenken sollte.

Die positive Bewertung des Neuen, die Hochschätzung der Innovation, der Kult um die Erfinder, die Erfindungen und die Patente sind historisch ziemlich junge Errungenschaften der europäisch-amerikanisch dominierten Moderne. Der hauptsächlich auf die unübersehbare technische Entwicklung gegründete Fortschrittsoptimismus und alle verwandten Konzepte sind Ergebnisse europäischer Sonderwege, die in anderen Kulturen so nicht beobachten ist, und auch diese Differenz in der Vorstellung und Bewertung von Innovationen sollte uns zu denken geben. In vielen Formen fordern wir von Entwicklungs- und Schwellenländern den Nachvollzug von europäisch-westlichen Modernisierungsprozessen und die Schaffung von innovationsfreundlichen Rahmenbe-

dingungen. Grob gesagt, wir fordern von diesen anderen Gesellschaften den
Abschied von der Vorstellung, daß das Alte gut sei und die positive Bewertung
von Innovation. Dabei wird leicht vergessen, daß auch in der europäischen
Tradition Erfindungen über lange Zeit als nichts weiter galten als die
Enthüllung von Gott verborgener Naturgeheimnisse, ins unseren Worten
Fortschritt nichts weiter als Wiederentdeckung war. Für diese weltweit un-
gleichzeitig verlaufenden Modernisierungsprozesse benutzen wir verschiedene
Indikatoren. Der wichtigste Indikator ist die tatsächliche ökonomische und
militärische Überlegenheit, unübersehbar seit dem 15. Jahrhundert mit der
militärischen und ökonomischen Erschließung der Neuen Welten. Die
historischen Prozesse sind zu offensichtlich und die Meßgrößen dafür sind zu
zahlreich, um sie einzeln diskutieren zu können. Faktische Macht: das will
niemand heute offen ansprechen. Wir reden lieber von unterschiedlicher
Mentalität, von unterschiedlichen Formen des Zeitbewußtseins etc. Ein auf den
ersten Blick vielleicht brauchbarer, aber wie wir heute wissen auch sehr
umstrittener Indikator sind die Patente bzw. die Entwicklung des gewerblichen
Rechtsschutzes. Dabei beschäftigen wir uns mit einem ziemlich jungen, für die
Prüfung von Neuheit, Originalität und dem Verlauf von tatsächlichen
Innovationsprozessen äußerst problematischen Indikator, der aber immerhin den
Vorteil hat, für mehrere Länder und in langen bürokratisch geführten Reihen
vorzuliegen. Aber in diesen Akten stecken zwei wichtige, nicht selbst-
verständliche und für die wirtschaftliche Entwicklung nicht unbedingt
aussagekräftige Prämissen: technische Neuerungen sind zu schützen und ggf.
Neuererpersönlichkeiten zu entlohnen. Eng damit verbunden ist die Frage nach
den Ursprüngen des Konzepts vom geistigen Eigentum in der europäischen
Geschichte.

Fortschritt, auch technischen Fortschritt, hat es in der Menschheits-
geschichte immer gegeben, aber die allermeisten bedeutenden Innovationen, z.
B. die Domestizierung des Feuers, die Dreifelderwirtschaft, die Zucht von
Pflanzen und Tieren, die Techniken der Konservierung von Nahrungsmitteln,
die Nutzung von Gärungsmitteln zur Produktion von Brot, Wein und Bier, die
Herstellung von Mörtel und Glas, sind in den unschriftlichen Gesellschaften
kaum registriert und selten datiert worden. Als kulturelle Leistungen sind sie
aber durchaus erkannt und wenigstens in der klassischen Antike göttlichen oder
mythischen Erfinderfiguren, auch einzelnen Völkern (z. B. „Demeter brachte
uns das Getreide") zugeschrieben worden. Seit dem fünften Jahrhundert vor
Christus kennen wir solche Aufstellungen. Bekannt ist vielleicht das
Erfindungskapitel im siebten Buch von Plinius' Naturgeschichte, wo über 200
Erfindungen unter Berufung auf 18 einschlägige Autoritäten auf 143 Erfinder
(Götter, Völker, Städte, Individuen) verteilt werden. Dazu kommen die
technischen Wandlungsprozesse und Innovationen, deren Entwicklungszeiten
so lang waren, daß weder sie noch ihre Auswirkungen für die Zeitgenossen
überhaupt sichtbar werden konnten. Da behelfen wir uns mit rückblickenden

Begriffskonstruktionen und reden z. B. von der „neolithischen, d. h. steinzeit-
lichen Revolution", ungefähr 10.000 Jahre vor Christus zur Beschreibung des
Übergangs von den Jäger- und Sammlergesellschaften zu seßhaften sozialen
Formationen. Wir wissen – und das führt schon in die europäische Geschichte –
von Innovationen in engeren Zeiträumen, deren Ausbreitung sich vielleicht auf
ein Jahrhundert eingrenzen läßt, die aber ebenfalls von den Zeitgenossen
allenfalls beiläufig erwähnt, als Innovationen aber nicht beschrieben und
ebenfalls nicht datiert worden sind. Dazu gehören die gewerbliche Nutzung der
Wasserkraft durch Walk- und Stampfmühlen, der Einsatz mechanisch
betriebener Blasbälge bei der Eisenverhüttung und die auf wenige Jahrzehnte
um 1200 eingrenzbare europäische Entwicklung der Windmühle. Eine andere
Wahrnehmungsblockade ist das Fehlen eines Begriffs von Technik im
europäischen Mittelalter. Alles zwischen Handwerk, Kunsthandwerk und
zauberischen Künsten fiel darunter. Selbst nach der wissenschaftstheoretischen
Aufwertung der „artes mechanicae" im Hochmittelalter erhielten z. B. die
Konstrukteure von Mühlen und Brücken und auch die Künstler keinen
besonderen sozialen Ort in der ständisch gegliederten Gesellschaft und ihre
Kenntnisse keinerlei wissenschaftliche Dignität.

Insoweit tappt die Geschichte der Technik und die Geschichte der
Innovationen in der alten Welt vielfach im Dunkeln. Nun sehen wir aber seit
dem Ende des 13. Jahrhundert eine deutliche Veränderung des kulturellen
Klimas. Das verbreitete Paradigma, daß das Alte dem Neuen im Zweifel
überlegen sei, kippt schlicht weg. Daß neue Probleme und Herausforderungen
neue Lösungen erfordern, wird allmählich zur allgemeinen Erkenntnis. Das
betrifft auch die Wahrnehmung technischer Entwicklungen. Fast plötzlich
werden technische Innovationen nicht mehr als Gottesgeschenke, nicht mehr als
Importe aus sagenhaften orientalischen Reichen, nicht mehr als Wiederentdeckung verlorener Kenntnisse der Antike, auch nicht mehr als Teufelswerk
beschrieben, sondern als Errungenschaften einer neuen Zeit, als Zeugnisse
menschlicher Erfinderkraft und später auch als Beweise der Überlegenheit der
europäischen Welt. Erfinder wurden zu Helden und Erfindungen zu Kulturtaten.
Hier trennen sich in folgenreicher Weise die Wege der verschiedenen Kulturen.
Diese Überlegenheit wurde zunächst gar nicht als technische registriert, sondern
eher als religiös-moralische, aber der technische Aspekt schiebt sich seitdem je
länger je mehr in den Vordergrund. In einem am Ende des 12. Jahrhunderts
verfaßten Bericht über einen Kreuzzug zur Befreiung der Heiligen Stätten der
Christenheit in Palästina von der muslimischen Herrschaft heißt es, daß Nord-
westeuropäer unter den staunenden und verärgerten Augen der Feinde Gottes
die allererste Windmühle auf dem Turm einer Kreuzritterburg in Syrien
errichtet hätten. Das Gefühl der Überlegenheit verdankt sich hier noch dem
Bewußtsein einer kulturellen und religiösen Differenz. Ein bis zwei Genera-
tionen später hat sich das kulturelle Klima noch deutlicher verändert. Ohne den
Vergleich mit der bewunderten Antike und ohne interkulturelle Vergleiche

werden Neuerungen, auch technische Neuerungen interessant. Theoderich, studierter Arzt und Bischof von Cervia, erörtert nach der Mitte des 13. Jahrhunderts in einem Lehrbuch der Chirurgie die Verfahren, Pfeilspitzen aus den Gliedern von verletzten Soldaten zu ziehen. Dabei bemerkt er, daß täglich „ein neues Instrument und ein neues Verfahren durch den Fleiß und die Geschicklichkeit der Ärzte erfunden" würde. Damit ist auch Technik im modernen Sinne gemeint. Ein prominenter Nachfolger, Guy de Chaulliac, Leibarzt der Päpste in Avignon, stellt bei der Behandlung dieses Problems ein Verfahren vor, Pfeilspitzen mit Hilfe einer Armbrust herauszuschießen. Ein anderer Kollege vergleicht die Entwicklungsarbeit der Chirurgen mit den auf Erfahrung und Praxis gestützten Verbesserungsarbeiten der Baumeister in Paris.

Verbesserungen und Neuerungen erhalten seit Beginn des 14. Jahrhunderts in vielen Bereichen eine eigene Würde. Das um 1300 kodifizierte Bergrecht der mährischen Stadt Iglau, einer der bedeutendsten mittelalterlichen Abbaustätten von Silber, schreibt über die Künste und Erfindungen der Alten, Wasser aus den Gruben abzuführen, voller Respekt, sagt dann aber deutlich, daß die, die jetzt an technischen Verbesserungen arbeiteten, mehr zu loben seien als die „ersten Erfinder". Erfindung und Erfinder („inventio"/„inventor") sind seit etwa 1300 eindeutig positiv besetzte Begriffe. Gleichzeitig treten sie aus dem chronologisch diffusen Schema Alt-Neu heraus und allmählich lernt man auch ihre Namen kennen.

Im Februar des Jahres 1305 hält der Bettelmönch Giordano aus Pisa in Florenz eine Fastenpredigt. Auch er betont, daß jeden Tag eine neue Kunst („arte novella") gefunden und, daß das Finden neuer Künste auch in Zukunft nie zu Ende kommen würde. Seine Äußerungen sind bemerkenswert genug. Es sei noch nicht einmal zwanzig Jahre her, daß man die vorher vollkommen unbekannte Kunst, Lesebrillen zu machen, gefunden habe – und der Prediger fügt hinzu: „Ich habe den Mann gesehen, der sie erfunden und geschaffen hat und ich habe mit ihm gesprochen." Das Datum ist nicht nur ein Hinweis darauf, daß man mit neuen Erfindungen in relativ kurzen, jedenfalls erlebbaren Zeitabständen rechnete; sie ist auch bemerkenswert genau: Um 1280 tauchen in Venedig Hinweise auf die Herstellung gläserner Lesehilfen für die Augen auf. Eher unwahrscheinlich ist die Existenz eines schon damals namentlich bekannten Erfinders. Ein plausibles Wahrnehmungsmuster war jedoch da. Sieben Jahre später berichtet eine Pisaner Chronik über einen Klosterbruder, der, weil der erste Erfinder der Brille, die man jetzt gemeinhin Augengläser nenne, sein Geheimnis für diese „nützliche und neue Erfindung" nicht mitteilen, wörtlich „kommunizieren", wollte, sich das Gerät angesehen und sofort nachgebaut hätte.

Ein zweiter Hinweis auf das neue Verständnis von Innovationen sind die verschiedenen Berichte, in denen diese nicht als glückliche und zufällige Einfälle und Ereignisse, sondern als Ergebnisse langwieriger, risikobehafteter und zukunftsorientierter Bemühungen gesehen werden. In der zweiten Hälfte des 13. Jahrhunderts berichtet der Militäringenieur Peter von Maricourt über bisher noch nicht erfolgreiche Arbeiten an einem magnetgetriebenen Himmelsmodell, „bei dessen Erfindung ich Viele herumsuchen und in vielfältigem Bemühen ermüden sah." Der Astronomielehrer an der Pariser Universität Robertus Anglicus berichtet etwa gleichzeitig von Bemühungen der Uhrmacher, eine gewichtsgetriebene Welle zum Antrieb eines astronomischen Modells zu konstruieren, die sich an einem Tag exakt einmal drehe. Nicht viel später sind tatsächlich mechanische Uhrwerkhemmungen mit Gewichten entwickelt worden. Roger Bacon, ein englischer Franziskanermönch und Universitätslehrer, der mit seinen nonkonformistischen Gedanken seinen Ordensoberen viel Ärger machte, schreibt über mechanisch angetriebene Instrumente, die, könnte man sie nur so bauen, daß an ihnen astronomische Daten abgelesen werden könnten, wertvoller wären als der Schatz eines Königs. Bacon hat auch Ausbildungs- und Forschungsprogramme in den Wissenschaften von der Natur entworfen, die – ohne Zuhilfenahme magischer Künste – u. a. die Entwicklung von schnellen Schiffen ohne Ruderer, von Unterwasserschiffen, von selbstbewegten Wagen, von Hebevorrichtungen mit der Kraft von tausend Männern und auch von Fluggeräten ins Auge faßt. Moderne Visionen, damals technisch nicht realisierbar, aber deutliche Zeugnisse neuer selbstbewußter Auffassungen von technischer Machbarkeit, von der Befreiung von der Überlegenheit des Alten und vom technischen Fortschritt als einem Dauerprozeß. Nur auf den ersten Blick handelt es sich um breit gestreute, aus sehr verschiedenen Lebensberichten geklaubte Zitate. Die Veränderung des kulturellen Klimas um das Jahr 1300 zeigt sich auch darin, daß die vereinzelten Innovationen auch im Zusammenhang eines Prozesses einer kulturellen Entfaltung gesehen worden sind. Natürlich werden die Bereiche Kultur, Technik und Wirtschaft noch nicht getrennt behandelt.

Dafür ein Beispiel: In einem kleinen Rückblick auf die Entwicklung im Elsaß seit Beginn des 13. Jahrhunderts, schildert ein anonymer Mönch aus dem Kloster des Predigerordens der Dominikaner im Kolmar die seit der Ausbreitung des Ordens in dieser Gegend beobachteten Fortschritte. Zu Beginn des vergangenen Jahrhunderts habe es zu viel Wald und zu wenig Wein- und Getreideanbau gegeben. Erst spät sei die Eignung von Mergel für die Düngung bemerkt worden. Das Geflügel der Bauern sei recht kleinwüchsig gewesen; jetzt seien viele neue, größere und bessere Sorten, z. T. übers Meer eingeführt worden zusammen mit anderen Tieren wie Fasanen und Gemüsepflanzen. Der Ausbildungsstand und die Moral der Ritter sei schlecht gewesen und ihre Rüstungen schwer und primitiv. In den Städten habe es wenig Kaufleute, wenig Meister in den mechanischen Künsten gegeben, und überhaupt sei das Handwerk solange auf einem niedrigen Niveau gewesen, bis neuerdings vielerlei Werkzeug und Gerät ins Elsaß gebracht worden sei. Nicht überall habe man bei Tisch Teller und Messer gebraucht. Es habe aber auch an Chirurgen, Ärzten und Juden, einem wichtigen Index für den Grad der Urbanisierung, gefehlt. In Straßburg und Basel seien die Stadtmauern schlecht und die Privathäuser in noch schlechterem Zustand gewesen – düster wegen der wenigen und kleinen Fenster. Auch von den Anfängen der städtischen Wasserversorgung in Kolmar und Straßburg wird berichtet. Erst vor kurzem habe man Gips zur Bereitung von Putz gefunden. Der Rhein habe in dieser Gegend keine Brücken gehabt, und auch zweispännige Wagen mit eisenbeschlagenen Rädern seien noch selten gewesen. Noch ohne rechte zeitliche Reihenfolge und vielfach nur aus einer regionalen Perspektive neuartig bildet der durch Kreuzzüge und Orienthandel erweiterte europäische Erfahrungshorizont den Rahmen für den Bericht über wichtige Innovationen.

Noch eine Generation später erfahren wir nicht nur von Innovationen, sondern auch von Innovatoren bzw. Erfindern. Sie fordern und erhalten für ihre Geistesgaben nicht nur das ehrende Angedenken der Nachwelt, sondern neuerdings für sich und ihre Erben auch materielle Entlohnung bzw. Anteile am Profit ihrer Verbesserungen. Im Jahre 1315 bestätigte Johann von Luxemburg, König von Böhmen, einen Vertrag mit den Gewerken der Altenberger Erzgruben in Mähren, in dem Heinrich Rotärmel ein Entgelt zugesichert wurde für eine Wasserkunst, die er „durch Anstrengung seines Geistes" zur Entwässerung der Gruben entwickelt habe. Die Wasserkunst sollte zwei Stollen entwässern, die bisherige manuelle Schöpfarbeit der Schnurzieher und Haspler entbehrlich machen und außerdem sechs Wasserräder über das ganze Jahr in Betrieb halten. Rotärmel und seine Erben sollten einen Anteil an den Erzeinnahmen erhalten, solange die neue Vorrichtung funktionierte. Not hat hier nicht nur hier erfinderisch gemacht, sondern den Erfindern auch eine neue soziale Rolle beschert. Beim Versuch, die Stollen tiefer vorzutreiben, waren die europäischen Bergwerke buchstäblich „ertrunken", und die „Wassersnot" förderte die Bereitschaft, jeden neuen Einfall im Bereich der Wasserkünste wenigstens auszuprobieren und im Erfolgsfall auch zu honorieren.

Die Spruchweisheit, daß Not erfinderisch macht, läßt sich auch anderorts verfolgen. Venedig, die Stadtrepublik ohne Mauern, näherte sich im 14. Jahrhundert dem Höhepunkt seiner politischen und wirtschaftlichen Macht. Die urbanistische Entwicklung erzeugte aber auch ein waches Bewußtsein für die prekäre ökologische Lage in der Lagune und die schwierig zu sichernde Versorgung durch das Festland. Riesige Mengen von Lebensmitteln, Bau- und Brennholz, auch Süßwasser mußten täglich in die Stadt geschafft werden. Das Meer schützte nicht nur; Ebbe und Flut mußten beherrscht, aber auch für die Entsorgung genutzt werden. Es überrascht daher nicht, daß sich in den venezianischen Archiven besonders viele Zeugnisse für den Wandel des Innovationsklimas befinden. Ein Meister Johannes aus Deutschland mit der interessanten Berufsbezeichnung „Mühlen-Ingenieur" erhielt im Jahre 1323 vom Großen Rat den Auftrag zum probeweisen Bau von zunächst einer besonders kunstvollen Mühle. Die Stadt übernahm die Baukosten und wollte später nach Einholung sachverständiger Gutachten über die Nützlichkeit des neuen Geräts und über die Belohnung entscheiden. Kurz darauf wurde ein Leonardo Albizio für eine von ihm erfundene Drainage- und Baggervorrichtung entschädigt, die pro Jahr 180 Golddukaten an Arbeitslohn und Material ersparen sollte. In der Folgezeit wurden in Venedig zahlreiche wasserbautechnische Privilegien erteilt, sorgfältig registriert, die Vorteile neuer Lösungen gegenüber alten Gewohnheiten stets erörtert. In der Nachbarstadt Padua ließ sich der auch als Uhrenkonstrukteur tätige Professor für Medizin Jacobo Dondi eine Konzession für Gewinnung und den freien Verkauf von Salz aus Thermalquellen bestätigen. Er behauptete, das Verfahren verdanke sich menschlicher Geisteskraft und sei von ihm selbst neu erfunden worden. Die Familie verfügte in der Gegend um Abano über umfangreichen Grundbesitz und versuchte natürlich, ein Monopol in der regionalen Salzproduktion zu erlangen. Jacopo Dondi war der Vater des noch weit berühmteren Giovanni Dondi dall'Orologio, auch ein Medizinprofessor und Konstrukteur eines damals als astronomisch-mechanischen Weltwunders bestaunten Planetariums.

In die öffentliche Bewunderung der Erfinder mischte sich Respekt, Neid und gelegentlich auch schlichte Häme. Der Verdacht, daß da etwas mit dem Teufel zugehe, daß Technik doch etwas mit Magie zu tun habe, daß dabei die Schöpfungsordnung in unziemlicher und sicher nicht strafloser Weise herausgefordert würde, bleibt an den Erfinderpersönlichkeiten hängen und nimmt häufig eine spezielle Form der Künstlerlegende an. Vom Erfinder der erwähnten Straßburger Wasserkunst wird berichtet, er sei von seinem Werk in den Fluß gefallen und ertrunken. Nachdem der venezianische Schiffsingenieur Francesco delle Barche bei der Belagerung der Stadt Zadar (Jadra) in Dalmatien Wurfmaschinen für besonders schwere Steine gebaut hatte, soll er sich in seinen Vorrichtungen verfangen haben und selbst in die Stadt geschleudert worden sein. Bis heute wird weitererzählt, daß der Erbauer der ersten astronomischen Uhr des Straßburger Münsters, Johann Boernave, sein Handwerk unter den Namen Ben al-Benzar bei den Arabern erlernt habe. Zusätzlich wird kolportiert, daß der Rat der Stadt den Meister habe blenden lassen, um zu verhindern, daß in anderen Städten ähnliche oder bessere Konstruktionen errichtet würden. Alle diese Legenden sind Variationen uralter Erzählmuster, nach denen die Bewältigung technischer Herausforderungen als Versuchung der göttlichen Schöpfungswerke angemessene Strafen nach sich zieht. Das bekannteste Muster ist natürlich die altgriechische Sage von Dädalus, Erfinder, Baumeister, Bildhauer, Identifikationsfigur auch der mittelalterlichen Kathedralbaumeister. Ihn soll der kretische König Minos in das von ihm selbst erfundene Labyrinth gesperrt haben. Für seine Flucht habe er für sich und seinen Sohn Ikarus aus Federn, Fäden und Wachs künstliche Flügel hergestellt. Die Flucht auf dem Luftwege habe Ikarus, weil er der Sonne zu nahe gekommen war, dann mit dem Leben bezahlt. Technische Kühnheit als Frevel, Schadenfreude beim Scheitern großer Projekte – solche Vorstellungen sind uns nicht fremd.

Wahrnehmung und Anerkennung technischer Innovationen verdankten sich seit dem Spätmittelalter einer neuen Bewunderung für menschliche Schlauheit bei der Nutzung der Naturkräfte, aber auch dem schieren Vergnügen an neuartigem Spielwerk ebenso wie Nützlichkeitserwägungen, wie sie uns heute ökonomisch rational erscheinen. Das alte Staunen, die alte Furcht gegenüber mittels undurchschaubarer mechanischer, hydraulischer und pneumatischer Vorrichtungen bewirkte Nachahmungen von Leben und Natur durch Automaten verliert sich allmählich. Dazu kommt, daß die Automatenschauspiele und Figurenspielwerke der antiken, der islamischen und der byzantinischen Welt dem christlichen Abendland in Berichten zwar vielfach, in konkreten Beispielen aber nur sehr selten bekannt waren. Aber allmählich verlor sich der Zauber undurchschaubarer Technik.

Beträchtliches Aufsehen erregte zu Beginn des 14. Jahrhunderts der erste in Europa entwickelte Automat: die stundenschlagende Uhr. In den frühen Berichten wird hervorgehoben, daß sie sich selber schlüge, daß sie scheinbar belebt sei und menschliche Arbeit gleichsam von selbst verrichte. Ohne unmittelbar erkennbaren wirtschaftlichen Nutzen fanden die neuen Uhren schnelle und weite Verbreitung. Das innovative Potential dieser speziellen Technik wurde erkannt, und man versuchte sofort, es auch auf anderen Gebieten einzusetzen. Der Dominikanermönch, dem wir die Nachricht von der ersten stundenschlagenden Uhr auf einer Mailänder Kirche verdanken, berichtet auch von einer anderen Erfindung („Neuigkeit"), von einer Mühle, die nach Art der Uhrwerke von Gewichten und Gegengewichten und kunstvollen Radgetrieben bewegt würde. Damit könne ein Knabe leicht hintereinander vier Scheffel Getreide zu Mehl bester Qualität vermahlen. Das klingt technisch noch nicht so sehr überzeugend, und von solchen Mühlen hört man später kaum noch, aber viele andere Zeugnisse dieser Zeit verraten ein klares Bewußtsein für die neuen Möglichkeiten, Kraft wirksamer einzusetzen und Geld und Zeit zu sparen. Schon sehr früh war das auch an der politisch-administrativen Behandlung der wasserbautechnischen Innovationen in Venedig deutlich geworden.

Ein anderes Feld großer technischer Herausforderungen waren die mittelalterlichen Großbaustellen, vor allem die der großen Kathedralen. In Florenz schlägt im Jahre 1358 ein Werkmeister ein neuartiges Hebegerät vor, das ebensoviel heben könne wie die bisherigen Konstruktionen, aber sieben Hilfskräfte weniger benötige. Auch hier wird der Versuch gewagt, Kostenersatz und Honorar aber erst dann bewilligt, wenn die Funktionstüchtigkeit des Geräts auch gesichert wäre. Kurz darauf wird der Konstrukteur einer von Pferden bewegten Vorrichtung zur Entwässerung der Baugrube belohnt. Auch von der Baustelle der Kathedrale in Mailand kennen wir solche Fälle. Die Verschriftlichung und die rechtliche Fixierung auch der Details des Erfinderschutzes läßt sich in Venedig am besten verfolgen. Dazu zunächst die einzelnen Beispiele. Dem Antonius Marini aus Grenoble wird 1444 ein Schutzrecht auf 20 Jahre für die Anlage von Mühlen gewährt, mit denen man ohne Wasser

Getreide mahlen konnte. 1460 erhält der auswärtige „Ingenieur" Guilelmus Lombardus ein 10-jähriges Schutzrecht auf die Konstruktion von Öfen für das Färbereigewerbe, die nur noch die Hälfte des gewohntes Holzes verbrauchen würden. Allerdings sollten sich städtische Vertreter von der Funktionstüchtigkeit der Konstruktion und von der Nützlichkeit für die Stadt überzeugen. Im gleichen Jahr erhält ein gewisser Jacobus de Valperga, also wieder ein Auswärtiger, Schutzrechte für eine Pumpe, mit der Süßwasser („totes Wasser" = Grundwasser) und Salzwasser für den Betrieb von Mühlen, z. B. Sägen oder Walkmühlen, gehoben werden könnte. Er wird beschrieben als ein junger Mann von großem Ingenium, als Architekt/"primus Inventor"/"erster Erfinder", der nicht nur in Venedig, sondern auch in anderen Gegenden vielfältige und neuartige Geräte/Konstruktionen gebaut habe. Das Schutzrecht wird zwar auf Lebenszeit erteilt, aber an die Bedingung geknüpft, daß Jacobus innerhalb von sechs Monaten und auf eigene Kosten die Brauchbarkeit der Konstruktion nachweist. Danach sollten Nachbauten ohne seine Erlaubnis entweder mit der ungeheuren Summe von 1.000 Dukaten bestraft oder zerstört werden. Allerdings reserviert sich die Stadt die Freiheit, diese Konstruktionen für das Arsenal, die große Rüstkammer der Stadt, und andere Befestigungswerke zu benutzen. Das bekannteste frühe Privileg ist 1469 dem Giovanni di Spira (Johann von Speyer) verliehen worden. Johann könnte in der Werkstatt des Johannes Gutenberg gearbeitet haben, wo um 1455 der Druck mit beweglichen Lettern zur technischen Reife entwickelt worden ist. „In unsere berühmte Stadt ist die Kunst Bücher zu drucken eingeführt worden, und von Tag zu Tag wird sie herausragender und bevölkerter durch die Arbeit, das Wissen und den Scharfsinn des Meisters Johann von Speier, der unsere Stadt allen anderen vorgezogen hat, ... hier zu leben und die genannte Kunst auszuüben .... so daß sie durch zahlreiche und hervorragende Bücher bereichert wird. Und da diese Erfindung, etwas besonderes ist und unserer Zeit eigentümlich und unseren Vorfahren gänzlich unbekannt [– ein deutliches Indiz für einen Paradigmenwechsel: Die Antike ist nicht mehr Vorbild und Maßstab, man weiß, daß man auch technisch in einem neuen Zeitalter lebt –] verdient Meister Johann Gunst und jede Hilfe, auch materielle Hilfe, daß er seine Arbeit fortsetzt. In der gleichen Weise, wie bei anderen nützlichen Künsten, auch viel geringeren, [– ein deutlicher Verweis auf längst geübte Praxis, auf gewohnte administrative Prinzipien! –] haben die unterzeichneten Räte angeordnet, daß für die folgenden fünf Jahre niemand, wer es auch sei, wagen darf, die Kunst des Buchdrucks in Venedig und seinen Territorien auszuüben außer Meister Johann selbst. ....,, Eine Randnotiz besagt dann, daß das Privileg auf die Lebenszeit des Johann von Speyer begrenzt sei, und: der hatte Pech, er starb nach wenigen Monaten, aber Venedig wurde in kürzester Frist zu einem europäischen Zentrum des Buchdrucks mit 150 Druckereien, die bis um 1500 4.000 Buchausgaben produzierten, das ist ein Siebentel der damaligen europäischen Buchproduktion.

Es überrascht nun nicht, daß sich das früheste Zeugnis für den Übergang von
der fallweisen Privilegierung einzelner Erfinder zu einer allgemeinen
Rechtsnorm für den Erfinderschutz in einem venezianischen Senatsbeschluß aus
dem März des Jahres 1474 findet. Darin wird zunächst festgestellt, daß die Stadt
schon lange ein Anziehungspunkt vieler Techniker und Erfinder sei, deren
Scharfsinn man auch künftig stimulieren und honorieren wolle. Neue Erfindungen sollen in Zukunft gemeldet und nach einer Prüfung auf Brauchbarkeit
für zehn Jahre vor Nachahmern geschützt werden. Den Erfindern soll eine
Entschädigung zustehen, unerlaubte Nachahmungen zerstört werden. Das
venezianische Gesetz hat kein Vorbild, wohl aber eine Vorgeschichte in der
politisch-administrativen Praxis. Es ging um eine Art von Generalisierung
älterer Praxis in Einzelfällen. Die Republik Venedig hatte, wie auch andere
Stadtstaaten und Herrschaftsträger z. B. im Deutschen Reich, seit Jahrzehnten
einzelnen Personen Privilegien verliehen, bestimmte von ihnen konstruierte
Geräte oder entwickelte Verfahren exklusiv zu nutzen. Schaut man in die
vereinzelten Quellen zur Praxis, dann entdeckt man dort die Entstehung der
meisten auch heute teils entschiedenen, teils noch problematischen Fragen des
Erfindungsschutzes und der wirtschaftspolitischen Problematik, Innovation zu
fördern und zu stimulieren.

Wir entnehmen den Einzelbeispielen, daß das Konzept von Neuheit und
Nützlichkeit zunächst – anders wäre es auch politisch gar nicht vorstellbar –
territorial begrenzt und zeitlich beschränkt – das ist immerhin eine Andeutung
auf eine vorgestellte offene Zukunft – war. Auch das Prinzip der entgelt-
pflichtigen Nachbauten/Lizenzen war ebenso bekannt wie die öffentliche Vor-
finanzierung aufwendiger Projekte. Der Senat von Venedig wollte sicher nicht
Gesetzgeber für die Ewigkeit werden; er wollte nicht ewige Grundsätze der
Rechtsprechung formulieren; er wollte lediglich eine bekannte und für
Einzelfälle durch Dekrete gestützte Praxis den aktuellen, auch tagespolitischen
Bedürfnissen der Stadtrepublik anpassen. Immerhin: ein Rechtsanspruch der
Erfinder war formuliert. Eine von Rechtsprinzipien geleitete Kodifikation war
ausdrücklich noch nicht das Ziel. Man konnte sich nach Lage so oder anders
entscheiden, man konnte Ausnahmen zulassen, man konnte gegen formulierte
Prinzipien auch verstoßen. Die Erfinderprivilegien wurden auf lange Zeit als
„gratia" (Gnade/Gewährung) behandelt. Die scheinbar fortschrittliche Gesetzgebung und Gewerbepolitik hat die Republik Venedig sicher auch nicht zu einer
irgendwie bedeutenden Industriemacht gemacht.

Große Herausforderungen: Ökologische Sorgen, Bergbauprobleme, Großbaustellen, militärische Unternehmungen waren die charakteristischen inno-
vationsfreudigen Milieus. Wir würden das heute als Challenge-Response-
Situation beschreiben. Die spätmittelalterlichen Zeitgenossen haben das auch
schon gesehen, wenn sie z. B. der „Wassersnot" in den Bergwerken durch
„Wasserkünste" zu begegnen versuchten.

Der Gemeinspruch „Not macht erfinderisch" formuliert eine anthropologisch-evolutionsgeschichtlich triviale Aussage. Der „Mensch" wie er ist, bzw. wie er auf die Welt kommt, ist ganz unzureichend ausgestattet. Er muß sich etwas einfallen lassen, um zu überleben, sich zu ernähren, sich zu kleiden, sich zu wärmen. Insofern ist die humane Evolutionsgeschichte selbstverständlich Innovationsgeschichte. Der europäisch-amerikanische Sonderweg besteht m. E. in der positiven Formulierung des Konzepts der Neuerung, der Innovation, der Hochschätzung der Erfinder. Dieser Weg ist in anderen Kulturen so aus bis heute nicht überzeugend geklärten Gründen nicht vollzogen worden. Die Motive unserer Vorfahren waren sehr verschieden: tatsächliche und selbstgewählte Herausforderungen, vorhandene und nachträglich konstruierte Bedürfnisse, vielfach auch nachahmender Spieltrieb, sozialer Ehrgeiz und schlichte Geldgier. Ob nun die rechtliche Sicherung von Innovationen wirtschaftliche Fortschritte wirksam befördert hat, ob Privilegien und Patente brauchbare Indikatoren ökonomischer Überlegenheit und Instrumente zukünftiger Erfolge sind, erscheint mir eher zweifelhaft. Nach meinem Eindruck liefern die Untersuchungen und Auswertungen von Erfinderprivilegien und der Patentschutzgesetzgebungen der folgenden Jahrhunderte dafür keinerlei eindeutige Hinweise. Die Geschichte von Technik und Wirtschaft – so heißt mein heutiges für das Geschäft der Historiker skeptisches Resümee – wird in den Akten und Statistiken der Verwaltungen nur unzureichend abgebildet.

Literatur:

Giulio Mandich, Le privative industriali veneziane (1450-1550), in: Rivista di Diritto Commerciale, Mailand 34 (1936), S. 512 – 47.

Remo Franceschelli, La prima legge generale in materia d'invenzioni industriali, in: Rivista di Diritto Industriale 4 (1951).

Marcel Silberstein, Erfindungsschutz und merkantilistische Gewerbepriviliegien, Zürich 1961.

Klaus Thraede/K. Jax: „Erfinder", in: Reallexikon für Antike und Christentum 5, 1962, Sp. 1179 – 1278.

C.M.R. Davidson, La legge veneziana sulle invenzioni, in: L. Sordelli (Hg), La legge veneziana sulle invenzioni, Venetian Patent Law. Scritti di diritto industriale per il suo 500o anniversario, Mailand 1974, S. 101 – 19.

Christine MacLeod, The 1690s Patents Boom: Invention or Stock-Jobbing, in: Economic History Review 2nd ser. 39 (1986), S. 549 – 71.

Peter Feldbauer, Die islamische Welt 600 – 1250: ein Frühfall von Unterentwicklung?, Wien 1995.

Helmut Schippel, Die Anfänge des Erfinderschutzes in Venedig, hg. v. Uta Lindgren, in: Europäische Technik im Mittelalter. Tradition und Innovation. Ein Handbuch, Berlin 1996, S. 539 – 50.

Marcus Popplow, Erfindungsschutz und Maschinenbücher: Etappen der Institutionalisierung technischen Wandels in der frühen Neuzeit, in: Technikgeschichte 63 (1996), S. 21 – 46.

Gewerbeprivilegien und Erfinderschutz im Königreich Sachsen bis zum Jahre 1877

Friedrich Naumann

Vorbemerkungen

Gewerbeprivilegien wie auch der Schutz von Erfindungen sind historische Kategorien, die sowohl von technischen Sachverhalten als auch von ökonomischen, sozialen und politischen Bedingungen – determiniert werden. Erfindungen und davon abgeleitete Produkte zu schützen, dürfte spätestens dann gesellschaftliche Legitimation erheischt haben, als die über Jahrhunderte geheiligten Pforten der Zünfte endlich aufgebrochen werden konnten. Bis dahin verschanzten sich die Zunftmeister hinter ihren Rechten und wiesen den Gedanken an Gewerbefreiheit und Erfindungsschutz weit von sich. In einzelnen Ländern erlangte der Gedanke an das dem Erfinder gebührende Recht zum Schutze seiner Idee doch beizeiten eine gewissen Bedeutung, so z. B. in England, wo schon 1623, in der Zeit Jacob I. also, dafür eine entsprechende Parlamentsakte existierte. Männer wie Francis Bacon hatten mit Nachdruck ihre Stimme im Parlament für die Erteilung von Privilegien erhoben und die Bedeutung der Erfindertätigkeit für die Menschheit artikuliert. Später dann erschien Adam Smith' Buch über das Wesen und die Ursachen des Volkswohlstandes[1] und befruchtete die vielfältigen Auseinandersetzungen. Der Erfinder als „Lehrherr der Nation" war zwar noch vom Wohlwollen der Krone abhängig, trug jedoch nicht unwesentlich zum wirtschaftlichen Aufschwung seines Landes bei. Schließlich verschoben die bedeutenden Erfindungen der Industriellen Revolution das Gleichgewicht entscheidend und öffneten die Wege in die Gewerbefreiheit.

Über gesetzliche Regelungen verfügten auch Frankreich – das Patentgesetz von 1790 definierte erstmals den Begriff des „geistigen Eigentums" und gewährleistete damit den Rechtsanspruch des Erfinders –, Nordamerika (1790), Rußland (1812), die Niederlande (1817) und Österreich (1832).

In den deutschen Ländern war die Situation äußerst unterschiedlich, denn bis zur Einführung des Reichspatentgesetzes 1877 existierten 29 unterschiedliche Regulative. In Hessen-Kassel, Hannover und Sachsen bestanden noch die alten Einrichtungen der Verleihung von sogenannten Privilegien nach ministeriellem Ermessen; die beiden Mecklenburg, Lübeck, Bremen und Hamburg verzichteten hingegen ganz auf einen Erfindungsschutz. Gewisse Fortschritte erreichte man im Zusammenhang mit der industriellen Entwicklung im 19. Jahrhundert; Preußen machte hierzu einen bescheidenen Anfang und erließ

1815 ein „Publikandum über die Erteilung von Patenten", gesetzlich bestätigt erst 1845 durch die allgemeine Gewerbeordnung. Von einheitlicher Auffassung und Vorgehensweise bei der Bewertung konnte allerdings keine Rede sein, zeitgenössische Notizen berichten dazu: „Die Patentkommission in Preußen sitzt über die Schutz nachsuchenden Geisteskinder zu Gericht, wie in den dunkeln Zeiten des Mittelalters das mysteriöse Femgericht. – Das Urteil wird insgeheim gesprochen, kein Widerspruch geduldet und der Verurteilte beiseite geschafft, ohne daß irgendwer Kunde davon erlange. Dabei sind preußische Patente nicht um ein Haar besser als jenes 'sichere Geleit', welches Kaiser Sigismund für den Neuerer Huß ausstellen ließ!"[2]

Über den Rahmen der Bemühungen einzelner deutscher Staaten hinaus strebte man beizeiten eine gesamtdeutsche Lösung an, die jedoch über viele Jahrzehnte an den extrem unterschiedlichen Auffassungen scheiterte. Der preußische liberale Beamte Peter Christian Wilhelm Beuth beispielsweise bezweifelte den Wert des Erfindungsschutzes als Mittel der Gewerbeförderung und plädierte für allgemeine öffentliche Zugänglichkeit einer jeden Erfindung – ein Affront also wider den rein privaten Anspruch. Diese Position fand etliche Befürworter, so daß daraus eine regelrechte Antipatentbewegung entstand, „die den Erfindungsschutz als ein die freie Konkurrenz beeinträchtigendes Gewerbemonopol und eine nicht zu rechtfertigende Handels- und Gewerbebeschränkung auf Kosten der Allgemeinheit ansah und die vollständige Abschaffung anstrebte"[3].

Die Kontroverse zwischen den Gegnern auf der einen und den Befürwortern auf der anderen Seite verschärfte sich vor allem in den 60er Jahren, zumal der dem Patent innewohnende Monopolgedanke keineswegs in die liberale Wirtschaftspolitik jener Zeit paßte. Eine derartige Verschiedenartigkeit der wirtschaftspolitischen Grundauffassungen mußte zwangsläufig die Aufstellung eines Patentgesetzes über Jahrzehnte behindern.

Avantgardistisch und als Interessenvertreter der Industriellen und Erfinder zeigte sich aber der 1856 gegründete Verein Deutscher Ingenieure. Bereits auf seiner vierten Hauptversammlung 1861 brachte er das Patentwesen auf die Tagesordnung und begründete dessen Notwendigkeit. In erster Linie wurden jedoch die Interessen der Industriellen, danach erst die der Erfinder vertreten; zumindest konnte auf diesem Wege die öffentliche Diskussion befruchtet werden. Von einer speziellen Kommission wurden schließlich Denkschriften ausgearbeitet, die weitere Fortschritte bewirkten. Hier tauchen erstmals die Namen des Erfinders und Unternehmers Werner von Siemens und des späteren Chemnitzer Oberbürgermeisters Heinrich Friedrich Wilhelm André auf. André fungierte hauptsächlich als juristischer Berater, verfügte er doch über eine beachtliche Reihe von Erfahrungen und zudem über Kenntnisse der englischen, amerikanischen und französischen Patentgesetzgebung.[4]

Die Arbeit dieser Kommission mündete schließlich im „Entwurf eines Patentgesetzes für das Deutsche Reich". Dieses Papier behandelte den Gegenstand des Patentschutzes und das Erteilungsverfahren, die Aufgaben der Patentbehörden (Patentamt und Reichsoberhandelsgericht) sowie die Rechtsstreitigkeiten. Vor allem orientierte es jedoch auf eine schnelle Verbreitung von Erfindungen. So hieß es, man müsse die Erfinder durch Patente dazu motivieren, ihre neuen Gedanken zum Gemeingut zu machen; es gäbe aber kein anderes Mittel, Geheimniskrämerei zu verhindern, „als den Urheber einer Erfindung durch sein eigenes Interesse zur Veröffentlichung derselben zu nöthigen"[5].

Nach jahrelangem Hin und Her brachte der 1873 in Wien abgehaltene internationale Patentschutzkongreß entscheidende Verbesserung im Rechtsbewußtsein und faßte den sehr programmatischen Beschluß, daß dieser „Schutz der Erfindungen in den Gesetzgebungen aller zivilisierten Nationen zu gewährleisten" sei. Zugleich wurde beschlossen, nationale Patentschutzvereine zu gründen. Das Deutsche Reich verfügte nun endlich über eine entsprechende Grundlage und konnte mit der propagandistischen Vorbereitung einer einheitlichen Patentordnung im Sinne wirtschaftlich-industrieller Interessen beginnen.

Nachdem die ganze deutsche Großindustrie sowie die Vertreter der wissenschaftlichen Technik dem Patentverein beigetreten waren, konnte Siemens als Präsident des Deutschen Patentschutzvereins am 6. April 1876 seine berühmte Denkschrift zusammen mit dem überarbeiteten Gesetzentwurf an den Reichskanzler Otto von Bismarck übergeben. Am 1. Juli 1877 trat das 45 Paragraphen umfassende Gesetzeswerk schließlich in Kraft.

Erfindungsschutz und Patentwesen in Sachsen

Der Erfindungsschutz in Sachsen hat vielfältige Berührungspunkte zu den technischen Gegebenheiten der handwerklichen und gewerblichen Produktion, vor allem jedoch zu Bergbau und Hüttenwesen. Da die ersten Silberfunde im Jahre 1168 in der Nähe der späteren Bergstadt Freiberg gemacht wurden, scheint durchaus glaubhaft, daß das erste Privilegium bereits 1379 von den Markgrafen Friedrich, Balthasar und Wilhelm einer Gesellschaft verliehen wurde, die eine neue Wasserkunst – eine technische Einrichtung zum Heben von Wasser aus größeren Tiefen – erfunden hatte.[6] Im 15. Jahrhundert stieg die Zahl der Erfindungen; denn nach dem Abbau der oberen Teufen mußte man weiter in die Tiefe vordringen, was nur mit Hilfe neuartiger technischer Lösungen möglich war. Eine vorzügliche Übersicht hierzu gibt Georgius Agricolas „De re metallica libri XII" (Basel, 1556). Im sechsten Buch dieses außergewöhnlichen Werkes sind neben den verschiedenartigen Gerätschaften vor allem die für den Bergbau typischen Maschinen zu finden: Fördermaschinen, Wettermaschinen und Einrichtungen für die Fahrung. Er schreibt:

„[...] viele von ihnen sind sehr kunstreich und waren, wenn ich nicht irre, den Alten unbekannt. Sie sind erfunden worden [...]"[7] Die Suche nach neuartigen Lösungen erstreckte sich allerdings auch auf die nachgelagerten Prozesse – die Probierkunst, die Aufbereitung sowie die Verhüttung der Erze. Schließlich war auch das Betreiben der Saigerhütten, Eisen- und Kupferhütten, Steinkohlenbergwerken, Papiermühlen, Gold- und Silberwarenfabriken ganz wesentlich von Erfindungen und einer „kunstreichen" Verwertung abhängig. Das Betreiben wurde verschiedentlich durch spezielle Privilegien im Sinne eines Rechtsschutzes geregelt; diese schützten unter Umständen auch ganz bestimmte Gewerbszweige vor fremden Einflüssen oder unsachgemäßen Verfahren. So erhielten beispielsweise alle Eisenwerke im Erzgebirge wie auch im Vogtland von der Regierung Wald, Wiesen und Feldboden für das Anlegen von Fabriken und Wohnungen zugewiesen. Privilegien regelten auch Anzahl und Art der Feuerstellen sowie den Umfang der zu verwendenden Scheithölzer aus den Landeswaldungen. Dafür flossen Erbzins von Grund und Boden sowie Waagegeld in die landesherrliche Rentenkasse ein.

Im Sinne ständiger Rechtsausübung bildeten sich im 16. Jahrhundert feste Grundsätze für Beantragung, Prüfung und Erteilung von Schutzrechten – sprich: Privilegien – für Erfindungen heraus. Sachverständige prüften Neuheit und Nützlichkeit der Erfindung, teilweise mußte der Erfinder seine Ideen auch durch ein Funktionsmodell belegen oder entsprechende Belege für die Nützlichkeit beibringen. Meist wurde das Schutzrecht in Urkundenform durch den Landesherren erteilt. Schutzrechte konnten auch von Nichtsachsen, also anderen Deutschen und Ausländern, in Anspruch genommen werden, wobei die Inhaber von allen Bevölkerungsschichten repräsentiert wurden. Sehr unterschiedlich war die Gültigkeitsdauer, sie reichte von einem Jahr bis zur Dauer auf Lebenszeit; am häufigsten waren Schutzrechte mit zehnjähriger Laufzeit. Creutz wies für die zweite Hälfte des 16. Jahrhunderts 44 und für die erste Hälfte des 17. Jahrhunderts sechs Schutzrechtsverfahren nach, wobei allein zwei Drittel dem Berg- und Hüttenwesen zufallen. Im 18. Jahrhundert erhöhte sich dann das Spektrum der Gegenstände, und es wurden auch Schutzrechte für ein *„Fuhrwerk"*, das *„Lasten mit geringer Mühe über Land"* führen sollte oder eine neue Beize für die Weißblechherstellung erteilt. Der bekannte Orgelbauer Gottfried Silbermann erhielt beispielsweise 1723 ein 15jähriges Schutzrecht auf ein Musikinstrument – die durch ihn zu Berühmtheit gelangte Orgel – und konnte so Neuheit und Nützlichkeit seiner Erfindungen erfolgreich gegen Nachahmung schützen.[8]

Üblich war die Erteilung von Privilegien auch im textilen Bereich; J. A. Neumeister in Plauen, der 1754 in Sachsen die Kattundruckerei einführte, erhielt von der Regierung 1755 ein 30jähriges Privileg für den vogtländischen Kreis sowie eine 15jährige Steuerbefreiung.[9] Inwieweit sich die erteilten

Privilegien von den erteilten Gewerbegenehmigungen unterscheiden, ist nicht in jedem Falle eindeutig nachzuweisen.[10]

Die Regierung brachte also neuen Gewerbszweigen ein großes Interesse entgegen, wachte andererseits aber auch darüber, daß sich Privilegien nicht hemmend auf die wirtschaftliche Entwicklung auswirkten. In diesen Fällen wurden z. B. Laufzeiten gekürzt oder die Fortsetzung der Produktion angemahnt. Eindeutige Regelungen existierten zunächst überhaupt nicht, so daß jeder Landesherr die Parameter nach Gutdünken verändern konnte. Bereits hier zeigt sich auch die Zweiseitigkeit der Angelegenheit; denn einerseits existierte ein landesherrschaftliches Interesse zu Schutz der Erfindungen, zum anderen sollten dem Erfinder die Früchte seiner wohlverdienten Arbeit gesichert bleiben.

Mit der Herausbildung kapitalistischer Produktionsverhältnisse, also mit dem Übergang vom Handwerk zur Industrie, entwickelte sich auch das „Concessionsrecht". Es beraubte zwangsläufig die Zünfte zunehmend ihrer Rechte und Privilegien, verschaffte andererseits den Fabrikanten zunehmend mehr Vorteile – ein Zustand, der sich erst mit der Einführung der Gewerbefreiheit im Jahre 1861 endgültig veränderte. Bis dahin und im Rahmen der sich entwickelnden Gewerbegesetzgebung und der Vielfalt des gewerblichen Lebens stand natürlich weiterhin die Frage der Erfindungsprivilegien zur Disposition, zumal bis zur Mitte des 19. Jahrhunderts ein breites Spektrum von Produzenten existierte: zünftige und nichtzünftige Gewerbe einerseits und der prosperierende Fabrikbetrieb andererseits. Für das Patent- bzw. Privilegienwesens offenbarte sich hier eine Lücke, die nur dadurch zu schließen war, daß man Privilegien zunächst auf jene gewerblichen Erfindungen oder Importationen erteilte, deren Neuheit und Eigentümlichkeit (im Sinne eines Eigentums zu verstehen), Nützlichkeit und praktische Zweckmäßigkeit glaubhaft gemacht werden konnten.

Während sich die Zahl derartiger Privilegien bis zu Beginn des 19. Jahrhunderts noch in Grenzen hielt, ist mit den 30er Jahren eine erhebliche Zunahme nachzuweisen, was sich vor allem aus der in Gang kommenden Entwicklung der Industrie heraus erklären läßt. Damit verstärkte sich auch die Diskussion über die Notwendigkeit des Schutzes geistigen Eigentums, denn nicht wenige Stimmen – darunter auch Vertreter der Kommerziendeputation (eigentlich: Landes-Oeconomie-Manufactur- und Commercien-Deputation, 1764 – 1831) – sahen in der Privilegierung von Erfindungen eher einen Hemmschuh als ein Instrument zur Beförderung von Gewerbe und Industrie.

Ein exemplarisches Beispiel bietet das Patentersuchen des Chemnitzer „Mechanikers und Spinnmaschinen-Besitzers" Carl Gottlieb Haubold; das Gesuch erstreckte sich auf sechs verschiedene Spinnmaschinen und 30 weitere Maschinen und Maschinenteile, und von dessen Gewährung hing ganz wesentlich der Fortbestand des „Hauboldschen Etablissements" ab. Da weder

wirtschaftliche noch rechtliche Bedingungen geklärt waren, initiierte dieser Fall
eine Sonderbehandlung der Erfindungspatente im Rahmen des zum Entwurf
vorliegenden Gewerbegesetzes. Man schlug nämlich vor, den 8. Abschnitt –
betreffend die Erfindungspatente – aus dem Gesetzesentwurf herauszulösen, um
so entsprechende Notlagen überbrücken und die heimische Industrie vor
weiteren Schäden retten zu können. Das Ministerium des Innern (MdI) verwarf
jedoch den Vorschlag, nicht zuletzt auch in der Furcht, die Stände könnten
diesem Vorschlag nicht zustimmen. Haubold erhielt 1834 und 1836 die
entsprechenden Privilegien – eine wesentliche Voraussetzung für die wenig
später erfolgte Gründung der zu großer Bedeutung gelangten Sächsischen
Maschinenbau-Compagnie.

So gelang ein schrittweises Aufbrechen dieser Patentfeindlichkeit der
obersten Behörde auch erst in den 30er Jahren, denn hier nahm die Zahl der
Gesuche erheblich zu. Schrittweise begann man nun mit einer strengen Prüfung,
wobei Originalität (Neuheit), Eigentümlichkeit und die vom Gesichtspunkt der
allgemeinen Industrie aus zu beurteilende Gemeinnützigkeit des zu paten-
tierenden Objektes bewertet wurden. Für die Begutachtung berief das MdI
entsprechende technische Sachverständige, verpflichtete sie zu unparteiischer
Entscheidung und Geheimhaltung der Kenntnisse.

Die Erteilung eines Privilegs erfolgte entweder nur auf Herstellung oder
auf Fertigung und Verkauf des Gegenstandes auf eine Zeitdauer von fünf,
höchsten zehn Jahren. Daran knüpfte man auch die Bedingung, daß die
Erfindung innerhalb einer bestimmten Zeit im Lande praktisch ausgeführt sein
mußte. Die Unterlagen – Zeichnungen und Beschreibungen der Erfindung –
verblieben bis zum Ablauf der Privilegien im Depot des MdI als verleihende
Behörde. Eine öffentliche Kenntnisnahme erfolgte über amtliche Zeitungen, und
gegen Entrichtung von Gebühren erhielt der Patentinhaber auch eine Urkunde
über das Privilegium. Die Kosten richteten sich zunächst nach der Wichtigkeit
der Sache für den Privilegierten. Ausländern wurde ein Erfindungsprivileg nur
dann erteilt, wenn sie einen Inländer präsentierten, auf dessen Namen die
Anmeldung erfolgen konnte. Damit wollte man die Vorteile der Erfindung im
eigenen Lande sichern.

Obwohl noch immer keine festen Grundsätze existierten und man viele
Entscheidungen hinausschob, wurden auf dieser Basis und unter Nutzung ausländischer Erfahrungen zunehmend mehr Erfindungs- und Einführungs-
privilegien erteilt. Die sächsische Regierung verhielt sich trotz allem weiterhin
zögerlich, und so kamen ihr auch die 1833 in München beginnenden Zoll-
verhandlungen gelegen; denn damit erheischte sie ein weiteres Alibi für die
erneute Aufschiebung der erforderlichen Regelungen.

Die Zollkonferenz 1836 in München lieferte schließlich eine neue
Definition für das Patent; im Hauptprotokoll heißt es:

„Im allgemeinen wird unter einem Erfindungspatent ein Privilegium verstanden, durch welches für eine neue Erfindung im Gebiete der Industrie während eines bestimmten Zeitraumes gewisse ausschließliche Gerechtsame verliehen werden, damit dem Erfinder *der Vorteil, welcher aus der Benutzung seiner Erfindung zu ziehen ist,* gesichert werde. Es soll ihm auf diese Weise eine Schadloshaltung für den auf die Erfindung verwendeten Aufwand an Mühe, Zeit und Kosten, und zugleich eine Belohnung für seinen Scharfsinn zuteil werden"[11].

Erfindungspatente bezogen sich somit lediglich auf die Anwendung von Fabrikationsmitteln und -methoden, nicht also auf Fertigung und Verkauf. Trotz vieler und jährlich neu abgehaltener Verhandlungen gelangte man in München zu keinem Abschluß und keinen grundsätzlichen Vereinbarungen, sondern demonstrierte ein weiteres Mal schlimmste zwischenstaatliche Disparitäten. So konnte auch in Sachsen auf eine nationale Regelung nicht zurückgegriffen werden.

Die zögernde sächsische Haltung bis hin zur Patentfeindlichkeit blieb nicht ohne Rückwirkung auf die sächsische Wirtschaft; so daß sich verschiedene Gewerbe- und Industrievereine bald veranlaßt sahen, den Minister Eduard G. von Nostitz und Jänkendorf zur Vorlage eines Patentgesetzes für Sachsen aufzufordern. Zum Interessenvertreter der gesamten Industrie machte sich besonders der Chemnitzer Gewerbeverein, denn er drängte mit Nachdruck darauf, bei dem in Aussicht gestellten Gewerbegesetz das Patentwesen gebührend zu berücksichtigen und der bevorstehenden Ständeversammlung vorzulegen. Die Regierung verwies jedoch immer wieder auf die Vielzahl der Probleme und meinte, daß im wesentlichen alle Einrichtungen bestünden, die zum Schutze der Erfindungen und zur Belebung und Belohnung des Erfindungsgeistes getroffen werden könnten. Ein Patentgesetz würde deshalb keinerlei weitere Vorteile für die Industrie und für den Erfinder erbringen. „Es sei nichts als der Name Privilegium, der bei den Stimmführern des Zeitgeistes Anstoß errege, und die alles Heil in einem Gesetze erblickten."[12]

Ab 1836 leitete der bedeutenden sächsische Wirtschaftsförderer und spätere sächsische Innenminister (1849) Christian Albert Weinlig im Auftrag des MdI diesen Sachverständigenausschuß und brachte die Diskussion entscheidend voran. In gleicher Weise engagierten sich der Leipziger Kaufmann Jacob H. Thieriot und Julius A. Hülße, Direktor der Chemnitzer Gewerbschule, später des Dresdner Polytechnikums und Vorsitzender der dem Ministerium beigeordneten Technischen Deputation.

In diese Zeit fallen auch die bemerkenswerten Aktivitäten von Friedrich Georg Wieck[13], der sich außerdem um die Analyse der gewerblichen und industriellen Zustände Sachsens verdient machte. In seinem Buch „Grundsätze des Patentwesens"[14] hatte er bereits 1839 auf die Wichtigkeit der Erfindungs- und Einführungspatente vor allem für die Industrie und die dringende Notwendigkeit einer allgemeinen Patentgesetzgebung für Deutschland hingewiesen. Die Schrift war an das Direktorium des Industrievereins für das Königreich Sachsen und damit gleichermaßen an die industriellen und gewerblichen Kreise gerichtet und verlieh der Hoffnung Ausdruck, „daß Sie von der hohen Wichtigkeit des Gegenstandes durchdrungen, Ihre ausgebreitete gewerbliche Kenntniß und Ihren großen moralischen Einfluß geltend machen werden, um der reichen Zahl der wohltätigen Ergebnisse Ihrer patriotischen Wirksamkeit ein Resultat anzureihen, dessen Folgen von unberechenbarem Nutzen für die gesammte deutsche Gewerbsthätigkeit seyn müssen [...]"[15]

Wieck diskutierte gleichermaßen Patentgegenstände, Sicherheitsmaßregeln, Probleme der behördlichen Beurteilung, die Patentzeit, Kosten usw., beklagte jedoch auch, daß in Deutschland noch immer „das System der gegenseitigen Absperrung und Verheimlichung industrieller Kenntnisse Anwendung" findet, „aus dem das allgeliebte und allgemein angewandte Mausesystem entsprungen ist, welches darin besteht, sich gegenseitig durch Intriguen, Abspenstigmachung von Arbeitern, heimliche Benutzung von Formen und Modellen, werthvolle, industrielle Einrichtungen zu entfremden".[16]

Ein Verzeichnis der erteilten sächsischen Erfindungsprivilegien läßt sich erstmals für 1831 nachweisen, bedingt durch die Errichtung des Ministerium des Innern und die neue sächsischen Landesverfassung. Das Verzeichnis reicht bis in das Jahr 1825 zurück und wurde bis 1877, also zur Einführung des Reichspatentgesetzes, weitergeführt. So werden bis zum Jahre 1838 lediglich 19 Erfindungspatente verzeichnet. Darunter sind folgende Namen zu finden: C. G. Haubold, Maschinenbauer in Chemnitz, für Textilmaschinen; Christian Hoffmann, Leipzig, für seine Bettfedernreinigungsmaschine; Friedrich August Stolle, Chemnitz, für einen Heizapparat; Joh. Gottlob Kößling, Leipzig, für einer verbesserte Buchdruckerpresse; C. F. Heymann, Spinnereibesitzer in Chemnitz, auf die von ihm neu konstruierte Doublierweise; Friedrich Wilhelm Granzow, Hofzinngießer, Dresden, auf eine neue Metallmischung; Christian Gottlieb Schmidt, Instrumentenmacher in Leipzig, auf die Herstellung von Pianinos mit diagonaler Saitenlage.[17]

Ein gewisser Fortschritt wurde erzielt, als zwischen sämtlichen zum Zoll- und Handelsverein verbundenen Regierungen durch protokollarische Übereinkunft vom 21. September 1842 die gemeinschaftlichen Grundsätze hinsichtlich der Erteilung von Erfindungspatenten oder Erfindungsprivilegien vereinbart werden konnten und das sächsische Innenministerium – trotz berechtigter Kritik – Gewerbe und Industrie darüber informierte. Damit ordnete sich – zumindest im groben – das Durcheinander des Privilegiums- und Patentwesens.

Unter den Patenten der Folgejahre befanden sich auch in zunehmendem Maße solche, die als Einführungspatente aus dem Ausland nach Sachsen gebracht wurden. Dieser Dienst wurde zunächst von Kaufleuten und Industriellen wahrgenommen, schließlich entstanden auch vermittelndes Büro, wie zum Beispiel das Patentvermittlungsbüro des Kaufmanns Prillwitz in

Berlin, der sich damit zum Inhaber vieler sächsischer Patente machen konnte. Später entstand hieraus eine Generalagentur für Erfindungspatente aller Staaten Europas und Amerikas, wobei das Aufgabenspektrum auch die technische Prüfung von Erfindungen, Ausführung und Verkauf von Erfindungspatenten, Anfertigung von Zeichnungen, Übersetzungen von Patenbeschreibungen usw. umfaßte.

1862 etablierten sich in Dresden sogar regelrechte Patentanwälte. In der Offerte von Edmund Thode & Knoop heißt es beispielsweise:

„Wir werden uns damit beschäftigen, den uns beauftragenden Erfindern zur Erlangung von Patenten in allen Staaten des In- und Auslandes behilflich zu sein und die Verwertung oder den Verkauf der Erfindungen mit oder ohne Patent zu vermitteln. Auch bemühen wir uns um den Nachweis über die Neuheit und Eigentümlichkeit der Erfindung."[18]

Weitere Vorschläge zur Patentgesetzgebung, die sich durch besonderen Weitblick und große Originalität auszeichneten, wurden vor allem vom seit 1830 existierenden Chemnitzer Handwerkerverein eingebracht. Sie enthielten die nachdrückliche Forderung nach einer Zentralbehörde, die über die Patentverleihung entscheiden sollte. Außerdem sollte dem Erfinder ein Recht, also – falls die Vorausbedingungen der Normalien erfüllt sind – ein Anspruch auf das Patent eingeräumt werden. Auch sollte die Mitbenutzung von Patenten und die Veröffentlichung der Patente und ihrer Unterlagen geregelt werden. Damit spiegelte sich erneut die Forderung nach Allgemeingültigkeit im Bereich aller deutschen Bundesstaaten wie auch der Drang nach Freiheit, nach Beseitigung der innerstaatlichen hemmenden Schranken wider.

Daß es trotz allem eingeschworene und an ihren Argumenten festhaltende Gegner gab, zeigt ein Gutachten der Leipziger Kammer, hierin heißt es:

„Wenn überhaupt das Patentwesen eine wirksame Anregung auf den Erfindergeist ausgeübt hat, so bedarf die Technik jedenfalls in dem jetzigen Stadium ihrer Entwicklung einer solchen Anregung nicht mehr. Auch kann eine moralische Verpflichtung des Staates zu einem Schutze des Erfinders deshalb nicht anerkannt werden, weil nach der Natur der technischen Erfindungen ein ausschließender Schutz des Erfinders nicht möglich ist, ohne die Rechte anderer zu beeinträchtigen. Das Patentwesen [...] hemmt die freie Entfaltung der Industrie und des Verkehrs, ohne dem Erfinder einen reellen Nutzen zu schaffen. Die einzig richtige Lösung der Patentfrage ist daher in der gänzlichen Aufhebung der Patentgesetze zu finden."[19]

Das entsprach genau der Argumentation der Patentgegner, wie sie auch an anderen Orten Deutschlands zu verzeichnen war und die Einführung entsprechender Gesetzlichkeiten so lang verhindert hat. Und noch 1863 hat sich die Dresdner Handelskammer auf ein von der Sächsischen Regierung eingeholtes Gutachten für die vollständige Beseitigung des Patentrechtes ausgesprochen.[20]

Im Sinne einer weiteren Beförderung ist vor allem die von Christian Albert Weinlig entworfene Verordnung vom 20. Januar 1853, die Erteilung von Erfindungsprivilegien (Patente) betreffend, bedeutsam.[21] Weinlig hatte sich bereits 1843 mit einer Abhandlung „Über Erfindungspatente", erschienen im „Archiv für politische Ökonomie", zu Wort gemeldet und „mit scharfem Blick erkannt, daß die in den deutschen Staaten bestehende Patentgesetzgebung den Erfindungsgeist nicht zur Entfaltung gelangen ließ, und daß der gegebene Zustand eine starke Hemmung des technischen Fortschrittes war". Nach sorgfältigem Studium aller in- und ausländischen Methoden hatte er dann die wesentlichsten Grundsätze ausgearbeitet, auf denen ein deutsches Patentgesetz aufgebaut werden müsse. Er forderte vor allem, „daß nicht die Idee, sondern nur die konkrete Form einer Erfindung Gegenstand des Patentes sein solle, daß die eidesstattliche Versicherung der Neuheit und die Nachprüfung der Neuheit, die eindeutige Patentbeschreibung und ihre Publizität Voraussetzung für die Gewährung des Erfindungsschutzes sein müsse." So kritisierte es auch „die Neigung der Verwaltung, in alles hineinzureden und den anmeldenden Erfinder bevormunden zu wollen".[22] Die Ausarbeitungen stellen die erste gedruckte Verordnung dar. In ihr finden nicht nur eine Vielzahl von Erfahrungen der anderen Zollvereinsstaaten und außerdeutscher Länder Berücksichtigung, sondern weitestgehend auch die Chemnitzer Anregungen. Sie umfaßt 22 Paragraphen und eine Beilage über die Taxen bei Erteilung und Verlängerung von Patenten und behielt bis zum Erlaß des Reichspatentgesetzes maßgebende Bedeutung.

Der Entwurf ist auch insofern interessant, als er die wesentlichsten Anforderung in aller Klarheit und Kürze definiert und zum ersten Mal Richtlinien und Verfahren für die Patentpraxis öffentlich definiert. Er betrifft folgende Schwerpunkte:

1. Einführung des einfachen Anmeldeverfahrens.

2. Veröffentlichung der Erfindung nach Sicherung des Patents, dagegen Beanstandung derselben in ihren Spezialitäten auf ein Jahr, auf Wunsch des Patentinhabers.

3. Erteilung des Patents nicht über einen Zeitraum von 7 Jahren und Verlängerung nur in ganz besonderen Fällen.

4. Einführung von Patentgerichten unter Zuziehung von Sachverständigen, die bei vorkommenden Patentstreitigkeiten endgültig zu entscheiden haben.

5. Berechnung der Patentgebühren nur nach der Höhe, die durch Expeditionsaufwand, Druck-, wie überhaupt Verwaltungsspesen entstehen.[23]

Die zu entrichtenden Gebühren verteilten sich wie folgt:[24]

1.	**Sofort bei Einreichung eines Patentgesuches sind zu zahlen:**	
	Verlag für technische Begutachtung	5 Taler
	an Kanzleisporteln, Mundum etc.	2 Taler, 15 Ngr.
		7 Taler, 15 Ngr.
2.	**Bei Erteilung eines Patents auf 5 Jahre:**	
	Stempelsteuer	5 Taler
	dermalen Stempelsteuerzuschlag	2 Taler, 15 Ngr.
	Taxed	15 Taler
		22 Taler, 15 Ngr.
3.	**Bei Einreichung eines Gesuches um Verlängerung der Ausführungsfrist:**	
	Stempelsteuer	1 Taler
	Stempelzuschlag	- 15 Ngr.
	an Kanzleisporteln, Mundum etc.	2 Taler, 15 Ngr.
		4 Taler, 15 Ngr.
4.	**Bei Einreichung des Gesuchs um Verlängerung des Patents auf weitere 5 Jahre**	
	Stempelsteuer	5 Taler
	Zuschlag	2 Taler, 15 Ngr.
	Kanzleisporteln usw.	2 Taler, 15 Ngr.
	Taxe	40 Taler
		50 Taler

Tab. 1 – Taxe für die bei Erteilung und Verlängerung von Patenten zu erhebenden Beträge (gem. VO v. 1853)

Bedauerlicherweise unterblieb die Schaffung eines eigenständigen Patentamtes und damit die Loslösung aus der ministeriellen Kompetenz. Für eine solche Institution hatte sich wiederholt auch Hülße ausgesprochen; er selbst fungierte des öfteren als Gutachter von Patentgesuchen und war deshalb mit der zunehmend unübersichtlichen Situation im Bereich von Technik und Industrie konfrontiert. Hülße drängte auch darauf, bei der Erteilung von Ausführungspatenten die Zustimmung des ausländischen Erfinders einzuholen; in Sachsen hatte man bislang darauf noch verzichtet, so daß es relativ einfach war, eine im Ausland legal oder illegal erworbene Maschine nachzubauen und in größerer Stückzahl zu produzieren. Als Beispiele mögen die Aufnahme der Produktion von Stickmaschinen im Jahre 1860 durch F. M. A. Voigt in Kändler und von Rechenmaschinen im Jahre 1876 durch A. Burkhardt im erzgebirgischen Glashütte dienen.[25] In gleicher Weise sollte nach Erteilung eines Patentes die Erfindung binnen Jahresfrist zur Ausführung gelangen, was in 50 % der Fälle nicht gegeben war.

Hülße erarbeitete im selben Jahr auch erstmals ein Klassenverzeichnis der bis dahin erteilten Erfindungsprivilegien. Danach ordnete man in folgende Hauptgruppen, in diesen nochmals in 68 Klassen, in den einzelnen Klassen wiederum in verschiedene Unterabteilungen:[26]

1.	Industrie der Metalle	354
2.	Industrie des Holzes und anderer Schnitzstoffe	110
3.	Gespinnstfaser–Industrie und Bekleidungs–Gewerbe	1 534
4.	Papier- und Druckerei–Industrie	260
5.	Leder- und Kautschuk–Industrie	39
6.	Thon- und Glaswaren–Industrie	110
7.	Baumaterialien und Baugewerbe	133
8.	Verkehrswesen	325
9.	Forst- und Landwirtschaft	124
10.	Industrie der Nahrungs- und Genußmittel	429
11.	Chemische Industrie	117
12.	Beleuchtungswesen	169
13.	Heizungswesen	203
14.	Maschinenbau	589
15.	Hauswirthschaft	168
16.	Musikinstrumente	103
17.	Heilkunst	52
18.	Feuerlösch- und Rettungswesen	34

Tab. 2 – Hauptgruppen der in Sachsen erteilten Erfindungsprivilegien nach dem Entwurf von J. A. Hülße (1863); in Klammern die Anzahl der Erfindungsprivilegien im Zeitraum von 1825 bis 1876.

Alle Bereiche waren hier nicht berücksichtigt – wohin beispielsweise mit einer Rechenmaschine oder einem geometrischen Instrument?[27]

Bis zum Schluß des Jahres 1853 gab es in Sachsen 243 erledigte und abgelaufene Patente.[28] Sie verteilten sich auf fast alle Zweige des Gewerbslebens; die beiden sächsischen Mechaniker C. G. Haubold in Chemnitz als Erfinder von Feinspinn- und Kammgarn-Maschinen sowie Christian Wilhelm Schönherr in Niederschlema bei Schneeberg als Schöpfer und Konstrukteur neuartiger Webstühle bilden allerdings die Spitze.

Für die Veröffentlichung der Patente sorgten das Dresdner Journal sowie die Leipziger Zeitung; auf diese Weise erfolgt eine schnelle Bekanntmachung in ganz Sachsen. Das Fehlen eines speziellen Patentamtes führte vor allem dazu, daß sich bei der obersten Verwaltungsbehörde die Anfragen nach bestehenden oder erloschenen Patenten häuften. Außerdem war ein Einblick in Zeichnungen oder Beschreibungen kaum oder überhaupt nicht möglich. Seit Mitte des 19. Jahrhunderts gab es in der sächsischen Patentpraxis auch die sog. Patentsteuer als Vorläufer für die später eingeführte Lizenz. Sie wurde aber erst wirksam, wenn Patentinhaber gegen unberechtigte Mitbenutzer klagten und dann gerichtlich geregelt. Das Gesetz vom 13. November 1876 führte schließlich zu einer Neufestsetzung der Stempelsteuer und löste damit die alte Taxe für Erteilung und Verlängerung ab.[29]

1. Sofort bei Einreichung eines Patentgesuches sind zu zahlen:	
- für die technische Begutachtung	15,00 M
- an Kanzleisporteln und Mundum	7,50 M
- im ganzen	22,50 M
2. Bei Erteilung eines Patentes auf 5 Jahre:	
- Taxe	60,00 M
3. Bei Einreichung eine Gesuches um Verlängerung der Ausführungsfrist:	
- an Sporteln und Mundum	12,00 M
4. Bei Einreichung eine Gesuches um Verlängerung des Patentes auf weitere 5 Jahre:	
- an Kanzleisporteln und Mundum	10,00 M
- an Taxe	140,00 M
- im ganzen	150,00 M

Tab. 3 – Gebühren für Erteilung und Verlängerung von Patenten nach der Verordnung vom 13. November 1876

Ausnahmslos bestand die Behörde auf Einreichung der Patentunterlagen, der Beschreibungen und der Zeichnungen – ein Probleme insbesondere für jene, die dafür nicht die erforderlichen Voraussetzungen hatten und deshalb gegebenenfalls um ihren Anspruch gebracht wurden. Möglich war auch eine Zession, d. h. eine Abtretung der Patenturkunde an eine andere Person. Das Ministerium erhob dagegen keinen Einwand, die Besitzänderung wurde auf der Urkunde nicht einmal vermerkt.

Die neuerteilten Patente wurden vierteljährlich der seit 1864 bestehenden Technischen Deputation übergeben, die ihrerseits die Verwahrung der Gutachten, der Unterlagen und der bislang von der Polytechnischen Schule Dresden gesammelten Patenturkunden vornahm. Dabei wurde „tunlichste

Geheimhaltung" der Beschreibungen sowie sonstiger Patentunterlagen zugesichert, eine Einsichtnahme durch Dritte schloß sich – abgesehen von Patentstreitigkeiten – somit aus. Die Technische Deputation verfügte übrigens auch über die englische Patenturkunden-Sammlung sowie über Dinglers Polytechnisches Journal. Durch Geschenke des englischen Great Seal Patent-Office gelangte die Polytechnische Schule zudem regelmäßig in den Besitz der abgedruckten englischen Patente und ihrer Beschreibungen (Specification office).

Die Deputation arbeitete auch nach Inkrafttreten des Reichspatentgesetzes als Abwicklungsstelle bis 1886 weiter, denn die Patente blieben bis zum Ablauf der Erteilungsfrist in Geltung, wurden also nicht aufgehoben.

Wollten die Patentinhaber, deren Ausschließungsrecht nur für den Bereich des Königreiches Sachsen galt, die Rechtswirkung auf das gesamte Reichsgebiet ausgedehnt wissen, so mußten sie erneut ein Gesuch an das Reichspatentamt richten. Umwandlungen wurden zum Teil auch abgelehnt, wenn die entsprechenden Voraussetzungen nicht mehr zutrafen. Das Reichspatentgesetz führte zweifellos auch für die sächsische Wirtschaft zu einem großen Fortschritt, denn es stellte einen erheblichen Rechtsfaktor dar. Außerdem überwand es Zollschranken und rechtliche Hindernisse zwischen den einzelnen Staaten.

Im Gegensatz zur sächsischen Patentpraxis brachte das Reichspatentgesetz das Öffentlichkeitsprinzip uneingeschränkt zur Geltung, denn es verlangte sofort nach der Anmeldung die Veröffentlichung des Namens des Patentsuchers und des wesentlichen Inhaltes seines Antrages im Reichsanzeiger. Unter diesen Umständen konnte gegebenenfalls auch das Widerspruchsrecht geltend gemacht werden, somit bestand auch die Möglichkeit, später auftretende Differenzen zu einem frühen Zeitpunkt zu beseitigen.

Schlußbemerkungen

Vergleicht man die verschiedenen deutschen Staaten, dann hat das Königreich Sachsen die höchste Zahl von Erfindungspatenten aufzuweisen. Es erteilte in den Jahre von 1825 – 1877 genau 5 006 Privilegien[30]; am 1. Juli 1877 waren davon noch 1 822 in Kraft. Diese Fülle von Patenten erklärt sich aus der vielgestaltigen Industrie und der solide entwickelten Wirtschaft, vielleicht auch aus der „Fichilanz" der Sachsen, deren Erfindergabe nicht unwesentlich durch den seit Jahrhunderten umgehenden Bergbau beeinflußt worden ist. Ernst Hartig, langjähriges Mitglied und Sekretär der 1863 gegründeten Technischen Deputation als Beratungsorgan der sächsischen Regierung, sagte darüber:

„Ein näheres Studium dieser Liste bringt dem Freunde der vaterländischen Gewerbe die reiche Fülle technischer Ideen und Bestrebungen, die ihren Fortschritt während eines halben Jahrhunderts charakterisieren, vor Augen und weckt die Erinnerungen an nahezu alle hervorragenden sächsischen und viele ausländische Erfinder dieses Zeitraumes."[31]

Hartig wirkte bereits in den 60er Jahren an der Seite von Hülße als Patentsachverständiger und engagiere sich auch innerhalb der Auseinandersetzungen mit der Antipatentbewegung. Als sächsischer Patentexperte wurde er bereits 1877 zum nichtständigen Mitglied des Reichspatentamtes berufen und war hier 23 Jahre bis zu seinem Tode tätig. In besonderer Weise brachte er sich mit wissenschaftlichen Veröffentlichungen zu Fragen der theoretischen Durchdringung des Erfindungsvorganges, der technologischen Betrachtung des Erfindungsobjektes, der technisch und sprachlich logischen Formulierung von Patentsachen und Definitionen in der mechanischen Technik in das Patentwesen ein. Seine wichtigsten Arbeiten zum Patentwesen wurden 1890 auf Veranlassung des Präsidenten des Reichspatentamtes in dem Buch „Studien in der Praxis des kaiserlichen Patentamtes"[32] zusammengefaßt herausgegeben. Hier ging es auch um Definitionsfragen zu Allgemeinbegriffen der mechanischen Technik, wie Werkzeug, Mechanismus und Maschine, hier schlug er auch den neuen Begriff „Technologik" vor.

Herausragende Patente hatten eine besonders lange Geltungsdauer oder waren von großem wirtschaftliche Einfluß. Das betrifft beispielsweise die Erfindung des Argentans (Neusilber) durch den Schneeberger Arzt Ernst August Geithner im Jahre 1825, die Erfindung der Schußspul-, der Kettenleimmaschine und des mechanischen Webstuhls durch die Gebrüder Schönherr und Haubold, die Zinkenfräsmaschine von Joh. Zimmermann (1868), die Erfindung des Holzschliffs durch Friedrich Gottlob Keller in Hainichen 1845, auch die mit 196 Patenten in Sachsen verbesserte Nähmaschine – ein Meisterwerk amerikanischen Erfindergeistes – unterstreicht sowohl den sächsischen Erfindergeist wie auch die stimulierende Kraft des Patentwesens.

Wesentlich scheint zudem, daß mit der Vergabe der ersten Privilegien auch die ersten Fabrikgründungen verbunden sind. Die folgenreiche Einführung der Baumwollmaschinenspinnerei in Chemnitz gründete sich beispielsweise auf das durch Carl Friedrich Bernhard im Jahre 1898 eingeführte englische Spinnsystem auf der Basis von Mulemaschinen. Gemeinsam mit Bruder Ludwig und als „Gebr. Bernhard" firmierend, erhielten sie 1801 ein „Churfürstlich sächsischen Privilegium" auf die Garnspinnerei mit Mulemaschinen. Statistisch gesehen bezog sich jeder dritte Teil der in Sachsen gemachten Erfindungen auf die Förderung der Textilindustrie und der ihr verwandten Produktionszweige. Vergleicht man die einzelnen Jahre ab 1825, dann ergibt sich folgende Übersicht:[33]

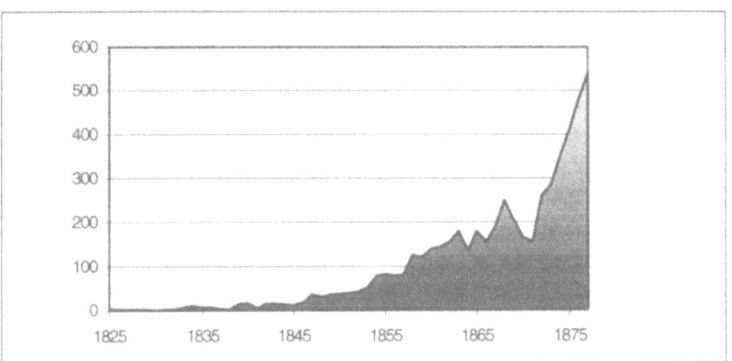

Tab. 4 – Anzahl der sächsischen Patente im Zeitraum von 1825 bis 1877

Im Zeitraum 1825 – 43 wurden 89 Patente erteilt, von 1846 an ist ein kontinuierliches Wachstum bis 1852 zu verzeichnen (74 Patente). Ersichtlich ist auch, daß im Zeitraum kriegerischer Auseinandersetzungen die Erfindertätigkeit erheblich nachließ; stimulierend hingegen wirkten sich große Industrie- und Gewerbeausstellungen aus, da hiervon die Existenz eines Betriebes ganz wesentlich abhängen konnte.

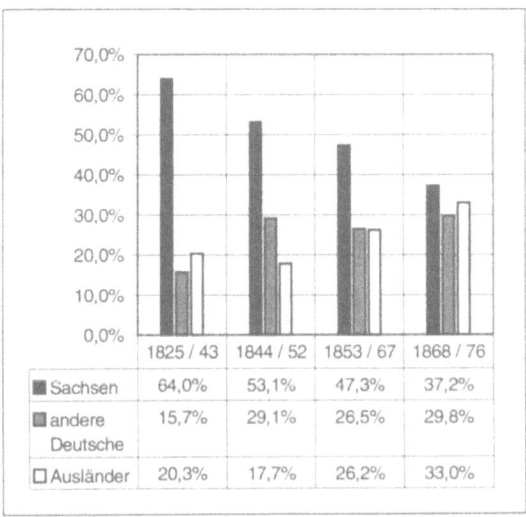

	1825 / 43	1844 / 52	1853 / 67	1868 / 76
■ Sachsen	64,0%	53,1%	47,3%	37,2%
▨ andere Deutsche	15,7%	29,1%	26,5%	29,8%
☐ Ausländer	20,3%	17,7%	26,2%	33,0%

Tab. 5 – Patentvergabe auf Sachsen, andere Deutsche
und Ausländer im Zeitraum von 1825 – 1876

Von den insgesamt erteilten 5 006 Patenten[34] entfielen:

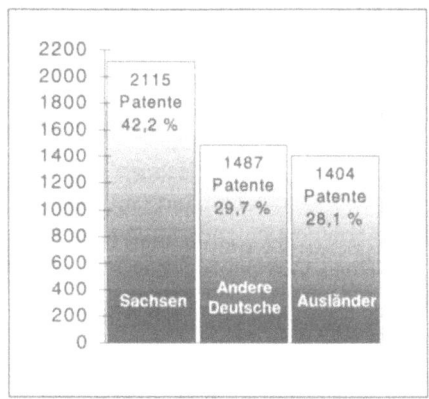

Tab. 5 – Patentvergabe auf Sachsen, andere Deutsche
und Ausländer im Zeitraum von 1825 – 1876

Unter diesen machten die Patente im Bereich der Textilindustrie mit 1 534 den größten Anteil aus, unter Zugrundelegung der Beschäftigtenzahl standen Heizungs- und Beleuchtungswesen an der Spitze (126 Patente auf 1 000 Beschäftigte).

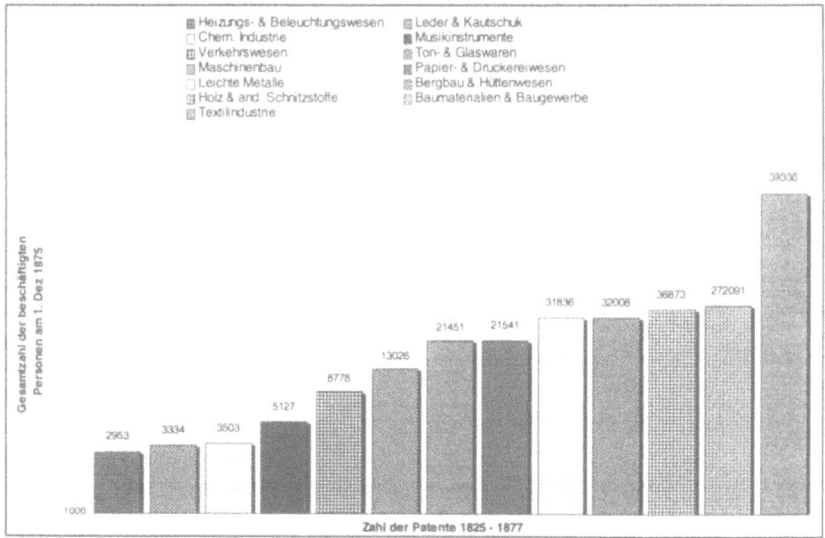

Tab. 7 – Verteilung der Gesamtzahl der beschäftigten Personen in den
hauptsächlichsten Gewerbezweigen

Für die weitere Erforschung der Sächsischen Wirtschafts- und Sozialgeschichte wie auch der Wissenschafts- und Technikgeschichte haben das Erfindungs- und Patent- bzw. Privilegienwesen eine wesentliche Bedeutung. So wäre zu wünschen, daß die bereits vorliegenden Arbeiten unter modernen Gesichtspunkten erweitert und vertieft würden; damit würde letztendlich die Sicht auf die Entwicklung des gesamten deutschen Patentwesens aus neuer Perspektive möglich sein.

Mit Männern wie Hülße, Böttcher, Hartig u. a. mischten sich in diesen konstitutiven Prozeß nicht zuletzt auch Lehrer und Absolventen der Chemnitzer technischen Bildungseinrichtungen ein; ihren Anteil für die sächsische Entwicklung zu untersuchen und neu zu bewerten, sollte ein weiterer Auftrag sein.

Anmerkungen:

[1] Vgl. Adam Smith, An inquiry into the nature and causes of the wealth of nations, London 1776.

[2] Zit. in: Ludwig Fischer, Werner Siemens und der Schutz der Erfindungen, Berlin 1922, S. 10f.

[3] Technik, Ingenieure und Gesellschaft. Geschichte des Vereins Deutscher Ingenieure 1856 – 1981, Düsseldorf 1991, S. 40.

[4] Vgl. hierzu auch den Beitrag des Autors „Oberbürgermeister André, Werner von Siemens: Das Patentgesetz und die Stadt Chemnitz".

[5] Technik, Ingenieure und Gesellschaft [wie Anm. 3], S. 45.

[6] Vgl. Codex Diplomaticus Saxoniae, hrsg. v. Ernst Gotthelf Gersdorf u.a., Bd. 13, Leipzig 1907, S. 43f.

[7] Georg Agricola, Vom Berg- und Hüttenwesen, München 1994, S. 129.

[8] Vgl. Hans-Jürgen Creutz, Erfindungsschutz im Kurfürstentum Sachsen an der Wende vom 17. zum 18. Jahrhundert, in: Sächs. Heimatblätter 29 (1983) 4, S. 170 – 173.

[9] Friedrich Georg Wieck, Industrielle Zustände Sachsens, Chemnitz 1840, S. 162.

[10] Vgl. dazu auch Hans-Jürgen Creutz, Etappen der Entwicklung des Erfindungsschutzes in Sachsen, in: Sächs. Heimatblätter 31 (1985) 4, S. 165 – 169.

[11] Min. A. 305, Vol. 1, S. 145, diese und folgende Akten zit. in: Karl Fritz Dölitzsch, Die Entwicklung der Sächsischen Patentpraxis in ihrer Beziehung zur Wirtschaft, Diss. TH Dresden 1930.

[12] Min. A 305, Vol. 1, S. 301.

[13] Friedrich Georg Wieck (1800 – 1860) verfaßte zahlreiche Abhandlungen über technische und ökonomische Fragen, die hauptsächlich im Gewerbe-Blatt für das Königreich Sachsen (später: Deutsche Gewerbezeitung und sächsisches Gewerbeblatt) veröffentlicht wurden. Die Zeitschrift wurde von ihm über 25 Jahre redigiert bzw. als Chefredakteur geleitet. Seine Publikation über die „Industriellen Zustände Sachsens" (1840), das Gesamtgebiet des Manufaktur- und Fabrikwesens, Handel und Verkehr berücksichtigend, wie auch sein „Sachsen in Bildern" (1841) trugen erheblich zur Propagierung des sächsischen Gewerbefleißes bei.

[14] Friedrich Georg Wieck, Grundsätze des Patentwesens. Wichtigkeit der Erfindungs- und Einführungspatente für die Industrie und die dringende Nothwendigkeit einer allgemeinen Patentgesetzgebung für Deutschland, Chemnitz 1839.

[15] Ebenda, S. VI.

[16] Ebenda, S. 32.

[17] Min. A.305, Vol. 1, S. 134.

[18] Min. A. 305, Vol. 3, S. 166.

[19] Min. A. 305, Vol. 6, S. 20.

[20] Vgl. dazu: Hermann Rentzsch, Artikel „Patentwesen", in: Handwörterbuch der Volkswirtschaftslehre, hrsg. v. dems., 1866, S. 635.

[21] Min. A. 305, Vol. 2, S. 197 – 205; Sächs. Gesetz- und Verordnungsblatt v. 1853.

[22] Lebensbilder sächsischer Wirtschaftsführer, hrsg. von E. Dittrich, Bd. 3, S. 368f.

[23] Min. A. 305, Vol. 6, S. 8.

[24] Vgl. Karl Fritz Dölitzsch, Die Entwicklung der Sächsischen Patentpraxis [wie Anm. 11], S. 88.

[25] Vgl. dazu. Friedrich Naumann, Fürchtegott Moritz Albert Voigt – Ein Pionier des Stickmaschinenbaus in Sachsen und dessen Beziehungen zur denkmalgeschützten Werkhalle im VEB Schleifmaschinenwerk Karl-Marx-Stadt, in: Sächsische Heimatblätter 29 (1983) 2, S. 81 – 89; F. Naumann, Die Geschichte der Sächsischen Rechenmaschinenindustrie, im besonderen die „Erste Deutsche Rechenmaschinenfabrik", in: Arbeitshefte der Gesellschaft für Heimatgeschichte beim Kulturbund der DDR, BV Karl-Marx-Stadt 2 (1989), S. 50 – 57.

[26] Min. A. 305, Vol. 5, S. 7 – 11; Hülßes „Classification der sächsischen Patente" enthielt im ganzen 68 Gruppen.

[27] Der Adoptivsohn Hülßes, G. H. Judenfeind-Hülße, weiland Professor an den Technischen Staatslehranstalten zu Chemnitz, hat übrigens diese Probleme auch wissenschaftlich weiterverfolgt. 1893 erschien in den Jahresberichten (S. 3 – 66) der genannten Lehranstalt dazu folgender Aufsatz: Die fehlerfrei definierten Erfindungen der Klasse 42 der Deutschen Patente.

[28] Min. A. 305, Vol. 2, S. 227 – 256.

[29] Min. A. 305, Vol. 9, S. 38.

[30] Min. A. 305, Vol. 10, S. 15.

[31] Ebenda.

[32] Ernst Carl Hartig, Studien in der Praxis des kaiserlichen Patentamtes, Berlin 1890.

[33] Vgl. Karl Fritz Dölitzsch, Die Entwicklung der Sächsischen Patentpraxis [wie Anm. 4], S. 148.

[34] Vgl. Ernst Carl Hartig, Studien in der Praxis [wie Anm. 32], S. 143 – 145.

Das Patentgesetz von 1877
Entstehung und wirtschaftsgeschichtliche Bedeutung

Rudolf Boch

Das Patentgesetz des Deutschen Reiches vom 25. Mai 1877 legte für lange Zeit die Rechtsgrundlage für die Entwicklung des Patentschutzes in Deutschland, aber auch in Nord- und Mitteleuropa. Doch nicht nur für eine Geschichte des Patentwesens in rechtsgeschichtlicher Perspektive ist dieses Gesetz von Bedeutung, sondern auch für die wirtschaftsgeschichtliche Forschung zum Kaiserreich sowie für eine politikgeschichtliche Forschung, die sich als moderne Entscheidungsprozeßanalyse versteht.

Das Patentgesetz von 1877 markiert den Beginn einer neuen Epoche aktiver Wirtschaftspolitik des Staates. Es wurde – nur sechs Jahre nach der Reichsgründung – erster Ausdruck einer Abwendung vom bis dahin tonangebenden Freihandelsliberalismus, der durch die langanhaltende Wirtschaftskrise nach dem Börsenkrach von 1873 einen drastischen Legitimationsverfall erlebte.[1] Das Patentgesetz von 1877 steht aber nicht nur am Anfang einer Epoche zunehmender staatlicher Intervention, es ist zugleich eine beredtes Beispiel dafür, daß in einem Staat, der sich bereits auf dem besten Weg zu einem Industriestaat befand, staatliches Handeln nicht mehr allein Ausdruck reinen Staatswillens sein konnte, sondern bereits erheblicher Einflußnahme von organisierten Interessen ausgesetzt war. Das Entstehen des Patentgesetzes ist ein frühes Exempel dafür, wie in verhältnismäßig kurzer Zeit eine – modern ausgedrückt – „pressure group" entsteht, die einen Stimmungswandel in Ministerien und öffentlicher Meinung herbeiführt oder zumindest einen sich abzeichnenden Stimmungswandel nachhaltig unterstützt und diesen dann rasch in eine legislative Form gießen kann.[2] Kern dieser 'pressure group' wurde der „Deutsche Patentschutz-Verein" unter dem Vorsitz von Werner Siemens, einem der erfolgreichsten Unternehmer seiner Zeit, mit bereits langer Erfahrung im Umgang mit preußischer Bürokratie und politischer Öffentlichkeit.

Der Umschwung der öffentlichen Meinung geschah innerhalb von nur fünf Jahren. Noch um 1870 schien der Patentschutz in Deutschland keine Zukunft mehr zu haben. Seit dem Sommer 1868 lag dem Reichstag des Norddeutschen Bundes ein offiziell durch Bismarck gestellter Antrag vor, der auf die völlige Abschaffung des Erfindungsschutzes zielte. „Spiritus rector" dieses Antrages war freilich nicht Bismarck selber, sondern Rudolf Delbrück (1817 – 1903), die wohl bedeutendste Beamtenpersönlichkeit der 1850er bis 70er Jahre. Delbrück, seit 1859 Ministerialdirektor im Preußischen Ministerium für Handel und

Gewerbe sowie Leiter der mit Patentanträgen befaßten sog. Technischen Deputation und seit 1867 schließlich einflußreicher Präsident des Norddeutschen Bundesamtes (und späteren Reichskanzleramtes), war zutiefst überzeugter Wirtschaftsliberaler und Freihändler. Er war Anhänger einer internationalen Denkströmung die bereits Zeitgenossen – gelegentlich abwertend – als „Manchesterliberalismus" bezeichneten.

Delbrück war kein isoliert handelnder Spitzenbeamter. Er konnte sich einerseits auf jüngere, bereits im Vormärz in wirtschaftsliberaler Tradition erzogene, Beamte in den preußischen Ministerien für Handel und Finanzen stützen. Andererseits war er sozusagen mit dem ökonomischen „Zeitgeist" im Bunde, der sich in den 1860er Jahren vor allem im „Kongreß deutscher Volkswirte" manifestierte, der öffentlichkeitswirksam für absolute Gewerbefreiheit, Deregulierung, Freizügigkeit und internationalen Freihandel eintrat.

Der zunehmende Einfluß auf die preußische Wirtschaftspolitik gelang freilich nicht nur über die öffentliche Meinungsbildung, sondern ging mit personalen Verflechtungen Hand in Hand. So war der bekannte Freihandelstheoretiker Otto Michaelis (1826 – 1890) der engste Wirtschaftsberater von Delbrück und John Prince-Smith (1809 – 1874) als Haupt der deutschen Freihandelsschule einflußreiches Mitglied und Wortführer im preußischen Abgeordnetenhaus und später, bis zu seinem Tod 1874, im Reichstag.[3]

Die Freihandelsbefürworter in der Administration konnten schließlich auf handfeste Erfolge verweisen: Sie hatten den Abschluß am Freihandel orientierter europäischer Handelsverträge vorangetrieben, die in den 1860er Jahren dann den Export der deutschen Zollvereinsstaaten beflügelten. In der Öffentlichkeit wurde außerdem ihren wirtschaftspolitischen Rezepten der industrielle Boom seit Mitte der 1850er Jahre – mit jährlichen Wachstumsraten von zehn und mehr Prozent – und die erfolgreiche industrielle Aufholjagd gegenüber der westeuropäischen Konkurrenz zugerechnet.

Alle gesellschaftlichen Hoffnungen richteten sich in den 1860er Jahren auf die Kräfte eines von traditionellen Bindungen entfesselten, freien Marktes. Selbst die „soziale Frage", die „Arbeiterfrage", wie sie neuerdings genannt wurde, schien vielen allein durch ökonomisches Wachstum lösbar. Die Freihändler waren der festen Überzeugung, daß der vergleichsweise sehr mächtige, immer wieder mit starken Eigeninteressen in die Ökonomie hineinwirkende Staat in Preußen endlich – wie im Maßstäbe setzenden England – auf eine nur die Rahmenbedingungen setzende, dienende Rolle zurückgestuft werden könnte. Ihr Ideal war der „liberale Nachwächterstaat".

Daß diese am Freihandel und Rückzug des Staates orientierten Liberalen schließlich für einige Zeit die Richtlinien Berliner Politik bestimmten, verdankten sie freilich – außer den genannten Gründen – auch dem Umstand, daß der Freihandel zum wirtschaftspolitischen Kampfmittel Preußens gegen Österreich wurde, welches nur um den Preis schwerer ökonomischer Probleme dem

Freihandelskurs hätte folgen können und nun verstärkt an Attraktivität für die süddeutschen Zollvereinsstaaten verlor. Das weist darauf hin, daß dieser wirtschaftspolitische Kurs Preußens nicht unbedingt einer tiefen manchester-liberalen Überzeugung der Mehrheit der Bürokratie und der Staatsspitze entsprang. Es war ein „gouvermentaler Liberalismus"[4] der gewährt wurde, solange er wichtigen politischen Zwecken diente, der aber – wie die 1870er Jahre zeigen sollten – fallengelassen werden konnte, wenn er sich als nicht mehr nützlich erwies.

Spätestens seit dem 6. Kongreß Deutscher Volkswirte in Dresden im Jahre 1863, der sich vorrangig mit dem Patentwesen beschäftigte, war die Abschaffung jeglichen Patentschutzes zu einem vereinheitlichten Ziel der Freihandelsbewegung geworden. Erfindungsschutz wurde von diesem Kongreß als ein der freien Konkurrenz abträgliches Gewerbemonopol gebrandmarkt, als Relikt aus merkantilistischer Zeit. Auch die Idee des geistigen Eigentums wurde in Dresden grundsätzlich verworfen, da – so die Begründung – jede Idee eines Einzelnen Ausfluß des gesamtgesellschaftlichen Wissensstandes wäre, so daß jederzeit mehrere Personen die gleiche Idee haben könnten – was viele Doppelerfindungen beweisen würden. In der festen Überzeugung, daß das jüngst erzielte Wachstum nur dem endlich ungehinderten, freien Austausch von Waren, Arbeitskräften und Ideen geschuldet war, konnte Prince-Smith seine programmatische Rede in Dresden in folgendem Antrag gipfeln lassen:

„In Erwägung, daß Patente den Fortschritt der Erfindung nicht begünstigen, vielmehr deren Zustandekommen erschweren, daß sie die rasche allgemeine Anwendung nützlicher Erfindungen hemmen, daß sie den Erfindern selbst im Ganzen mehr Nachteil als Vorteil bringen und daher eine höchst trügerische Form der Belohnung sind, beschließt der Kongreß deutscher Volkswirte zu erklären: daß Erfindungspatente dem Gemeinwohl schädlich sind."[5]

Da die – noch eine Generation zuvor unvorstellbare – Rasanz der technischen Entwicklung die inhaltlichen Bestimmungen fast aller bestehenden Patentregelungen längst überholt hatte und sich der preußische Behördenapparat für die technische Vorprüfung bei Patentanmeldungen als hoffnungslos zu klein und häufig vom Wissensstand überfordert erwies, hatte die Freihandelsschule nicht nur die ökonomische Theorie, sondern auch den realen Erfahrungshorizont zahlreicher Unternehmer auf ihrer Seite. Eine Umfrage des preußischen Handelsministeriums unter den Handelskammern im selben Jahr 1863 bestätigte das: 31 Handelskammern stimmten für die ersatzlose Aufhebung des Patentschutzes; nur 16 Kammern plädierten für die prinzipielle Beibehaltung, forderten aber mit Nachdruck eine Reform sowie eine zukünftige Rechtsvereinheitlichung auf dem Gebiet des Zollvereins.[6] Diese Umfrage und ein vom preußischen Handelsministerium im Auftrag gegebenes Gutachten des „Eidgenössischen Polytechnikums Zürich", welches dezidiert hervorhob, daß sich der fehlende Patentschutz in der Schweiz keineswegs negativ auf den technischen Fortschritt und das wirtschaftliche Wachstum ausgewirkt hätte, führten in den kommenden Jahren zu weiteren Restriktionen in der ohnehin schon restriktiven preußischen Patentpolitik.

Zwischen 1863 und 1874 erteilte Preußen im Durchschnitt jährlich nur ein Drittel bis ein Viertel der Zahl an Patenten, die das wesentlich kleinere Sachsen zuerkannte und zumeist sogar weniger als das schwach industrialisierte Bayern. Auf dem Tiefpunkt des Niedergangs des preußischen Patentwesens im Jahr 1869 wurden nur 49 Patente zugelassen, dagegen in Bayern 119, in Sachsen 190 und in Großbritannien 2.407. Zwar muß bei einem solchen Vergleich in Rechnung gestellt werden, daß die genannten Vergleichsstaaten das Patentwesen als Anmeldesystem mit keiner oder nur oberflächlicher Vorprüfung organisiert hatten. Doch war die Vorprüfung in Preußen äußerst hart und nachgerade patentfeindlich. Rund 75 bis 80 Prozent der Patente wurden in den 60er und frühen 70er Jahren abgelehnt und viele Patente bereits nach kurzer Laufzeit wieder aufgehoben. Waren in den Ausläufern der vormärzlichen Gewerbe-politik bis 1855 noch länger dauernde Patente erteilt worden, so waren seit 1855 fünf Jahre die oberste Grenze und Regeldauer.[7] Innerhalb von sechs Monaten nach Erteilung eines Patents mußte die betreffende Erfindung zur Ausführung gelangt sein oder der gewährte Schutz verlor seine Wirksamkeit.[8]

Mit den sog. „Publicandum" von 1815, der ersten umfassenden Regelung des Erfindungsschutzes in Abgrenzung zum älteren landesherrschaftlichen Privilegien- und Monopolwesen, besaß Preußen innerhalb der Staatenwelt des Deutschen Bundes zwar eine Vorreiterrolle. Doch war – was bisweilen über-sehen wird – die preußische Regelung von 1815 nicht als Gesetz ergangen. Der Erfinder hatte keinen Anspruch auf das Patent und die Patentgewährung erfolgte ohne formale Rechtsgrundlage administrativ durch das Handels-ministerium. Der Erfindungsschutz wurde, in bewußten Gegensatz zu der in den USA und Frankreich vorherrschenden urheberrechtlichen – noch aus dem Naturrecht des 18. Jahrhunderts stammenden – Motivierung, ausschließ-lich vom Standpunkt der gewerbepolitischen Nützlichkeit betrachtet.[9]

Die Haltung der preußischen Administration zum Patentschutz, der herrschende Geist, der sich in der Freihandelsära seit Beginn der 1860er Jahre noch einmal radikalisierte, kommt in einer Aussage des preußischen Geheimrats Wedding vor einer Kommission des britischen Oberhauses im Jahre 1851 – man trug sich in England damals mit Reformbestrebungen – zum Ausdruck: „Wir haben den Grundsatz in unserem Lande, jeden Zweig der Industrie und Kunst alle mögliche Freiheit zu gewähren, und da wir jede Art von Patenten als ein Hindernis in ihrer freien Entwicklung betrachten, so sind wir nicht sehr freigiebig mit dem Patentieren."[10]

Aus diesem Geist heraus blockierte der Großstaat Preußen fast vierzig Jahre lang eine von den süddeutschen Staaten und Sachsen geforderte patentfreundliche Vereinheitlichung des Patentwesens im Zollverein und die Schaffung eines gemeinsamen Patentamtes. Die Zollvereinsübereinkunft von 1842 enthielt keine wirklichen Zugeständnisse Preußens und bedeutete – so das Urteil Alfred Heggens in seinem Standardwerk über den Erfinderschutz in Preußen – „in ihrer praktischen Relevanz nicht mehr als der vorherige vertragslose Zustand, denn jeder Regierung blieb die Handhabung des Patentschutzes ins Belieben gestellt."[11] In der neueren Forschung wird daher die Behauptung der älteren, borrusophilen Literatur zurückgewiesen, die Zollvereinsübereinkunft wäre ein wesentlicher Schritt zur Rechtsvereinheitlichung in Deutschland gewesen, quasi ein Vorläufer des Reichspatentgesetzes von 1877.

Mit der grundsätzlichen Infragestellung des Erfindungsschutzes seit Anfang der 1860er Jahre erhoben sich vermehrt Gegenstimmen, aber es verbietet sich m. E. bereits von einer „Propatentbewegung" zu sprechen. Eine Plattform fanden die Patentbefürworter im 1856 gegründeten „Verein Deutscher Ingenieure" (VDI), der seit 1861 mit zahlreichen Denkschriften und Petitionen hervortrat. Unter den Einzelpersonen, die sich seit 1863 in der Öffentlichkeit mit dem Problem beschäftigten, ragte bereits Werner Siemens heraus, der nach schlechten Erfahrungen mit der „Technischen Deputation" in den 50 und 60er Jahren in Preußen kaum noch Patentgesuche einreichte.[12] Im Gegensatz zum VDI, der den Anspruch auf geistiges Eigentumsrecht in den Mittelpunkt gestellt hatte, hob Siemens mit klarer Spitze gegen die vorwiegend ökonomische Argumentation der „Freihandelsschule" die volkswirtschaftliche Bedeutung der Patente und ihren Wert als Anregung für innovationsbezogene Investitionen der Unternehmer hervor.

Erst als an der Wende von den 1860er zu den 1870er Jahren die letzte Stunde des Erfindungsschutzes gekommen schien, die benachbarten Niederlande 1869 den Patentschutz aufhoben[13] und sogar in England – mit seiner langen Tradition des Erfindungsschutzes – sich Stimmen zu seiner Abschaffung erhoben, kam es zu einer massiven Zunahme von öffentlichen Interventionen aus Unternehmerkreisen für die Fortführung und Vereinheitlichung des Patentschutzes. Man kann fast von einer Konfrontation der Erfinderunternehmer der Elektro-, Maschinenbau- und Chemischen Industrie mit tonangebenden Nationalökonomen und dem – häufig indifferenten –, die damaligen Handelskammern noch stark dominierenden Typus des Kaufmannsunternehmers sprechen. Nicht zufällig rückte neben Siemens in diesen Jahren Eugen Langen, ein ausgebildeter Ingenieur und wohlhabender Kölner Unternehmer, der mit Nikolaus August Otto an der Entwicklung des Otto-Motors arbeitete und sich seit den 60er Jahren mit den technischen Problemen der Schwebebahn beschäftigte, als Protagonist der Patentbefürworter in den Vordergrund. Die Juristen bezogen in diesem Meinungsstreit der Reichsgründungszeit interessanterweise zunächst keine Position; mit wenigen Ausnahmen verhielten sie sich neutral und schlugen sich erst später auf die

Seite der Gewinner. Einer dieser Ausnahmen war der Rechtsprofessor und preußische Bergrat Wilhelm Klostermann, dessen 1869 erschienenes Werk „Die Patentgesetzgebung aller Länder" sich um eine objektive Darstellung der Probleme des Patentwesens in einer entstehenden Industriegesellschaft bemühte und als Plädoyer für den Patentschutz wirkte.[14]

Nicht zuletzt der Krieg gegen Frankreich hatte die Beratungen über die Abschaffung des Patentschutzes in den Gremien des Norddeutschen Bundes 1870 zum Erliegen gebracht. Die Reichseinigung von 1871 drängte nun erneut auf eine Entscheidung hin: entweder ein einheitlicher Patentschutz für das gesamte Reichsgebiet oder die konsequente Aufhebung des Erfindungsschutzes wie in den Niederlanden. Auch das gewachsene internationale Gewicht des neuen Kaiserreiches, die gesteigerte Erwartungshaltung des Auslandes hinsichtlich einer richtungsgebenden Gestaltungsfähigkeit der neuen Macht in der Mitte Europas, ließen die Frage des Patentschutzes wieder an Aktualität gewinnen.

Dieser internationale Aspekt der Patentfrage begann sich nun zugunsten der Patentbefürworter auszuwirken. So galt es seit 1872 als ausgemacht, daß Großbritannien als die größte Industriemacht der Welt, nach langen eingehenden Beratungen am Erfindungsschutz festhalten würde. Auch der Internationale Patentschutzkongreß von 1873, am Rande der Wiener Weltausstellung abgehalten, und maßgeblich von den Gebrüdern Siemens initiiert, machte die Gefahr einer Isolierung des jungen Reiches deutlich; hatte der unmittelbare Anlaß dieses Kongresses doch darin bestanden, daß sich führende amerikanische Firmen wegen des mangelhaften preußischen Patentschutzes geweigert hatten, ihre technischen Innovationen auszustellen.[15]

Aber wichtige Protagonisten des Patentschutzes erkannten sehr klar, daß das Argument der internationalen Isolierung nicht ausreichte, den Patentschutz gesetzlich zu sichern, so lange die Patentgegner in der durch Preußen hegemonisierten Administration des Reiches noch derart stark waren und in den liberalen Parteien des Reichstages noch über eine erhebliche Anhängerschaft verfügten. In einem Brief an Eugen Langen, den die Forschung als „Geburtsurkunde des Deutschen Patentschutzvereins" bezeichnet hat,[16] schrieb Werner Siemens im Februar 1874: „Ich bin der Ansicht, daß die Frage für parlamentarische Behandlung noch nicht reif ist. Es muß erst mehr öffentliche Meinung gemacht und Stützpunkte in den Regierungen, im Bundesrat und bei einflußreichen Verwaltungsbehörden gewonnen werden. In diesem Augenblick sollten wir weder petitionieren noch interpellieren, sondern organisieren. Wir müssen den Beweis führen, daß nicht mehr nur einige Erfinder um Schutz schreien, sondern daß wirklich achtungsgebietende Klassen und Interessen ihn fordern. Die internationale Agitation...kann jetzt gar nichts nützen. Das Einzige, was wir tun können, ist daher die Bildung eines rein deutschen Organismus einzuleiten, welcher die weitere Agitation in die Hand nimmt."[17]

Ende März 1874 trafen sich Werner Siemens, Wilhelm André (1827 – 1903), der Dresdener Ingenieur Carl Pieper (1838 – 1908) und andere in Berlin, um die Vereinsgründung vorzubereiten und schon zwei Monate später konnte Siemens seinem Bruder Wilhelm in London die Erfolgsmeldung geben: „Die ganze deutsche Großindustrie und wissenschaftliche Technik ist im Verein vertreten, und eine Menge Vereine haben ihren Betritt mit ansehnlichen Beiträgen zugesagt."[18] Siemens gewann darüber hinaus auch erstmals Unterstützer in der Ministerialbürokratie wie den, erst im Juni 1874 ernannten, neuen Leiter der Technischen Deputation Leonhard Jacobi, der schließlich 1877 auch der erste Präsident des Kaiserlichen Patentamtes werden sollte. Der entscheidende Durchbruch gelang den Patentbefürwortern aber erst nach dem Rücktritt Delbrücks auf dem Höhepunkt der schweren Wirtschaftskrise 1876, ein Rücktritt, der von den Zeitgenossen durchweg als Ende einer Ära wahrgenommen wurde. Delbrücks Nachfolger, Karl von Hofmann (1827 – 1920), empfing schon kurz nach seiner Amtsübernahme den Vorstand des Patentschutzvereins zu einem Gespräch und sicherte ihm volle Unterstützung für seine Ziele zu.[19]

Es war aber nicht in erster Linie das Resultat einer geschickten Lobby-Politik und auch nicht nur die Verunsicherung der Administration durch die unerwartet zähe Wirtschaftskrise, sondern die Argumentationsweise von Werner Siemens, seine beeindruckende Krisenanalyse in Verbindung mit der Forderung nach Patentschutz, die die patentfeindliche Stimmung umschlagen ließ. Ich möchte deshalb diese Analyse des Wirtschaftsstandorts Deutschland an der Schwelle zur Hochindustrialisierung und Siemens Vorschläge für eine neue technologische Kultur, die sich in seinen Publikationen der 1860er Jahre bereits andeuteten, aber erst in seinen Denkschriften und Briefen zwischen 1873 und 1876 voll entfaltet wurden, in den Grundzügen knapp darstellen:

Für Siemens war die Wirtschaftskrise nach 1873 *keine einfache Handels- oder Konjunkturkrise*, sondern eine sich schon länger anbahnende *Strukturkrise* der industriellen Produktion in Deutschland, nicht zuletzt eine Krise der Technologiekultur. Der Aufschwung der deutschen Industrie in den 1850er und 60er Jahren war – folgt man Siemens – durch zwei Kostenvorteile begünstigt worden: durch die reine Nachahmung ausländischer Innovationen in den meisten Industriezweigen waren Investitionskosten für Forschung und Entwicklung weitgehend entfallen. Durch diese Ersparnis und die sehr niedrigen deutschen Löhne hatten deutsche Waren – trotz geringerer Produktivität – häufig billiger angeboten werden können als ausländische. Diese notorische Nachahmungspraxis hätte den deutschen Produkten im Ausland aber den Ruf „Billig und Schlecht" eingetragen und zu Exportverlusten geführt, während die Streikwellen von 1871 bis 1873 und die erheblichen Lohnsteigerungen in ihrem Gefolge diese Billigexporte zusätzlich erschwert hätten.

Das Lohnniveau werde langfristig weiter steigen und eine Rückeroberung fremder Märkte sei nur dadurch möglich, daß die Warenqualität englischen Standard erreiche oder diesen übertreffe. Eine Grundvoraussetzung dafür sei – so Siemens – ein *industrielles Leistungsdenken*, welches nur entstehen können, wenn die *gesellschaftliche Anerkennung* der *technischen Arbeit* gefördert werde. Diese Anerkennung drücke sich in der sozialen Achtung der Techniker und im Schutz der geistigen Arbeit und deren Belohnung durch ein Patent aus.

Erfindertätigkeit beruhe außerdem nicht auf jenem „mühelosen Einfall" – so Siemens –, wie ihn die Freihandelsschule behauptet hatte, sondern die Umsetzung einer Idee in die Praxis erfordere Kapital und Arbeit; die hierdurch bewirkte Förderung des technischen Fortschritts und des wirtschaftlichen Wachstums rechtfertige wegen des „gesellschaftlichen Nutzens" das Patent qua Belohnung und weiteren *Ansporn* der technischen Aktivität. Technischer Fortschritt werde außerdem – so argumentierte Siemens ganz modern – durch Unternehmen zunehmend bewußt *induziert*, d. h. technische Problemlösungen würden gesucht, weil wirtschaftliche Notwendigkeiten dies geraten erscheinen ließen. Dem Patent falle hierbei die Aufgabe zu, diesen Prozeß rechtlich gegen die Konkurrenz abzusichern. Die steigende Gewinnerwartung mindere das Investitionsrisiko einer Neuerung und steigere die Investitionsbereitschaft des Unternehmers.

Nationale Töne waren Siemens nicht fremd. Trotz seiner vielfältigen internationalen Geschäftsaktivitäten dachte auch er in den Kategorien nationaler Industrieentwicklung, der Stärkung der deutschen Industrie als Basis für eine starke deutsche Nation. Siemens stand auch den nach 1879 von wichtigen Industriezweigen immer lauter geforderten Schutzzöllen nicht grundsätzlich ablehnend gegenüber. Trotzdem hat er den Patentschutz – das sollte hervorgehoben werden – *nicht* als ein Instrument protektionistischer Wirtschaftspolitik oder als flankierende Maßnahme einer umfassenden Schutzzollpolitik angepriesen. Er begrüßte freilich eine zeitweilige Absicherung des deutschen Marktes nach außen, zeitlich begrenzte Erziehungszölle, als Voraussetzung einer Konsolidierung nach innen, mit dem Ziel eines Zeitgewinns zur Verbesserung der Produktqualität. Patentschutz war für ihn zwar ein Hebel zur Verbesserung der Produktqualität, aber nicht einfach „Waffe im Handelskrieg". Siemens und der Patentschutzverein haben sich 1878 nachdrücklich für die Einberufung eines zweiten internationalen Patentschutzkongresses in Paris eingesetzt. Auf diesem wurden die wesentlichen Grundsätze der „Pariser Verbandsübereinkunft" geschaffen, die 1883 unterzeichnet, die Basis eines internationalen Patentsystems bildete. Die PVÜ war ihrem Charakter nach weltoffen, untersagte jede fremdenrechtliche Beschränkung des nationalen Patentschutzes und förderte m. E. eher den internationalen Wirtschaftsverkehr als das sie ihn behinderte.

Auf der Grundlage des Gesetzentwurfes des „Patentschutzvereins" ernannte das Kanzleramt unter der Leitung von Hofmanns im September 1876 eine durchweg mit Patentbefürwortern besetzte Patent-Kommission, die ein Reichsgesetz vorbereiten sollte. Die parlamentarische Behandlung der Patentfrage verlief nun auf zwei Ebenen, denen der Länder und des Reiches. Denn auch die Länder richteten Enquête-Kommissionen ein. Allerdings übernahm das Reichskanzleramt die vorbereitende Arbeit und bestimmte damit in gewisser Weise die Richtung der Überlegungen. Die Landesregierungen erklärten sich mit dem Reichsentwurf einverstanden und die süddeutschen Staaten akzeptierten sogar das so lange kritisierte preußische Verfahren der Vorprüfung als wesentliche Grundlage der Patenterteilungspraxis. Ende Mai 1877 nahm ein mehrheitlich eigentlich noch freihändlerisch gestimmter Reichstag die Gesetzesvorlage an. Das glatte Passieren der parlamentarischen Hürden läßt sich – ich folge hier der Deutung Marcel Silbersteins – auch damit erklären, daß das Gesetz „als eine vorläufige politische Konzession an die notleidende Industrie gedacht war."[20] Der zentralen Forderung der Schwerindustrie sowie der einflußreichen Landwirtschaft, der Einführung von hohen Schutzzöllen als Markteintrittsbarriere für die ausländische Konkurrenz, verschloß sich die Reichstagsmehrheit noch. Die Revision der bisherigen Zollpolitik war weitaus komplizierter und durch noch geltende internationale Handelsverträge gehemmt. Sie erfolgte erst 1879, als die Hoffnung vieler Parlamentarier, ein grundlegender Konjunkturaufschwung werde die schrille Schutzzollagitation zum Verstummen bringen, sich immer noch nicht erfüllte. Das Patentgesetz von 1877 war mithin *keine* direkte „Ausgeburt" der protektionistischen Wende, *kein* Zwillingsbruder der Schutzzollgesetze, wenn auch viele Kampfschriften jener Jahre, die zugleich mit Schutzzöllen den Patentschutz als Allheilmittel empfahlen, das suggerieren mochten. Das Patentgesetz war aber der erkennbar erste Schritt hin zu einer neuen aktiven Wirtschaftspolitik des Staates; hin zu einer – neue Wachstumsvoraussetzungen bewußt gestaltenden und soziale Folgeprobleme der Industrialisierung kompensierenden – Rolle des Staates, die zeitgleich bereits in den staatlichen Planungen zur Verkehrs- und Infrastrukturpolitik in Preußen sowie zur Sozialversicherungspolitik im Reich vorbereitet wurde. Diese Neubestimmung des Verhältnisses von Staat und Wirtschaft hätte sich im Deutschen Reich auch ohne den Übergang zu Schutzzöllen durchgesetzt, deren ökonomische Wirkungen von Zeitgenossen und historischer Forschung lange Zeit erheblich überschätzt wurden. Aufgrund der jahrzehntelangen nationalökonomischen Grundsatzkontroverse Zollschutz versus Freihandel war dieser Übergang freilich symbolträchtig und überschattete Wandlungen im Verhältnis von Staat und Wirtschaft von weitaus größerer Tragweite.[21]

Das Patentgesetz war ein erster Schritt hin zu einer aktiven Wirtschaftspolitik des Staates, es war aber auch ein erster Schritt vieler von der Freihandelsschule beeinflußter liberaler Abgeordneter, deren Blütenträume zer-

stoben waren, den wirtschaftlichen Akteuren, den Unternehmern und ihrer Sicht
der Dinge – jenseits vorgefertigter Lehrmeinungen – zuzuhören. In ihre
Bereitschaft, die Krisenanalyse eines Siemens aufzunehmen, mischte sich
freilich eine kräftige Dosis des alten freihändlerischen Mißtrauens gegenüber den Ansprüchen des Erfinders. Im Kräfteparallelogramm von industriellen
Interessen und Geringschätzung der individuellen Erfinderleistung gestaltete
sich das deutsche Patentgesetz von 1877 der Tendenz nach einzelerfinder-
feindlich. Vor allem der Ausführungszwang (§ 11), die progressiven Patentgebühren bis zu einer Höhe von 5.000 Mark (§ 8), aber auch das sog. Anmelderprinzip (§3) führten in der Folgezeit, als auch das Problem der Arbeitnehmererfindungen immer gewichtiger wurde, zu ständig wachsender Kritik.
Diese Kritik verdichtete sich im letzten Jahrzehnt vor dem Ersten Weltkrieg
derart, daß sich die Reichsregierung gezwungen sah, einen neuen, die Interessen
der Einzel- und Arbeitnehmererfinder besser berücksichtigenden Entwurf vorzubereiten. Ob nur der Ausbruch des Weltkrieges dieses reformierte Patentgesetz verhinderte oder aber tiefere, strukturelle Gründe, etwa die Nähe der
Reichsregierung zu den organisierten Unternehmerinteressen, einer Novellie-
rung im Wege standen, darüber gehen die Meinungen in der Forschung aus-
einander.[22]

Trotz dieses „Geburtsfehlers" blieb das Patentgesetz von 1877 in vielfacher Hinsicht von epochemachender Bedeutung; auch in rechtsgeschichtlicher
Perspektive. Denn durch die Anerkennung des gesetzlichen Anspruchs des
Patentanmelders an Stelle des bisherigen Gnadenrechts wurde dem Erfindungsschutz endlich der Charakter eines Persönlichkeitsrechts gegeben. Nicht nur
Schweden, Dänemark und Norwegen, sondern auch Österreich-Ungarn und
1907 schließlich auch die Schweiz, lehnten sich an die deutsche Patentgesetzgebung an.[23]

Hat nun das Patentgesetz den Aufschwung der Erfindertätigkeit, eine neue
technologische Kultur im Deutschen Kaiserreich und das damit hoffnungsvoll
verknüpfte erneute wirtschaftliche Wachstum ermöglicht oder gefördert?

Ohne Zweifel kann man nach 1877 eine rasch steigende Zahl von Patentanmeldungen und Patenterteilungen beobachten; ein Zeichen von verstärkter
technologischer Aktivität. Sicherlich förderte das Patentgesetz auch jene Entwicklung von Technik, Leistungsdenken und Arbeitsstolz, die bis zur Jahrhundertwende aus dem Handelszeichen „Made in Germany", welches das Nachahmungen eingeführt wissen wollte, ein Markenzeichen für Qualitätsproduktion
und Produktinnovation werden ließ.[24] Den wirtschaftlichen Aufstieg Deutschlands bis zum Ersten Weltkrieg zur zweitstärksten Industrienation nach den
USA vor allem oder gar monokausal aus dem erfolgreichen Patentwesen
erklären zu wollen, verbietet sich freilich von selbst.

Der quantitative wie qualitative Beitrag von patentierten Erfindungen zum
Wirtschaftswachstum ist für die deutsche Volkswirtschaft oder auch nur für

einen Industriezweig bisher von der wirtschaftsgeschichtlichen Forschung noch nicht eingehend untersucht worden. Es mangelt sogar an Untersuchungen, die diese Frage anhand einer Erfindung in einem Unternehmen verfolgen. Solche Analysen sind schwierig, aber m. E. nicht völlig unmöglich.

Die Korrelation zwischen steigenden Patentzahlen und Wirtschaftswachstum ist freilich zumindest ein klares Indiz für den positiven Nutzen des neuen, vereinheitlichten Patentschutzes; das wurde auch von den zeitgenössischen Experten so gesehen. Von nur 190 Patenten im Jahre 1877 sprang die Zahl auf über 4.000 erteilte Patente im Jahre 1890. Als im Jahre 1891 das Patentgesetz nach den Vorstellungen der Chemischen Industrie novelliert wurde und auch Stoffpatente zugelassen wurden, weil die Chemieindustrie bewußt neue Stoffe suchte und nicht mehr nur das Verfahren, sondern auch das Produkt selber geschützt haben wollte, stieg die Zahl sofort auf 5.500 Patente.[25] Bis zur Jahrhundertwende verharrte sie auf dem Niveau von 5.000 bis 6.500 jährlich erteilten Patenten. Dann gab es einen erneuten Sprung in den Patenterteilungszahlen. In den letzten fünf Jahren vor dem Ersten Weltkrieg wurden im Durchschnitt jährlich über 12.000 Patente zugesprochen.

Die Verteilung der Patente über die Industriezweige in der Periode zwischen 1877 und 1914 mag vielleicht noch etwas aufschlußreicher sein, als die absoluten Zahlen der Patenterteilungen. Den Löwenanteil der Patente ging weder an die Chemische Industrie noch an die Elektrotechnische Industrie, die in der wirtschaftshistorischen Forschung gemeinhin als die innovativsten Industriezweige im Kaiserreich gelten, sondern an die Metallverarbeitende Industrie, speziell an den Maschinenbau. 1877/78 wurden fast 40 Prozent aller Patente im Deutschen Reich für den Bereich der Metallverarbeitung (sogar unter Ausschluß des Dampfmaschinenbaus, des Fahrzeugbaus und des elektrischen Anlagenbaus) vergeben, während die Chemieindustrie nur 4 Prozent und die Elektroindustrie nur 1 Prozent aller Patente erhielt. 1913 führte die Metallverarbeitende Industrie immer noch mit 32,5 Prozent, während der Anteil der Chemischen Industrie auf 11 Prozent und der Anteil der Elektrotechnischen Industrie auf 8,4 Prozent gestiegen war.

In Relation zur relativen Größe der Industrie lag die Zahl der erteilten Patente für die Chemieindustrie aber weit über dem Durchschnitt, beschäftigte sie doch nur 1,4 Prozent aller gewerblich Beschäftigten im Jahre 1878 und nur 2,5 Prozent aller industriell Beschäftigten im Jahre 1913. Doch auch die Metallverarbeitende Industrie – selbst unter Einschluß der Dampfmaschinen- und Fahrzeugbaus und der Elektrotechnischen Industrie – hatte einen verhältnismäßig schmalen Anteil an der Gesamtzahl der gewerblich Beschäftigten: nur 12,3 Prozent im Jahr 1878 und 17,4 Prozent im Jahr 1913, während diese Industriezweige gemeinsam in beiden Jahren über 46 Prozent aller Patente zugesprochen bekamen.[26]

Dieser Vergleich sehr kruder Strukturdaten kann natürlich nur begrenzte Aufschlüsse vermitteln. Der Berliner Wirtschaftshistoriker Wolfram Fischer hat schon vor geraumer Zeit darauf hingewiesen, daß man über den Zusammenhang von Patenterteilung und Wirtschaftswachstum mehr herausbekommen könne, wenn man sich die von Walter G. Hoffmann in den 1960er Jahren ermittelten Wachstumsraten spezifischer Industriezweige im Kaiserreich genauer anschauen[27] und Patentzahlen und Wachstum in kleineren Brancheneinheiten als der monströsen Metallverarbeitenden Industrie untersuchen würde. Eine zukünftige Forschung muß – so Fischer – dabei den Zeitfaktor, den time-lag zwischen einer Erfindung und ihrem ökonomischen Effekt berücksichtigen und auch Methoden entwickeln, um die ökonomischen Bedeutung eines Patents zu gewichten.

Anmerkungen:

[1] Diesen Zusammenhang hat bereits Alfred Heggen in seiner grundlegenden Arbeit, Erfinderschutz und Industrialisierung in Preußen 1793 – 1877, Göttingen 1975, hervorgehoben. Er verknüpft aber das Patentgesetz von 1877 meinem Urteil nach unzulässig stark mit der Wende zur Schutzzollpolitik im Jahre 1879. Vgl. dazu meine Ausführungen am Ende des Beitrags.

[2] Das betont nachdrücklich Wilhelm Treue in seinem Aufsatz, Die Entwicklung des Patentwesens im 19. Jahrhundert in Preußen und im Deutschen Reich, in: Wissenschaft und Kodifikation des Privatrechts im 19. Jahrhundert, Bd. 4, hrsg. von. Helmut Coing/Walter Wilhelm, Frankfurt a. M. 1979, S. 163 – 182. Seine Beurteilung des Patentgesetzes als großbürgerliches unternehmerfreundliches Komplott erscheint dem Vf. überzogen.

[3] Vgl. Alfred Heggen, Erfindungsschutz (wie Anm. 1), S. 70.

[4] Helmut Böhme, Deutschlands Weg zur Großmacht. Studien zum Verhältnis von Wirtschaft und Staat während der Reichsgründungszeit 1848 – 1881, Köln/Berlin 1972², S. 209.

[5] Zit. nach Alfred Heggen, Erfindungsschutz (wie Anm. 1), S. 74.

[6] Ebenda, S. 81.

[7] Vgl. ebenda, S. 76 ff.

[8] Alfred Müller, Die Entwicklung des Erfindungsschutzes und seiner Gesetzgebung in Deutschland, München 1898, S. 15.

[9] Marcel Silberstein, Erfindungsschutz und merkantilistische Gewerbeprivilegien, Winterthur 1961, S. 268. Der mit dem Patentschutz verbundene Gedanke des Monopols auf Zeit paßte eigentlich nicht in die wirtschaftsliberale Konzeption der von 1815 bis 1848 wesentlich vom Staatsrat Peter Christian Beuth (1781 – 1853) beeinflußten preußischen Wirtschaftspolitik. Nur der zeitgleichen merkantilistischen Komponente seiner Gewerbeförderung verdankte es das Patentwesen, daß es in Preußen überhaupt in Anwendung blieb. Diese merkantilistische Komponente der Erziehung bestimmter Gewerbezweige zu Markt- und Wettbewerbsfähigkeit entfiel dann nach Beuths Rücktritt 1848 und dem Aufstieg einer jüngeren Generation von Beamten um Delbrück in den 1850er Jahren völlig, was zu einer Radikalisierung der offiziellen Haltung Preußens zum Patentschutz nicht unwesentlich beitrug. Vgl. Ilja Mieck, Preußische Gewerbepolitik in Berlin 1806 – 1844. Staatshilfe und Privatinitiative zwischen Merkantilismus und Liberalismus, Berlin 1965; vgl. auch Alfred Heggen, Erfindungsschutz (wie Anm. 1), S. 34ff.

[10] Alfred Müller, Entwicklung (wie Anm. 8), S. 15.

[11] Alfred Heggen, Erfindungsschutz (wie Anm. 1).

[12] Vgl. Guido Heß, Die Vorarbeiten zum Deutschen Patentgesetz vom 25. Mai 1877, Schweinfurt 1966 (Diss.) sowie Wilhelm Treue, Entwicklung (wie Anm. 2), S. 174.

[13] Marcel Silberstein, Erfindungsschutz (wie Anm. 9), S. 276.

[14] Vgl., Friedrich-Karl Beier, Gewerbefreiheit und Patentschutz. Zur Entwicklung des Patentrechts im 19. Jahrhundert, in: Wissenschaft und Kodifikation des Privatrechts im 19. Jahrhundert, Bd. 4., hrsg. von Helmut Coing/Walter Wilhelm, Frankfurt a. M. 1979, S. 183 – 205, hier S. 200f.

[15] Karl-Heinz Manegold, Der Wiener Patentschutzkongreß von 1873. Seine Stellung und Bedeutung in der Geschichte des deutschen Patentwesens im 19. Jahrhundert, in: Technikgeschichte 38 (1971), S. 158 – 165, hier S. 159.

[16] Vgl., ders., Vom Erfindungsprivileg zum „Schutz der nationalen Arbeit", in: Zeitschrift der TU Hannover 1976/2, S. 13.

[17] Conrad Matschoß, Werner Siemens, Berlin 1916, Bd. 1, S. 445; vgl. auch Wilhelm Treue, Entwicklung (wie Anm. 2), S. 176.

[18] Ebenda, S. 521.

[19] Alfred Heggen, Erfindungsschutz (wie Anm. 1), S. 129f.

[20] Marcel Silberstein, Erfindungsschutz (wie Anm. 9), S. 283.

[21] Weiterführend dazu z. B.: Hans-Ulrich Wehler, Deutsche Gesellschaftsgeschichte, Bd. 3: Von der „Deutschen Doppelrevolution" bis zum Beginn des Ersten Weltkrieges 1849 – 1914, München 1995, v. a. S. 662 – 680.

[22] Kees Gispen, National Socialism and the Technological Culture of the Weimar Republic, in: Central European History 25, 4 (1992), S. 387 – 406, hier S. 394f.

[23] Marcel Silbermann, Erfindungsschutz (wie Anm. 9), S.284 und Anm. 132.

[24] Der vom Londoner Parlament beschlossene Merchandise Marks Act schrieb vor, daß aus Deutschland nach Großbritannien eingeführte Waren die Herkunftsbezeichnung „Made in Germany" tragen mußten.

[25] Dazu grundlegend: Arndt Fleischer, Patentgesetzgebung und chemisch-pharmazeutische Industrie im Deutschen Kaiserreich (1871 – 1918), Stuttgart 1984.

[26] Alle Zahlen nach: Wolfram Fischer, The Role of Science and Technology in the Economic Development of Modern Germany, in: Science, Technology and Economic Development. A Historical and Comparative Study, hrsg. von Walter Beranek/George Ranis, New York u. a. 1978, S. 71 – 113, hier. S. 95f.

[27] Walther Gustav Hoffmann, Das Wachstum der deutschen Wirtschaft seit der Mitte des 19. Jahrhunderts, Berlin/Heidelberg/New York 1965.

Die Patentgesetzgebung in der Zeit des Nationalsozialismus und in den Anfangsjahren der Bundesrepublik Deutschland[1]

Kees Gispen

1. Einführung

Ich möchte mit der Feststellung beginnen, daß die Organisatoren dieser Konferenz Vorträge über die Entwicklung des Patentsystems während des Kaiserreiches und der NS-Zeit eingeplant haben, aber nicht für die Zeit der Weimarer Republik. Natürlich ist dies kein Zufall. Im Grunde geschah in der Weimarer Republik sehr wenig in Bezug auf die Patentgesetzgebung. Gerade diese Passivität aber bereitete den Boden für die nationalsozialistischen Aktivitäten auf dem Gebiet der Patent- und Erfindergesetzgebung, deren Erfolg sich nicht zuletzt aus dem Druck erklären läßt, der sich in den Jahren der patentrechtlichen Stagnation aufgebaut hatte. Um die nationalsozialistische Patentpolitik zu verstehen, ist es nötig, zunächst einen kurzen Blick auf die Patent- und Erfinderproblematik während der Weimarer Republik zu werfen.[2]

2. Patentprobleme in der Weimarer Republik

Während der Weimarer Republik war das Fehlen einer aktiven Patentgesetzgebung zum größten Teil die Folge von gescheiterten Initiativen und festgefahrenen Positionen, welche mit der allgemeinen politischen Situation der Weimarer Republik zusammenhingen. Die einzige Ausnahme einer Anhäufung von Mißerfolgen war der Abschluß des Reichstarifvertrages von 1920 zwischen den Arbeitgebern der chemischen Industrie und dem Bund der angestellten Chemiker und Ingenieure. Der Vertrag löste – jedenfalls provisorisch und nur in der chemischen Industrie – die umstrittensten Fragen zwischen angestellten Erfindern und deren Arbeitgebern bezüglich der Urheberrechte der Angestellten und der Sondervergütungen für Erfindungen.

Im Kaiserreich war versucht worden, diese Fragen mit dem Patentgesetzentwurf von 1913 zu lösen, doch wurde nach dem Ersten Weltkrieg entschieden, daß derartige Probleme am besten durch Tarifvertragsvereinbarungen festzulegen seien. Im daraus entstandenen Reichstarifvertrag wurden Angestelltenerfindungen in drei Gruppen aufgegliedert. Erstens gab es *freie Erfindungen*. Dies waren Angestelltenerfindungen, die nichts mit den Unternehmensgeschäften zu tun hatten und deshalb dem Angestellten gehörten. Zweitens gab es *Betriebserfindungen*. Diese fielen in den Rahmen des Unternehmens und waren derart von den Hilfsmitteln und Anregungen der Firma beeinflußt, daß sie nicht über die normale Berufstätigkeit eines

Chemikers hinausgingen und deshalb dem Arbeitgeber unmittelbar angehörten. In diesem Fall wurde die Urhebereigenschaft des angestellten Erfinders und ein Recht auf Sondervergütung überhaupt nicht anerkannt. Drittens gab es *Diensterfindungen.* Auch sie fielen in den Rahmen des Unternehmens, aber im Vergleich zu den Betriebserfindungen gingen sie sehr wohl über die normale Berufstätigkeit hinaus. Die Diensterfindung gehörte dem Arbeitgeber, aber der Angestellte wurde als Urheber anerkannt, und er erhielt auch eine Sondervergütung oder Gewinnbeteiligung.[3]

Anfangs behandelten die Arbeitgeber der chemischen Industrie die meisten Erfindungen als Diensterfindungen. Während der Rationalisierungswelle nach 1924 aber gingen sie dazu über, den Begriff der Betriebserfindung wieder häufiger anzuwenden, was viel Unmut und Ärger bei den Arbeitnehmererfindern verursachte. Andere Industriebranchen, wie z. B. die elektrotechnische und die mechanische Industrie, schlossen überhaupt keine kollektiven Patentvereinbarungen mit ihren Angestellten und machten reichlich Gebrauch vom Begriff der Betriebserfindung. Der Bund der angestellten Chemiker und Ingenieure und andere Angestelltenvereine versuchten zwar, den Chemikertarif auch für andere Zweige der Industrie einzuführen, derartige Versuche blieben jedoch erfolglos. 1928 wurde zwar eine freiwillige Patentvereinbarung, der sogenannte Patentrevers, mit dem Reichsverband der Deutschen Industrie ausgehandelt, die Vereinbarung blieb aber unverbindlich und nur wenige Firmen führten sie auch tatsächlich ein. Letzten Endes wurden die Erwartungen der Arbeitnehmererfinder während der Weimarer Republik immer wieder enttäuscht, was sicherlich auch zu ihrer politischen Radikalisierung beigetragen hat.[4]

Um die Argumente zu entkräften, mit denen die Arbeitgeber die Betriebserfindung rechtfertigten, favorisierten die Arbeitnehmer einen völlig entgegengesetzten Erfindungsbegriff. Erstere waren der Auffassung, daß modernes Erfinden das Produkt kollektiver und systematischer, im Grunde normaler Arbeit in den Betriebslaboratorien sei. Die Arbeitnehmer dagegen stellten das Erfinden als ausschließliches Ergebnis höchst persönlicher und individueller Kreativität dar. Diese Interpretation griff auf Vorstellungen der deutschen Romantik zurück, um sie unter den Verhältnissen des modernen industriellen Großbetriebs wiederzubeleben. Der romantische Erfinderbegriff betonte die unreduzierbaren individuellen und persönlichen Aspekte des Erfindens und behauptete, daß juristische Personen wie Betriebe überhaupt nicht erfinden könnten. Ein klares Beispiel für diese Interpretation ist die Theorie des Erfindens von Max Eyth, dem Dichter-Ingenieur des 19. Jahrhunderts, der von den Ingenieuren der ersten Hälfte des 20. Jahrhunderts immer wieder als Beweis für die geistige Bedeutung ihres Berufes zitiert wurde. In einem Vortrag von 1904 über das Wesen des Erfindens vertrat Eyth die Position, daß

„auch in jenen fernen Zeiten, die wir nur anzudeuten wagen, [...] derselbe Menschengeist, der in der Urzeit das Feuerbohren erfand, an größeren Problemen sein Können erproben (wird), und aus dem Grund seiner Seele werden wieder und wieder Geistesblitze aufflammen, die ein weiteres Stück seines Weges durch Raum und Zeit erleuchten. Denn der Erfinder wird in diesem irdischen Dasein nie zur Ruhe kommen, solange der Mensch bleibt, was er ist: ein Ebenbild des Schöpfers, ein Wesen, in das Gott einen Funken seiner eigenen schaffenden Kraft gelegt hat."

Solche Ideen verbreiteten sich in der Weimarer Republik nicht nur bei den Erfindern selbst, sondern auch bei Politikern und in einer größeren Öffentlichkeit. Der gescheiterte sozialdemokratische Gesetzentwurf von 1923 für ein neues Arbeitsrecht sah z. B. ausführliche Erfinderschutzregelungen vor, die auf der romantischen Erfindertheorie basierten.[5]

Nicht nur die Sozialdemokraten sondern auch die politische Rechte und vor allem die Nationalsozialisten waren von diesem romantischen Erfinderbegriff beeinflußt. So bekannte sich z. B. Adolf Hitler zu Ideen über das Erfinden, die gut übereinstimmten mit seiner völkischen Ideologie der eingeborenen Führereigenschaft und der heroischen Kreativität des Ariers. Hitlers Buch *Mein Kampf* enthielt Passagen über das Erfinden, die unmittelbar den romantischen Argumenten der Angestellten-Vereine entlehnt waren, und die den Kern einer künftigen nationalsozialistischen Patent- und Erfinderpolitik darstellten. Hitler zufolge waren

„Alle Erfindungen [...] also das Ergebnis des Schaffens einer Person. Alle diese Personen selbst sind, ob gewollt oder ungewollt, mehr oder minder große Wohltäter aller Menschen. Ihr Wirken gibt Millionen, ja Milliarden von menschlichen Lebewesen später Hilfsmittel zur Erleichterung der Durchführung ihres Lebenskampfes in die Hand.

Wenn wir im Ursprung der heutigen materiellen Kultur immer einzelne Personen als Erfinder sehen, die sich dann gegenseitig ergänzen und einer auf den anderen wieder weiterbauen, dann aber genau so in der Ausübung und Durchführung der von den Erfindern erdachten und entdeckten Dinge. Denn auch sämtliche Produktionsprozesse sind ihrem Ursprung selbst wieder Erfindungen gleichzusetzen und damit abhängig von der Person. Auch die rein theoretische, gedankliche Arbeit, die im einzelnen gar nicht meßbar, dennoch die Voraussetzungen für alle weiteren materiellen Erfindungen ist, erscheint wieder als das ausschließliche Produkt der Einzelperson. Nicht die Masse erfindet und nicht die Majorität organisiert oder denkt, sondern im allem immer nur der einzelne Mensch, die Person. Eine menschliche Gemeinschaft erscheint nur dann als gut organisiert, wenn sie den schöpferischen Kräften in möglichst entgegenkommender Weise ihre Arbeiten erleichtert und nutzbringend für die Allgemeinheit anwendet. Das Wertvollste an der Erfindung selbst, mag sie nun im materiellen oder in der Welt der Gedanken liegen, ist zunächst der Erfinder als Person. Ihn also für die Gesamtheit nutzbringend anzusetzen, ist erste und höchste Aufgabe der Organisation einer Volksgemeinschaft."[6]

Während der zwanziger Jahre wurden diese Ideen Hitlers weitgehend ignoriert und hatten keine gesetzgebenden Konsequenzen. Nach 1933 änderte sich dies jedoch. Die Unterstützer der Erfinder und die Patentreformer eigneten sich Hitlers Rhetorik an, nicht nur weil es nun erwartet wurde, sondern weil Hitlers Ideen ihre eigenen Anschauungen widerspiegelten. Hitlers Worte aus *Mein Kampf* dienten als die höchste philosophische, moralische und machtpolitische Legitimation, um die Patent- und Erfinderreformen im Dritten Reich durchzusetzen.

Bevor diese Entwicklung weiter erörtert wird, sollen noch kurz einige Aspekte der Patentsituation in der Weimarer Republik angedeutet werden. Anfang 1928 verkündete die bürgerliche Regierung unter Wilhelm Marx einen geringfügigen Patentreformentwurf, der durch gewisse Änderungen im Unionsvertrag, den Deutschland mit unterzeichnet hatte, notwendig geworden war. Dieser Entwurf tat aber nichts für die Rechte der Erfinder. Der Reichswirtschaftsrat, der die Gesetzesvorlage prüfte, bevor sie dem Reichstag vorgelegt wurde, befürwortete eine Reihe von Revisionen, welche die Große Koalition von Hermann Müller dann anschließend akzeptierte. Die wichtigste Neuerung war die Forderung, das Anmelderrecht durch das Erfinderrecht abzulösen. Diese Änderung, die bereits im kaiserlichen Patentgesetzentwurf von 1913 enthalten gewesen war, hätte dem angestellten Erfinder keine Eigentumsansprüche auf seine Erfindungen gegeben, ihn aber wenigstens – so lange es sich nicht um eine Betriebserfindung handelte – als Urheber anerkannt und dadurch eine gesetzliche Grundlage für die finanzielle Entschädigung geschaffen. Ein überarbeiteter Entwurf, der die Vorschläge des Reichswirtschaftsrats enthielt, wurde 1932 dem Reichstag übergeben, aber zu diesem Zeitpunkt hatte sich die politische Lage schon so weit verschlechtert, daß der Entwurf vor dem Zusammenbruch der Republik nicht mehr verabschiedet wurde.[7]

Zwei weitere Punkte charakterisierten die Patentproblematik der Weimarer Republik: beide betrafen hauptsächlich den unabhängigen Erfinder. Das erste Problem waren die überhöhten Patentgebühren des deutschen Patentsystems, welche die höchsten weltweit waren und die Quelle bitterer Beschwerden von unabhängigen Erfindern darstellten. Die Gebühren waren 1926 zwar etwas gesenkt worden und der neueste Entwurf sah weitere Reduzierungen vor, die 1932 auch tatsächlich in der Form eines Notstandsgesetzes erlassen wurden[8], trotzdem blieben die Gebühren im Vergleich mit anderen Ländern sehr hoch. Folglich verloren viele unabhängige Erfinder ihre Patente bereits nach wenigen Jahren. Ein Problem, das während der Weltwirtschaftskrise zunehmend brisanter wurde.

Trotz der Vielzahl von Beschwerden reagierte der Staat nur mit geringfügigen Änderungen in den Patentgebühren. Dieser Widerwille zu handeln, hatte zwei Gründe. Erstens widersetzten die Großunternehmen sich jedem Plan, der das sogenannte Selbstbereinigungsprinzip abschaffen wollte, weil es angeblich eine rasche Innovation förderte, indem es Patentbesitzer zwang, entweder die Patente umgehend rentabel zu machen oder sie rasch fallen zu lassen. Zweitens wurde das Reichspatentamt von den Patentgebühren finanziert. Die Folge war, daß der Staat, vor allem das Reichsfinanzministerium, ein Eigeninteresse an hohen Patentgebühren hatte. Ausnahmslos alle anderen Erwägungen wurden davon in den Schatten gestellt.[9]

Das zweite und letzte Problem hing eng mit der Gebührenfrage zusammen. Es betraf die Beschwerden von unabhängigen Erfindern über die Hindernisse, welche die Entwicklung und Vermarktung ihrer Ideen erschwerten. Natürlich gab es die üblichen Patentvermarktungsfirmen, aber dieser Berufszweig war von Betrügereien und skrupellosen Machenschaften durchzogen. Daher forderten die unabhängige Erfinder, besonders während der Weltwirtschaftskrise, hier mehr staatliche Unterstützung. In vielen Büchern und Broschüren wurde das deutsche Patentsystem und das deutsche Entwicklungs- und Innovationsklima im Vergleich zu der Situation in Ländern wie z. B. der Sowjetunion, Frankreich, England und den USA kritisiert. Die Erfinderreformer, die auf Hitler setzten und gegen den jüdischen Finanzkapitalismus Stellung bezogen, forderten staatlich unterstützte, unparteiische Erfindungsbewertung und Entwicklungsgesellschaften.[10]

3. Die nationalsozialistische Patent- und Erfinderpolitik

Als der Nationalsozialismus 1933 an die Macht kam, war seine Patent- und Erfinderpolitik von der eben dargestellten Problematik bereits vorgeprägt. Der Grundgedanke der Technologiepolitik des neuen Regimes bestand darin, den Erfindern zu helfen, die Hindernisse des allzu unternehmerfreundlichen Patentsystems zu überwinden, das den technischen Fortschritt und das Wirtschaftswachstum in der Weimarer Republik gehemmt zu haben schien.

Obwohl die soziale Gerechtigkeit immer angesprochen wurde, stand sie bei diesen erfinderfreundlichen Maßnahmen nicht an erster Stelle. Ziel der Maßnahmen war, Deutschlands technologisches und militärisches Potential zu stärken. Es ist allerdings bemerkenswert, daß die Nationalsozialisten, indem sie die romantische Erfinderideologie der zwanziger Jahre aufnahmen, glaubten, daß dies ausschließlich durch die Unterstützung des einzelnen Erfinders erreicht werden könne, und daß eigentlich keine zusätzlichen Maßnahmen notwendig seien.

Bereits im Januar 1934, als das Reichsjustizministerium noch nicht genau wußte, wie der Patentgesetzentwurf von 1932 gehandhabt werden sollte, ergriff ein besonders aggressiver Patentverwerter die Initiative zur Errichtung eines Reichserfinderamts in Berlin. Das Amt wurde von der Deutschen Arbeitsfront unterstützt, war jedoch ein ziemlich kleines Büro, mit nur zehn bis fünfzehn Angestellten. Es hatte sich ein grandioses Ziel gesteckt: allen deutschen unabhängigen Erfindern bei der wirtschaftlichen Bewertung ihrer Erfindungen zu helfen, bevor sie ihr Geld für die Patentanmeldung und -handhabung umsonst investierten.

Zudem beabsichtigte es, Erfinder mit vertrauenswürdigen Patentverwertern zusammenzubringen und auf diese Weise Deutschlands Industrie wieder zu beleben. Heinrich Jebens, der Leiter des Reichserfinderamtes, war selber ein ehemaliger Patentverwerter aus Hamburg. Jebens wurde allerdings rasch wieder entlassen, aufgrund seiner überhöhten Selbsteinschätzung und weil er unfähig war, Anweisungen Folge zu leisten.[11]

Nach Jebens' Entlassung wurde das Reichserfinderamt bald geschlossen. Die Erfinder zu unterstützen wurde nun die Aufgabe eines neuen Arbeitsfrontamtes, und zwar der Abteilung Erfinderschutz im Sozialamt. Dieses Büro übernahm mit der Zeit immer mehr Aufgaben und mischte sich auch in die Verhandlungen über das Patentgesetz von 1936 ein. 1938 wurde die Abteilung mit dem Amt für technische Wissenschaften der NSDAP zusammengelegt und entwickelte sich zum Mittelpunkt der Erfinderbetreuung unter Fritz Todt und, nach Januar 1942, unter Albert Speer.[12]

Entgegen ihrer eigenen Ideologie deutete die nationalsozialistische Patentreform anfangs eine Weiterführung der unternehmerfreundlichen Politik der Weimarer Republik an. Zu Beginn des Jahres 1934 wurde der Gesetzentwurf von 1932 an den Ausschuß für gewerblichen Rechtsschutz der Akademie für Deutsches Recht zur Bewertung überwiesen. Den Vorsitz führte Carl Duisberg von den I.G. Farben, der sich einer Ausweitung der Erfinderrechte über die Pläne von 1932 hinaus widersetzte. Statt dessen forderte der Duisberg-Ausschuß die Einführung von „technischen Richtern" an den Landesgerichten, an denen Patentstreitverfahren verhandelt wurden. Die Vorschläge des Ausschusses lösten einen Sturm der Entrüstung bei den Patentreformern aus, die sich vom nationalsozialistischen Regime eine weitergehende Erfüllung ihrer Forderungen erhofft hatten.[13]

Besonders der Ingenieur Karl August Riemschneider, dem die Abteilung Erfinderschutz in der Deutschen Arbeitsfront unterstand, und der Münchener Rechtsanwalt Kurt Waldmann, ein Bekannter von Rudolf Heß, der beim Bund

Nationalsozialistischer Deutscher Juristen arbeitete, wurden zu Zentralfiguren der Patentgesetzreform von 1936. Sie griffen die Fehlschläge der Akademie für Deutsches Recht an und forderten mehr Rechte für den Erfinder. Waldmann und Riemschneider entwarfen zudem ein „echtes" nationalsozialistisches Patentgesetz, welches in Hitler die letzte und höchste Instanz sah und die meisten Forderungen der Erfinder aus der Weimarer Zeit berücksichtigte. Das zentrale Problem sahen sie in der Betriebserfindung, auf der die Akademie für Deutsches Recht bestand, die jedoch nach Waldmanns und Riemschneiders Auffassung nicht mit den nationalsozialistischen Prinzipien vereinbar war.[14]

Die Zukunft der Betriebserfindung wurde bei einem Treffen des Duisberg-Ausschusses in Leverkusen im Oktober 1934 entschieden. Neben Waldmann und Riemschneider nahmen daran auch bewährte Nationalsozialisten und Regierungsvertreter teil, die Duisberg eingeladen hatte: so z. B. Franz Schlegelberger, der Staatssekretär im Reichsjustizministerium, und Hans Frank, der zu diesem Zeitpunkt Präsident der Akademie für Deutsches Recht und Reichsjustizkommissar war. Die Industriellen erwarteten, mit ihrem Vorschlag erfolgreich zu sein, aber nach langen Diskussionen zur Rechtfertigung der Betriebserfindung setzten sich die radikalen Parteigenossen mit ihren Vorstellungen durch. „Die NSDAP", verkündete Hans Frank,

„[...] legt großes Gewicht darauf, daß in den kommenden Gesetzen der große Gesichtspunkt des Nationalsozialismuses verankert wird, daß dem Erfinder als Träger der schöpferischen Entwicklung der Nation ein Rechtsanspruch auf die Sicherung seines geistigen Eigentums gewährleistet wird. Dieser Grundsatz muß m. E. das Fundament dieser ganzen Gesetzgebung bilden. [...] Meine Herren, ich kann Ihnen die Versicherung geben, daß der Führer sich über diese Regelung auch sehr freuen wird, denn er hat m. E. in der Äußerung in seinem Buch „Mein Kampf" gerade auch diese Frage im Auge gehabt. Denn es ist doch so, daß gerade aus den Kreisen der Vorkämpfer der Bewegung Stimmen laut geworden sind, daß nicht nur die Arbeitermassen, ja sogar die auf dem Gebiete des Geistigen schöpferisch Tätigen ausgeliefert sind der kapitalistischen Gewalt. Für diese Gesichtspunkte hat der Führer zweifellos großes Interesse gehabt. [...] Letzten Endes ist ja eigentlich jede Erfindung eine Betriebserfindung, nämlich im Betrieb des lieben Gottes entstanden, der ja sein Material und seine Einrichtungen jedem Einzelnen mit auf den Weg gegeben hat. Gott sei Dank ist der liebe Gott ja nicht so habgierig wie die kapitalistische Welt. Er verzichtet zu Gunsten des Erfinders auf diesen ihm zustehenden ewig göttlichen Anspruch. Aber abgesehen davon, meine Herren, wollen wir uns darüber klar sein: dieser Begriff der Betriebserfindung war in jeder Fassung, auch in der letzten Fassung eine irgendwie geartete Diminuierung des Ansehens des Angestellten-Erfinders. Es ist an dem, daß ich aus diesem Gesichtspunkte heraus froh bin, die soziale Stellung des Angestellten-Erfinders auf diese Weise etwas in die Höhe gebracht zu sehen."[15]

Das war das Ende der Betriebserfindung im deutschen Patentsystem. Der Einschnitt wurde dadurch markiert, daß die auf dem Treffen anwesenden Industriellen ihre Niederlage offen zugaben und bis 1945 diesen Punkt überhaupt nicht mehr erwähnten. Im Zusammenhang mit dem bereits im Gesetzentwurf von 1932 vorgesehenen Übergang vom Anmelderrecht zum Erfinderrecht, stellte die Abschaffung der Betriebserfindung in der Patentreform von 1936 den wichtigsten Umbruch des deutschen Patentsystems seit dessen Anfängen von 1877 dar. Festzuhalten ist aber, daß diese Änderungen nicht die radikale Variante des Urheberrechtes nach amerikanischem Muster einleiteten. Im Gegenteil veränderte die Reform das bestehende Anmelderrecht nur in dem Aspekt, als das Patent dem Erfinder ausgestellt wurde, der den Patentschutz als erster *beantragt*, und nicht dem Erfinder zugeschrieben wurde, der die Erfindung als erster *gemacht* hat. Von nun an mußten die Patentanmeldung und die Patenturkunde den Namen des Erfinders aufführen, selbst wenn das Patent für seinen Arbeitgeber ausgestellt wurde. Das Anmelderrecht hatte niemals die unabhängigen Erfinder behindert, weil in ihrem Fall der Erfinder und der Antragsteller ein und dieselbe Person war. Aber es hatte angestellte Erfinder getroffen, die im alten System oftmals ihrer Identifikation als die wirklichen Erfinder beraubt wurden. Das neue System, in Verbindung mit der Abschaffung der Betriebserfindung, schützte nun ihre „Ehre", indem es Namensnennung und Urhebereigenschaft garantierte. Die Urhebereigenschaft bildete auch die gesetzliche Grundlage, auf der angestellte Erfinder einen Anspruch auf Sondervergütungen für die an ihren Arbeitgeber übertragenen Erfindungen geltend machen konnten.[16]

Das Patentgesetz von 1936 berücksichtigte nicht direkt die Frage der Erfindervergütung, da diese stärker dem Bereich des Arbeitsrechtes als dem des Patentgesetzes zuzuordnen war. Im Zuge der Patentreform war zwar auch daran gedacht worden, die Situation der angestellten Erfinder in einem eigenen Gesetz näher zu regeln, aber aufgrund der ablehnenden Haltung der Industrie und der Uneinigkeit von verschiedenen staatlichen Ministerien wurde dieser Gesetzentwurf immer wieder verzögert. Erst 1942 und 1943 trat er endlich in Kraft, zu einem Zeitpunkt, als Albert Speer die größtmögliche Produktivität und Energie auf dem Rüstungssektor erreichen wollte.[17]

Die Abschaffung der Betriebserfindung und die Einführung des Erfinderprinzips waren nicht die einzigen erfinderfreundlichen Änderungen im Patentgesetz von 1936. Es führte auch eine Reihe von finanziellen Maßnahmen ein, die den unabhängigen Erfindern helfen sollten, ihre Rechte durchzusetzen, wie z. B. die Reduzierung der Gerichtskosten und die teilweise Herabsetzung des Streitwertes, Zurückerstattung für die Kosten von Modellen und Expertengutachten, und – für mittellose Erfinder – die Stundung der jährlichen Patentgebühren für die Dauer von sechs Jahren.[18]

Im Gegensatz dazu tat die Patentgesetzreform von 1936 wenig, um den Großkonzernen zu gefallen. Sie reduzierte vielmehr systematisch die Vormachtstellung der Industrie. Zusätzlich zu den bereits angesprochenen Maßnahmen ermöglichte das Gesetz von 1936 dem Staat 1) ohne weiteres die Ausstellung einer Zwangslizenz zu verordnen und 2) ein erweitertes Recht auf Vorbenutzung in Anspruch zu nehmen. Beide Änderungen hatten weitreichendere Folgen für die Industrie als für den Erfinder.

Letztlich blieb auch die wichtigste Forderung des Duisberg-Ausschusses, die Einführung von technischen Richtern an den Landesgerichten (oder die Alternative der Zentralisierung der Patentrechtsprechung), erfolglos. Sie scheiterte am Widerstand der Juristen, die darin von der nationalsozialistischen Partei sowie vom Reichsjustizministerum unterstützt wurden.[19]

In Anbetracht all dieser erfinderfreundlichen und industriefeindlichen Änderungen drängt sich die Frage auf, ob die aufgeführte Analyse nicht nach einer teilweisen Revision der bekannten Machtkartell-These verlangt – der Interpretation, nach der das Dritte Reich von einem informellen Bündnis zwischen der nationalsozialistischen Bewegung, der Wehrmacht und den Großkonzernen regiert wurde. Allein anhand der Patentgesetzgebung läßt sich die Frage sicher nicht eindeutig beantworten. Jedenfalls beruht aber eine Argumentation wie die Karl-Heinz Ludwigs, daß nach dem Röhm-Putsch von 1934 der Antikapitalismus des nationalsozialistischen Regimes zum Gesinnungsantikapitalismus reduziert war und keine weiteren konkreten Konsequenzen hatte, auf einer Fehleinschätzung.[20]

Daß die Machtkartell-Interpretation problematisch ist, wird noch offensichtlicher, wenn man die Entwicklung der nationalsozialistischen Erfinder- und Patentpolitik nach 1936 berücksichtigt. Anfangs voneinander unabhängige Initiativen, wie die Versuche der Arbeitsfront und der Partei, ein allumfassendes System der Erfinderbetreuung einzuführen, und die Bestrebungen des Arbeitsministeriums, eine akzeptable Angestelltenerfindergesetzgebung durchzusetzen, entwickelten sich zwischen 1936 und 1942 schrittweise zu einem Gesamtprojekt.

Die Bemühungen des Reichsarbeitsministeriums um das sogenannte Gefolgschaftserfindergesetz kamen nach 1936 nur langsam voran. Dies hatte zwei Gründe. Erstens beschäftigten Firmen wie Siemens und I. G. Farben das Ministerium mit einem dauernden Strom von Bedenken, Änderungsvorschlägen, Verbesserungen und Beschwerden, welche immer wieder untersucht und beurteilt werden mußten und zweitens gab es große Konflikte inner-

halb der staatlichen Bürokratie. So hatte beispielsweise das Reichspost-
ministerium unter Wilhelm Ohnesorge ganz andere Ideen über Erfinderschutz
und Erfindungsförderung als das Reichsverkehrsministerium unter Julius Dorp-
müller, der der Meinung war, daß alle Erfindungsrechte ausschließlich dem
Staat zukämen.

Dennoch kam 1939 ein Entwurf für ein Gefolgschaftserfindergesetz zustande. Hitler weigerte sich jedoch, das Gesetz zu unterzeichnen. Seiner
Meinung nach war es zu kompliziert, um den Erfindern wirklich nützlich zu
sein und er forderte eine einfachere und kürzere Regelung. Dies verursachte
weitere Verzögerungen, so daß das Gesetz immer noch nicht fertig war, als Fritz
Todt im Januar 1942 bei einem Flugzeugabsturz ums Leben kam.[21]

Todt hatte bis dahin aber die Erfinderschutzarbeiten der Deutschen
Arbeitsfront und der Partei in eine Organisation zusammengebracht, das
sogenannte Amt für technische Wissenschaften, das offiziell immer noch ein
Teil der Arbeitsfront war, aber in der Praxis in das Hauptamt für Technik der
NSDAP integriert wurde.

Das Amt für technische Wissenschaften befand sich in München, wo es
den Bayerischen Polytechnischen Verein und dessen Büroräume in der
Ehrhardtstraße übernommen hatte. Seine Aufgabe war, das Erfinden zu fördern,
indem es unabhängigen Erfindern bei der wirtschaftlichen Bewertung ihrer
Ideen half und die Erfinder mit zuversichtlichen Patentverwertern in Kontakt
brachte. Es funktionierte also in der Praxis wie eine Art von Vermittlungsstelle.

Einerseits warb es bei den Erfindern um Erfindungen und andererseits
übergab es deren Erfindungen wissenschaftlichen Bewertern, welche in vielen
Fällen ehemalige Mitglieder des Bayerischen Polytechnischen Vereines oder
auch anderer technischer Vereine waren. Zunehmend beschäftigte es sich auch
mit den Erfindungen von angestellten Erfindern, da befürchtet wurde, daß die
Arbeitgeber, aus welchem Grund auch immer, die Ideen und Verbesserungs-
vorschläge ihrer Arbeitnehmer nicht genügend würdigten und daß deshalb viele
wertvolle Erfindungen verloren gingen.[22]

Anfang 1942 führte Albert Speer, der Nachfolger Todts, eine weitere
Reorganisation durch. Nach kurzen Verhandlungen mit Hermann Göring und
Robert Ley nahm er das Amt für technische Wissenschaften endgültig aus der
Arbeitsfront heraus und integrierte es jetzt völlig im Hauptamt für Technik.
Gleichzeitig richtete Speer eine reichsweite, betriebliche Erfinderbetreuung ein,
deren wichtigste Aufgabe war, die Erfinder in den Rüstungsbetrieben zu
fördern. Zu diesem Zweck führte Speer in allen größeren Betrieben sogenannte
„Erfinderbetreuer" ein, welche die Arbeiter und Angestellte beim Erfinden
unterstützen und betriebsinterne Hemmungen, die dem Erfinden entgegen-
standen, überwinden sollten. Zusätzlich erließ Speer die vom Reichsarbeits-
ministerium vorbereitete gesetzliche Gefolgschaftserfindervergütung, um das
Erfinden auch durch materielle Anreize zu fördern. 1943 kombinierte Speer

dann eine etwas vereinfachte Version des Entwurfs des Reichsarbeitsministeriums mit der Durchführungsverordnung über die Behandlung von
Erfindungen von Gefolgschaftsmitgliedern. Obwohl sie während des Krieges
erlassen wurden und eine Folge der verzweifelten Anstrengungen waren, die
Rüstung aufs Äußerste zu steigern, haben diese Verordnungen den deutschen
Arbeitnehmererfindern endlich die gesetzliche Erfindervergütung gegeben,
welche sie seit dem Anfang des zwanzigsten Jahrhunderts gefordert hatten.[23]

4. Die frühe Nachkriegszeit

Die Patent- und Erfinderentwicklungen während der frühen Nachkriegszeit
können hier nur kurz angesprochen werden. Die nationalsozialistische Erfinderbetreuung, das Amt für technische Wissenschaften sowie andere spezifisch
rassistische und totalitäre Maßnahmen, wurden sofort aufgehoben. Die Speerschen Gefolgschaftserfinderverordnungen blieben aber in Kraft, obwohl die
Großindustrie versuchte, auch diese Verordnungen loszuwerden, indem sie die
Erfinderschutzmaßnahmen als typisches nationalsozialistisches Gedankengut
darstellte. Erfolgreich argumentierten dagegen die Gewerkschaften und Ange-
stelltenvereine, daß die Erfinderschutzverordnungen im Grunde nichts mit dem
Nationalsozialismus zu tun hätten und deshalb in Kraft bleiben sollten. Die
Einschätzung von einflußreichen Politikern wie etwa Ludwig Erhard, der die
Erfinderverordungen für nützlich hielt, um die Wirtschaft schnell wieder
anzukurbeln, trug zum Fortbestand dieser Maßnahmen bei. Nach jahrelangen
Auseinandersetzungen und kleineren Abänderungen wurden die während des
Krieges erlassenen Erfinderschutzverordnungen dann endlich in das Arbeit-
nehmererfindergesetz von 1957 übergeleitet, welches bis heute in Kraft ist.[24]

Dagegen scheiterten alle Versuche die – allerdings entnazifizierte –
Erfinderbetreuung am Leben zu halten. Dies wurde zwar von manchen hohen
Beamten und Gewerkschaftlern befürwortet, aber Ludwig Erhard, der fest
entschlossen war, die westdeutsche Wirtschaftsstruktur so weit wie möglich
zu liberalisieren und zu amerikanisieren, lehnte eine Weiterführung der obli-
gatorischen Erfinderbetreuung entschieden ab. Trotzdem verschwanden die
Reformen des ehemaligen Amtes für technische Wissenschaften nicht ganz.
Auf freiwilliger Basis und halb-privat wurde Erfinderhilfe und -beratung von
der neu gegründeten Fraunhofergesellschaft, die auch ehemalige Mitarbeiter des
Amtes für technische Wissenschaften und des Rüstungsministeriums übernahm,
wieder aufgegriffen.[25]

Als die Alliierten 1945 das Berliner Reichspatentamt schlossen, kam der
gesamte Patentbetrieb in Deutschland zum Erliegen. Abgesehen von einigen
bizonalen Patentannahmestellen, die bereits ab 1947 wieder zugelassen waren,
begann eine geregelte Patentanmeldung erst wieder 1949. Das neueröffnete
Deutsche Patentamt befand sich aber nicht mehr in Berlin, sondern in München,
wo es nach heftigen Interessenkonflikten mit Städten wie Frankfurt oder Köln

endgültig seinen Platz fand. Ob die Wahl für München auch dadurch beeinflußt wurde, daß das nationalsozialistische Regime seine Patent- und Erfinderinstutitionen hauptsächlich in München aufgebaut hatte, ist nicht ersichtlich.[26] Auch wenn das Patentamt nach dem Krieg von Berlin nach München wechselte, blieb das Patentgesetz von 1936 selbst ohne größere Änderungen bestehen. Selbstverständlich wurde das Gesetz entnazifiziert und der umstrittene technische Richter wurde jetzt in der Gestalt eines zentralen Patentgerichtshof endlich auch eingeführt. Aber den Kern der Reform von 1936, d. h. der Übergang vom Anmelder- zum Erfinderprinzip und das Verbot der Betriebserfindung, wurde nach dem Krieg beibehalten. Die Großindustrie versuchte auch diesmal wieder, die Betriebserfindung zu rechtfertigen und zuzulassen, aber dieser Vorstoß blieb letzten Endes erfolglos und die erfinderfreundlichen Reformen, welche das nationalsozialistische Regime als erstes durchgeführt hatte, bilden bis zum heutigen Tage die Grundlagen des deutschen Patentsystems.[27]

Anmerkungen:

[1] Aus dem Amerikanischen übersetzt von Brigitte Ebel und dem Autor.

[2] Dieser Beitrag beruht auf einer sich in Vorbereitung befindenden, längeren Studie über Nationalsozialismus und Erfinderpolitik 1900 – 1960, die der Autor in Kürze abzuschließen hofft.

[3] Kees Gispen, New Profession, Old Order. Engineers and German Society, 1815 – 1914, Cambridge 1989, S. 255 – 287; Bund angestellter Chemiker und Ingenieure, e.V. (Hg.), Kommentar zum Reichstarifvertrag für die akademisch gebildeten Angestellten der chemischen Industrie, Berlin 1920.

[4] Harald Mediger, Gedanken zur Gestaltung des Rechts des nicht-selbständigen Erfinders im Lichte der Betriebsverknüpftheit seiner Erfindung, 1948; Bundesarchiv Koblenz (BAK) B141/2793, S. 35 – 38.

[5] Ludwig Fischer, Betriebserfindungen, Berlin 1921; Hermann Schmelzer, Erfinder oder Naturkraftbinder? in: Der leitende Angestellte, Zeitschrift der Vereinigung der leitenden Angestellten in Handel und Industrie e.V., Bd. 3 (1921) Nr. 22 – 24 (15.11. – 15.12.1921), S. 170 – 172, 177 – 181, 184 – 85, Bd. 4 (1922) Nr. 1 (2.1.1922), S. 5 – 6. Budaci (Hg.), Denkschrift zum Erfinderschutz, Sozialpolitische Schriften des Bundes Angestellter Chemiker und Ingenieure e.V. I. Folge, Heft 6 (1922). Max Eyth, Zur Philosophie des Erfindens, in: Eyths Lebendige Kräfte, Sieben Vorträge aus dem Gebiete der Technik, Berlin 1924, S. 240, 262. Entwurf eines Allgemeinen Arbeitsvertragsgesetzes, Par. 122 – 131, Reichsarbeitsblatt, Nr. 15 (1.8.1923), Amtlicher Teil, S. 498 –5 07.

[6] Adolf Hitler, Mein Kampf, München 1927, S. 496f.

[7] Vorl. Reichswirtschaftsrat, Gutachten des Arbeitsausschusses zur Beratung des Entwurfs eines Gesetzes zur Abänderung der Gesetze über gewerblichen Rechtsschutz, 4.6.1928, BAK, R131/155, S. 2, 11. Gesetz zur Abänderung der Gesetze über gewerblichen Rechtsschutz vom 25.4.1929, Bundesarchiv Potsdam (BAP), 23 – 36, Bl. 198. Entwurf eines Gesetzes über den gewerblichen Rechtsschutz, 17.9.1931, BAK, R131/156, Bl. 1.

[8] Verordnung des Reichspräsidenten über Massnahmen auf dem Gebiet der Rechtspflege und Verwaltung vom 14.6.1932, Vierter Teil, Gewerblicher Rechtsschutz, Kapitel 1 – III, Reichsgesetzblatt I, Nr. 35 (1932), S. 295 – 6, BAP, 2339, Bl. 219 – 20.

[9] Verband deutscher Arbeitgeberverbände an Reichsjustizministerium, 23.11.1931, BAP, 2339, Bl. 61. Deutscher Verein für den Schutz des gewerblichen Eigentums, Sitzungsprotokoll, 23.2.1932, BAK, R131/163. DVSGE an RJM, 11.10.1932, BAP, 2339, Bl. 299A – I, 300. RJM, Notiz 30.7.1932, BAK, R131/156. RJM, Notiz, 1.9.1932, BAP, 2339, Bl. 231 – 240; Andreas Thomsen, Denkschrift an den Deutschen Reichstag betr. Nutzbarmachung der im deutschen Volke vorhandenen Erfinderkräfte zum Wiederaufbau und zur Mehrung des Volksvermögens, Münster 1931, BAP, 2338, Bl. 195; Das Deutsche Erfinderhaus e. V., Hamburg an RJM, 27.1.1931, BAP, 2337, Bl. 196A – B; Fortschritts-Akademie e. V. Hamburg an Reichskanzler Kurt von Schleicher, 29.12.1932, BAP, 2340; Friedrich Correll, Von Erfindern und Erfindungen. Vorschläge zur Betreuung der Erfinder – Das neue Deutsche Patent-Gesetz, 1936, BAK R131/158.

[10] Andreas Thomsen, Denkschrift an den Deutschen Reichstag betr. Nutzbarmachung der im deutschen Volke vorhandenen Erfinderkräfte zum Wiederaufbau und zur Mehrung des

Volksvermögens, Münster 1931, BAP, 2338, Bl. 195; Das Deutsche Erfinderhaus e. V., Hamburg an RJM, 27.1.1931, BAP, 2337, Bl. 196A – B; Fortschritts-Akademie e. V. Hamburg an Reichskanzler Kurt von Schleicher, 29.12.1932, BAP, 2340; Friedrich Correll, Von Erfindern und Erfindungen. Vorschläge zur Betreuung der Erfinder – Das neue Deutsche Patent-Gesetz, 1936, BAK R131/158.

[11] Errichtung eines Reichserfinderamtes und Fragen der wirtschaftlichen Prüfung von Erfindungen, RJM, BAP 2297.

[12] Ein kurzer Überblick über die Entwicklung des Amtes für technische Wissenschaften befindet sich in: Tagung der Reichsarbeitsgemeinschaft Erfindungswesen im Hauptamt für Technik der Reichsleitung der NSDAP, Amt für technische Wissenschaften am 11.1.1944 im Haus des Deutschen Rechts in München, München, 1944, S. 1 – 9.

[13] Sitzungsprotokolle des Reichsausschusses für gewerblichen Rechtsschutz der Akademie für Deutsches Recht, Januar–Juni 1934, Bayer Archiv, 28/6.2; Zeitschrift der Akademie für Deutsches Recht 1, 2 (Juli 1934), S. 44 – 74; Kurt Waldmann, Auf dem Wege zu einem nationalsozialistischen Patentgesetz, in: Nationalsozialistisches Handbuch für Recht und Gesetzgebung, hrsg. von Hans Frank, 2. Aufl., München, 1935, S. 1032 – 49; Akademie für Deutsches Recht (Hg.), Das Recht des schöpferischen Menschen, Berlin 1936.

[14] Arbeitsfront. Entwurf eines Gesetzes über den gewerblichen Rechtsschutz, Bayer Archiv, 28/6.2; Akte Waldmann, Bundesarchiv, Abt. R; ehem. BDC. Biographische Daten über Riemschneider in den Akten des AftW, Deutsches Museum, Bayerischer Polytechnischer Verein/DAF.

[15] Sitzung des Ausschusses für gewerblichen Rechtsschutz der Akademie für Deutsches Recht 20.10.1934, Leverkusen, Bayer Archiv, 28/6.2.

[16] Das Recht des schöpferischen Menschen [wie Anm. 13], S. 7 – 16, 99 – 136. Georg Benkard, Patentgesetz, Gebrauchsmustergesetz, 7. Aufl., München 1981, S. 43 – 50.

[17] NSDAP, Hauptamt für Technik, Amt für technische Wissenschaften (Hg.), Nachrichten über die Erfinderbetreuung, 1942 – 1944; Karl August Riemschneider u. Heinrich Barth, Die Gefolgschaftserfindung: Erläuterungen über die Behandlung von Erfindungen von Gefolgschaftsmitgliedern, 2. Aufl., Berlin/Leipzig/Wien 1944; Josef Dapper, Zur Frage der Betriebserfindung, in: Deutsche Technik 10 (1942), S. 8, 14; Heinrich Kirchhoff, Das deutsche Patentwesen: Rückschau und Ausblick, Berlin 1947, S. 123 – 125.

[18] Das Recht des schöpferischen Menschen [wie Anm. 13], S. 7 – 16, 99 – 136.

[19] Sitzung des Ausschusses für gewerblichen Rechtsschutz der Akademie für Deutsches Recht, 20.10.1934. RJM, Vermerk über die Besprechung des Entwurfs eines Gesetzes über den gewerblichen Rechtsschutz am 30. und 31. Oktober 1934, BAP 2343. Fritz Todt an Franz Gürtner, 21.8.1935, BAP 10130, Bl 56. Todt an Reichspatentamtspräsident Gustav Klauer, Todt an Gürtner, November 7, 1935, BAK R131/158. Hjalmar Schacht to Gürtner, 3.4.1935 u. 11.12.1935, BAP 10130, Bl. 12, 102.

[20] Karl-Heinz Ludwig, Technik und Ingenieure im Dritten Reich, Düsseldorf 1974, S. 149, 179; Ian Kershaw, Der NS-Staat. Geschichtsinterpretationen und Analysen im Überblick, Reinbek 1989², S. 55 – 76.

[21] BAK, RJM, R22/629 u. R22/630 (Die Rechte der Arbeitgeber an den Erfindungen ihrer Arbeitnehmer, 1934 – 1940 u. 1940 – 1944).

[22] Deutsches Museum, Bayer. Polyt Verein/DAF, Nr. 290 (2) (Patentwesen, Allgemeines, 1936 – 1939, 1945), Nr. VIII 290 1 – 2 (Patentwesen, Spezielles, 1935 – 39, 1944 – 45), Nr. VIII, 250 u. 260 (Betreuung), Nr. VIII 291 (2) (Angestelltenerfinderrecht, Erfinderschutz und Tarifordnungen [...] 1936 – 1938, 1945), Nr. VIII 292 (6) (Patentkorrespondenz um allgemeine Verwaltungsangelegenheiten. 1932, 1936 – 9, 1945).

[23] Reichspatentamt, Erfinderbetreuung, BAK R131/22; Neue Reichskanzlei, Betr. Entwurf eines Gesetzes über die Erfindungen von Gefolgsmännern, BAK, R43 II, 1559. RJM, BAK R22/630. Nachrichten über die Erfinderbetreuung [wie Anm. 17].

[24] Änderung des Patentgesetzes vom 5. Mai 1936, 1946 – 1949, Zentraljustizamt Britische Zone (ZBZ), BAK, Z21/625; Erfindungen von Arbeitnehmern, 1947 – 1949, Rechtsamt der Verwaltung des Vereinigten Wirtschaftsgebietes (RVVW), BAK Z22/502; Recht der Arbeitnehmererfindungen, Gesetz über Arbeitnehmererfindungen vom 25.7.1957, Materialien, Bd. 1 – 36, Bundesjustizministerium (BJM), Bundesarchiv-Zwischenarchiv St. Augustin (BA-Zwi), B141/2792 – 2833; Eduard Reimer, Das Recht der Angestellten-erfindung. Gegenwärtiger Rechtszustand und Vorschläge zur künftigen Gesetzesregelung, Berlin 1948, u. 2. Aufl., 1951; Eduard Reimer u. Helmut Schippel, Die Vergütung von Arbeitnehmererfindungen. Gutachten über die Neufassung der Richtlinien für die Vergütung von Arbeitnehmererfindungen, Stuttgart 1956; Bernhard Volmer u. Dieter Gaul, Arbeit-nehmererfindungsgesetz, Kommentar, 2. Aufl., München 1983. Heinrich Kirchhoff, Deutsches Patentwesen [wie Anm. 17], S. 51 – 62.

[25] Förderung von Erfindern (Schriftwechsel), Bd. 1, BJM, BA-Zwi, B141/2759; Heinrich Kirchhoff, Deutsches Patentwesen [wie Anm. 17], S. 63 – 154; Fraunhofer-Gesellschaft zur Förderung der angewandten Forschung, e. V., Patentstelle für die deutsche Forschung, 3. Aufl., München 1963; Fraunhofer-Gesellschaft, Verwaltungsbericht 1966.

[26] Neuaufbau des deutschen Patentrechts 1946 – 1947, Bd.1 – 3, 1947, RVVW [wie Anm. 24], BAK, Z22/151 – 153; Änderung des Patentgesetzes vom 5. Mai 1936, 1946 – 1949, ZBZ [wie Anm. 24], BAK, 21/625; Entwürfe zum Patentrechts, insbesondere durch das Patentamt Berlin, 1947, RVVW, BAK Z22/155; Beauftragter des Zentraljustizamtes für die Britische Zone beim Wirtschaftsrat des Vereinigten Wirtschaftsgebietes, Patentrecht, Bd. 2: 1947 – 1948, BAK Z 21 Anh./57: Änderung des Patentanwaltsgesetzes, 1947 – 1950, Bd. 2, Jan. 1949 – Jul. 1950, RVVW, BAK Z22/165; Kommission für gewerblichen Rechtsschutz bei der Verwaltung für Wirtschaft, 1947 – 1948, Bd. 1, 1947, RVVW, BAK Z22/156, Z22/40; "Berliner Plan" zur Behandlung von Patentanmeldungen bzw. über die Ausgestaltung einer Zweigstelle Berlin des Deutschen Patentamtes für das Vereinigte Wirtschaftsgebiet," ZBZ, BAK Z21/644.

[27] Mediger, Gedanken zur Gestaltung [wie Anm. 4], S. 2 – 3, 28 – 32. Rothe/Beil, Die Betriebserfindung, in: Recht der Arbeitnehmererfindungen, Gesetz über Arbeitnehmer-erfindungen vom 25.7.1957, Materialien, Bd. 2, BA-Zwi, B141/2793; Walter Beil an Kurt Härtel, 25.7.50, Recht der Arbeitnehmererfindungen, Bd. 2, BA-Zwi, B141/2799; Bernhard Volmer u. Dieter Gaul, Arbeitnehmergesetz [wie Anm. 24].

Die Patententwicklung in der Geschichte der Automobiltechnik 1877 – 1938

Peter Kirchberg

Das Patent ist in Deutschland seit langer Zeit recht klar definiert. Seit 1877 wurden entsprechende Anträge vom Reichspatentamt geprüft, versagt oder erteilt[1]. Als Voraussetzung galt dabei, daß

- die Erfindung einen technischen Charakter hat,
- sie eine konkrete Regel zum technischen Handeln darstellte,
- sie brauchbar und ausführbar war,
- sie in der eingereichten Anmeldung genügend offenbar war,
- sie einen Fortschritt vermittelte,
- sie eine entsprechende Erfindungshöhe aufwies,
- sie eine Neuheit verkörperte.[2]

Als wichtigste Patenterfordernisse darunter wurden Neuheit, Fortschritt und Erfindungshöhe angesehen, da sich hierbei die patentfähige Erfindung in besonderer Weise von den allgemein bekannten Formen und Regeln, dem sog. Stand der Technik unterschied. Neuheit und Fortschrittlichkeit allein reichten zur Patentfähigkeit nicht aus, sondern der Erfindungshöhe wurde eine ganz besondere, ausschlaggebende Bedeutung zugemessen. Als wichtigstes Kriterium dafür galt „ ... der schöpferische Charakter der fortschrittlichen Neuerung, also die Erfindungsleistung, welche nicht durch das erlernte handwerksmäßige Können des Durchschnittsfachmannes, sondern nur durch besonderen erfinderischen Geistesaufwand zu erreichen ist."[3] In diesem Sinne sind die Regeln zur Patenterteilung über Jahrzehnte hin ausgeschöpft und praktiziert worden. Ziel und Zweck eines Patentes bestanden darin, dem Inhaber auf einen bestimmten Zeitraum die alleinige gewerbliche Ausnutzung seiner Erfindung zu sichern. Insofern hatte das Patent eine ökonomische Funktion. Die technische Leistung und ihre wirtschaftliche Verwertung – das waren die beiden Determinanten, die den Charakter des Patentes eben nicht als ausschließlich technische Urkunde, sondern als ein technisch-wirtschaftliches Instrument bestimmten.

Verfolgt man nun die Entwicklung und mißt sie zunächst quantitativ, also an der Zahl der erteilten Patente, so beobachtet man Häufungen, Verringerungen, Konzentrationen und auch Fehlanzeigen. Welche Schlußfolgerungen lassen sich daraus ziehen?

Anfangs hatte das Statistische Jahrbuch des Deutschen Reiches die Erteilung von Patenten unterschieden nach Klassen ausgewiesen. Dies hörte mit

Ende des 1. Weltkrieges auf. Danach findet man sie – und zwar letztmalig für das Jahr 1938 – jährlich im Blatt für Patent-, Muster- und Zeichenwesen als vergleichende Statistik des Reichspatentamtes. Sie sind jedoch über die Patentklassen hinaus nicht weiter aufgeschlüsselt wiedergegeben worden. Auch in den erhaltenen Aktenbeständen des Reichspatentamtes bzw. des Statistischen Reichsamtes sind solche Unterlagen für eine feinere Unterteilung nicht erhalten. Gerade die erweist sich jedoch als sehr nützlich, wenn man einer Nivellierung durch Pauschalisierung entgehen will.

Die Kraftfahrzeugtechnik ist jünger als die mit der Patentgesetzgebung verbundene Klassenstruktur. Sie fand schließlich Aufnahme in der Klasse 63. Diese war ursprünglich für Sattlerei und Wagenbau vorgesehen, wurde später um Motorfahrzeuge und Fahrräder ergänzt und wegen deren dominantem Anteil 1930 den „Gleislosen Fahrzeugen" insgesamt gewidmet. Ihre Unterteilung sah folgendermaßen aus[4]:

63 a	Straßenfahrzeuge für Zugtierantrieb
63 b	Handkarren, Kinderwagen, Schlitten
63 c	Kraftfahrzeuge und Anhänger, Kraftdreiräder und deren Aufbauten und zum Betrieb erforderlichen Einrichtungen
63 d	Räder, Lager, Achsen für Zugtier- und Kraftfahrzeuge, Anhänger und Fahrräder
63 e	Reifen, Luftpumpen, Ventile für Zugtier- und Kraftfahrzeuge, Anhänger und Fahrräder
63 f	Stützen, Stände, Aufhängevorrichtungen, Schlösser, Verschluß- und Lehrvorrichtungen für Fahrräder leichte Motorräder
63 g	Zubehörteile für Fahr- , Motorräder und Sportfahrzeuge, sofern die Bauart durch diejenige des Fahrrades bedingt ist
63 h	Fahrrad- und Motorradgestelle
63 i	Bremsen für Fahr- und Motorräder
63 k	Antrieb für Fahrräder und Schlitten durch den Fahrer und durch Motoren.

Die gesamte Motorenentwicklung blieb hier unberücksichtigt und wurde unter den Patenten der Klasse 46 „Brennkraftmaschinen, Druckluft-, Federkraft- und andere Kraftmaschinen" subsummiert. Es zeigt sich aber auch, daß der Schwerpunkt der Kraftfahrzeugentwicklung bei den Unterklassen 63 c, d und e zu vermuten ist. Um dies bestätigen zu können und um gleichzeitig einen systematischen Überblick über die kaum überschaubare Vielfalt der technischen Details sowie deren Prioritäten zu gewinnen, muß man die Patente in den Unterklassen und Gruppen zählen. Dies war nur möglich im Archiv des

Patentamtes anhand dessen vollständiger Patentbestände[5]. Danach ergab sich, daß die in den Unterklassen c, d und e erteilten Patente in den 90er Jahren des vorigen Jahrhunderts etwa 25 Prozent der Klasse 63 ausmachten. Nach der Jahrhundertwende bildeten sie über die Hälfte und erreichten 1914 bereits die Zweidrittelgrenze. In den 20er Jahren schwankte der Wert zwischen 64 Prozent im Jahr 1923 und 74 Prozent 1928. Seit 1931 lag er über der Achtzigprozentmarke und machte 1938 sogar 88 Prozent aus.

Die ersten Erteilungen in den Unterklassen c, d und e lassen sich für die 70er Jahre des 19. Jahrhunderts – 1877 in der Unterklasse 63 d (Achsen, Naben) – registrieren. Allerdings blieben sie zunächst sehr spärlich. So lassen sich während der Gültigkeitsdauer des ersten Patentgesetzes (bis 1891) in diesen Unterklassen lediglich im Jahresdurchschnitt 4 Patente zählen[6]. Erste Häufungen sind um Mitte der 90er Jahre registrierbar. Stellt man von da an die Entwicklung in Kurvenform bis 1938 dar, so zeigt sich folgender Verlauf.

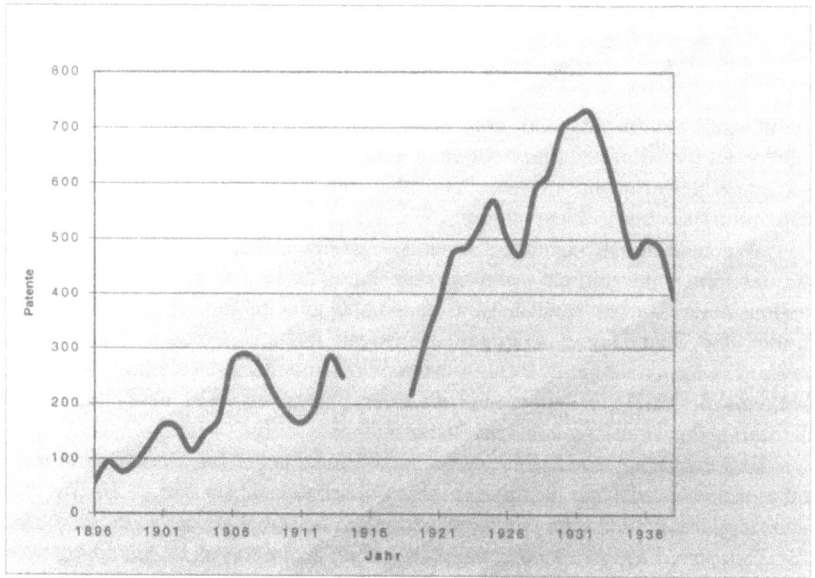

Grafik 1: Die in den Unterklassen 63 c, d, e erteilten Patente 1896 bis 1938[7]

Aufschwünge erkennt man in den Jahren 1897/98, 1905/06, 1912/13, 1920 – 1925 und 1927 – 1930/32. Rückläufige Entwicklungstendenzen hingegen lassen sich in den Jahren 1900 bis 1903, 1907 bis 1910, 1926 und 1933 bis 1938 feststellen. Vergleicht man diese Kurve mit der der Automobilproduktion, so ergeben sich sehr interessante Beziehungen.

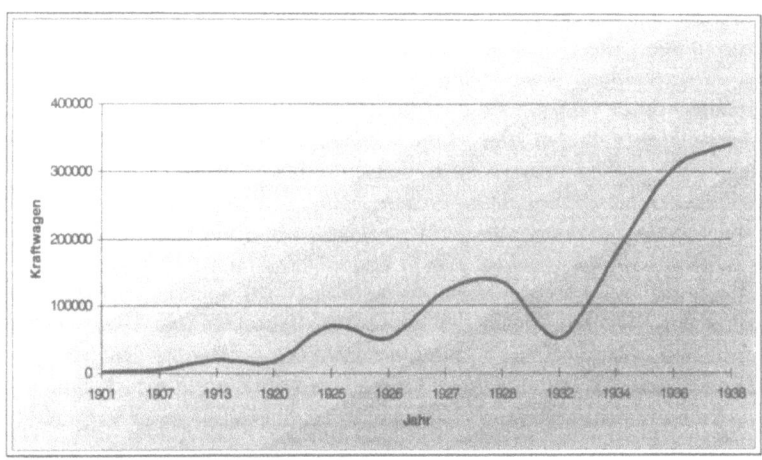

Grafik 2: Kraftwagenproduktion in Deutschland 1901 bis 1938 in Stück einschließlich
PKW, LKW, Sonderfahrzeuge und Fahrgestelle[8]

Sieht man davon ab, daß erst nach der Jahrhundertwende von wirklich
relevanter Kraftfahrzeugproduktion gesprochen werden kann, so zeigen sich
danach Wachstumsphasen zwischen 1901 und 1906, 1909 bis 1912, 1922 bis
1925 und 1927 bis 1929 sowie seit 1933.

Wie auch immer man die Kurven interpretieren mag, deutlich erkennbar ist
die der Fertigung zeitlich vorauseilende Patentkurve und in diesen Abständen
zeigen beide Kurven zunächst die tendenziell gleiche Bewegungsrichtung. Im
Laufe der 20er Jahre stimmen sie sogar nahezu überein. Und um so
verblüffender ist schließlich das Auseinanderfallen der Entwicklung nach 1933:
während die Zahl der Patente auf etwa den Stand von 1921 abstürzte, zog die
Fertigungskurve in ungekanntem Maße steil an.

Der Erklärung dieser Divergenz kommt man sicher mit dem Eindruck sehr
nahe, das eine schlösse das andere aus: Massenproduktion war in der Tat nicht
neuerungsfreundlich und die Kraftfahrzeugindustrie hatte ganz offensichtlich
das Ziel, ihre Depots an fahrzeugtechnischen Kenntnissen in größtmöglichem
Umfang zu vermarkten, statt sie zu erweitern. Die Motorisierungskonjunktur
der 30er Jahre bot hierfür die besten Voraussetzungen. So folgten den – auch
durch Patenthäufungen gekennzeichneten – Entwicklungs- nun die von dieser
Substanz zehrenden Fertigungsjahre.

Freilich muß man sich darüber klar sein, daß hier lediglich die tatsächlich
erteilten Patente gezählt worden sind. Ganz gewiß kann auch nur erteilt werden,
was vorher beantragt worden ist. Die zwischen Antrag und Erteilung liegenden
Zeiträume waren jedoch unterschiedlich lang und umfaßten bis zu mehreren

Jahren, abhängig von der Dauer administrativer Vorgänge oder auch juristischer Auseinandersetzungen nach Einsprüchen.

Patenthäufungen lassen einerseits die technische Verbesserungsfähigkeit und -notwendigkeit des betreffenden Artefaktes erkennen, drücken aber gleichzeitig auch die Erwartungen der Ideenträger auf günstige wirtschaftliche Verwertbarkeit aus. Dies spiegelt sich jedenfalls sehr viel direkter in der Häufung der Anträge auf Patenterteilung aus, als in jener der stark durch amtliche und juristische Überlagerungen geprägten tatsächlichen Erteilungen. Für eine solche Analyse standen jedoch nur die Werte von 1920 – 1938 und auch lediglich für die gesamte Klasse 63 zur Verfügung.

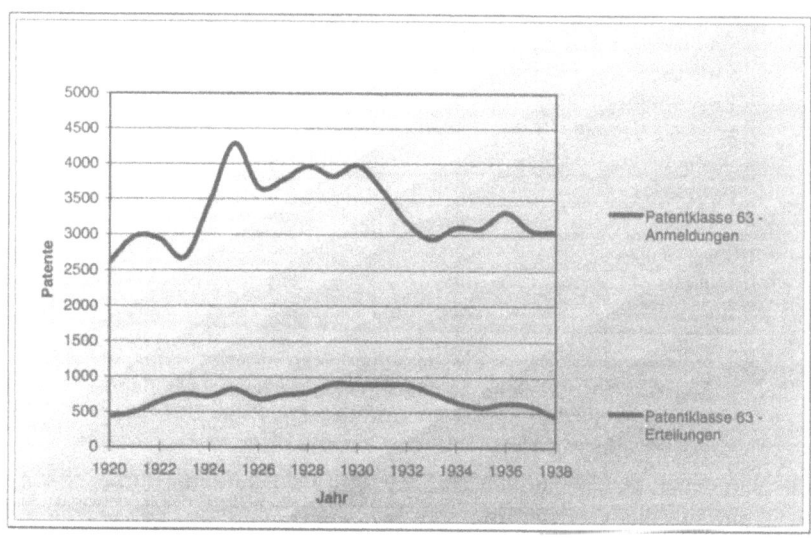

Grafik 3: Patentanmeldung und -erteilung der Klasse 63 im Deutschen Reich 1920 bis 1938[9]

Bei einem Vergleich zeigen sich wiederum zunächst sehr deutlich Übereinstimmungen mit der Kurve für die Automobilproduktion. Bis zum Ende der 20er Jahre galt offenbar: Je günstiger die konjunkturelle Lage, desto angeregter die Erfindertätigkeit. Scheinbar änderte sich dies aber an der Wende zu den 30er Jahren. Deutlich erkennbar ist das zahlenmäßige Wachstum der Patentanträge ab Mitte der 20er Jahre. Der Niedergang setzte im Höhepunkt der Weltwirtschaftskrise, 1931, ein und hielt mit Ausnahme des Jahres 1936 bis zum Ende des Jahrzehnts an. Da dies jedoch eine Erscheinung ist, die über den Rahmen des Untersuchungsgebiets hinaus auch in der Entwicklung der gesamten Patenterteilung im deutschen Reich feststellbar ist, muß wohl auch nach übergreifenden Ursachen geforscht werden. Jedenfalls ist sie lediglich

durch die in diesem Zusammenhang sicher relevanten Geheimhaltungs-
bestrebungen der Nazidiktatur allein nicht erklärbar.

Zunächst sollen nun die Patente in den Unterklassen 63 c, d, e auf ihren
technischen Inhalt hin untersucht werden. Darin sind im Beobachtungszeitraum
ohne die Jahre 1914 bis 1918 insgesamt 17.041 Patente erteilt worden.

Baugruppe	ZAHL DER PATENTE		
	Einzelpatente	Firmenpatente	Patentsumme
Kraftfahrzeuge besonderer Bauart	794	349	1143
Kraftübertragung	1804	1273	3077
Fahrgestelle (ohne Räder) und Kippaufbauten	1107	635	1742
Wagenkasten und Plattform	795	444	1239
Lenkungen	350	208	558
Bremsen	805	527	1332
Ausrüstungen	2533	628	3161
Räder	1763	502	2265
Reifen	2095	429	2524
Summe	12046	4995	17041

**Tabelle 1: Die Verteilung der Patente der Unterklassen 63c, d und e
auf die Baugruppen des Kraftwagens 1877 bis 1939**
Quelle: Eigene Zählungen und ohne Angaben für die Jahre 1914 bis 1918

Die Verteilung der Patente konzentrierte sich auf Schwerpunkte und hat sich
nicht gleichmäßig gewissermaßen in der Fläche ergeben. Drei Unterklassen
blieben völlig unbesetzt und über ein Drittel aller erteilten Patente fanden sich
in 17 Unterklassen mit je über 200 Patenten an. Die absolut meisten davon
lassen sich für die 63 c 40 „Abfederungen" mit 598 DRP ermitteln.

Natürlich lagen die jeweiligen Schwerpunkte in einzelnen Abschnitten des
Betrachtungszeitraumes auf unterschiedlichen Gebieten. So dominierten
zwischen 1877 und 1891 Gleitlager, Achsverschlüsse, Speichen. In den
folgenden Jahren bis zum Ersten Weltkrieg waren es Kegelrädergetriebe, Räder,
Felgen, Reifen. Zwischen 1920 und 1932 lagen Federungen an der Spitze,
gefolgt allerdings von Gleiskettenfahrzeugen und Fahrtrichtungsanzeigern.
Einen Höhepunkt erlebten auch Patentanträge auf Verdeckkonstruktionen für
Cabriolets. In den 30er Jahren war die Höchstzahl der Patente auf Fahrtrichtungsanzeiger erteilt worden. Es folgten Federung und Dämpfung, Lenkung,
wiederum Verdecke und Diebstahlschutzanlagen.

Man kann sogar so weit gehen, daß man die zahlenmäßig erfaßten und in der Kurve verdeutlichten Aufschwünge in der Patenterteilung bis auf die einzelne Baugruppe herunter analysiert, um so den Trend im Einzelnen zu verifizieren. Dies würde hier sicher zu weit führen. Aber die o. a. Schwerpunkte erlauben doch, die aus der Geschichte der Kraftfahrzeugtechnik auch ohne die Langzeitanalyse der Patenterteilungen als gegeben angenommene Tatsache zu untersetzen, wonach der Akzent der technisch-konstruktiven Entwicklung anfangs auf der Wandlung von der Kutsche zum Motorwagen lag. Höhere Motorleistungen warfen danach die Problemlösung der Kraftübertragung auf. In den 20er Jahren konzentrierten sich die Fahrgestellentwicklungen vor allem auf die Fahrstabilität, die vorrangig durch Verbesserung der Federung erreicht werden sollte. Danach hing der Übergang von der klassischen Blatt- zur Schrauben- und Drehstabfederung in erster Linie von der Schwingungsdämpfung ab. All das kann man an der Entwicklung der Patentliteratur auch ablesen. Von Anfang an zeigte sich im Vergleich zum – hier nicht herangezogenen – Motorenbau dessen Vorlauf insofern, als die Leistungsfähigkeit der Fahrzeugmotoren die tatsächlichen Realisierungsmöglichkeiten durch die Fahrgestelle weit überschritt. Motorenseitig mögliche Geschwindigkeiten konnten nicht bewältigt werden. Der Ausgleich des damit gegebenen Nachholbedarfs ist in der Patentklasse 63 und ihren relevanten Schwerpunkten deutlich ablesbar. Er war um 1930 erreicht, wobei als Stichdatum die Drehstabfederung von Ferdinand Porsche im gleichen Jahr gelten kann, die gern als letzte Grundsatzerfindung in der Kraftfahrzeugtechnik bezeichnet wird.

Weitere und neue derartige Anforderungen aus dem Fahrzeugmotorenbau sind in den 30er Jahren nicht erkennbar. Dort konzentrierten sich Forschung und Entwicklung auf eine Kultivierung (vor allem beim Dieselmotor) und die höhere Wirtschaftlichkeit (z. B. beim Zweitaktmotor), was „Provokationen" für die Fahrgestelle ausschloß. Die künftig anstehende Entwicklungstätigkeit verlangte sehr viel umfangreichere, aufwendigere und zeitraubendere Dimensionen. Derartige Bedingungen waren allerdings nur bei großen und kapitalstarken Unternehmen zu gewährleisten. Dort sah man insbesondere angesichts der zwischen 1935 und 1938 einsetzenden Massenmotorisierung in Deutschland den Investitionsschwerpunkt in der Fertigungserweiterung. Auch wenn Forschung und Entwicklung nicht vernachlässigt worden sind, so hielt man sich mit der Umsetzung der dabei erreichten Erkenntnisse in die Fertigung zurück. Expansion der Produktion war angesagt. Außerdem bemühte man sich in den Konstruktionsbüros vor allem um immer wieder neue Kombinationen aus Teilen des vorher beträchtlich angehäuften Depotwissens. Wie das Beispiel des seit dem ersten Jahrzehnt unseres Jahrhunderts bekannten Frontantriebs beweist, sind dabei gerade um 1930 Bauarten in kürzester Zeit realisiert worden, die auf diesem Gebiet die kommenden Jahrzehnte bis heute geprägt haben, jedoch keinerlei oder nur nachträglichen und zahlenmäßig geringfügigen Patentschutz erforderten.

Schließlich fördert vor diesem Hintergrund der Vergleich zwischen Anträgen und Erteilungen noch einen anderen interessanten Aufschluß zutage: Während die Häufung der Patenterteilung in den Krisenjahren den Eindruck wecken könnte, es handele sich dabei um einen gezielten Innovationsschub der Industrie zur Krisenüberwindung, zeigt die Rückläufikeit der Anträge zur gleichen Zeit etwas anderes: nicht die Krise brachte den Erfindungsschub, sondern der Konjunkturaufschwung vorher hat ihn getragen und dabei so nachhaltig gefördert, daß er bis weit in die 30er Jahre hin anhielt.

Insgesamt ergibt sich: Die Schwerpunktverlagerung von der Entwicklung zur Produktion nach der Wende zu den 30er Jahren drückte sich auch in den rückläufigen bzw. stagnierenden Patentanträgen und -erteilungen auf den Gebieten aus, wo vorrangig die Großen der Branche forschten.

Andererseits läßt sich eine gegenläufige Tendenz zur zunehmenden Patentzahl aus den sekundären und tertiären Bereichen der Kraftfahrzeugtechnik beobachten. Mittelständische Unternehmen der Zulieferbranchen, Zivilingenieure, auch Bastler orientierten sich vor allem auf die Ausstattung. Typische Beispiele hierfür waren die Konstruktionen von Cabriolet-Verdecken mit ihren sogenannten Patentverschlüssen, von Schiebedächern, Rückspiegeln, Diebstahlwarnanlagen, Fahrtrichtungsanzeigern und Armaturen.

Die Doppelcharakteristik des Patents sowohl als technisch-konstruktives Dokument als auch als wirtschaftliches Instrument erlaubt es, Patente als Zeugnisse oder auch Indikatoren des technischen Fortschritts zu deuten. Allerdings gilt dies vorwiegend in quantitativem Sinne. So sind zwischen 1928 und 1932 fast genauso viel Patente über Fahrtrichtungsanzeiger erteilt worden wie auf Federungssysteme. In den Jahren darauf galten etwa 10 Prozent aller erteilten Patente der Diebstahlsicherung und der Fahrtrichtungsanzeige. Zweifellos drückt sich darin in gewisser Weise die zunehmende Verkehrsrelevanz des Kraftfahrzeugs aus. Die Vielzahl der Erfindungen gerade auf diesen Gebieten unterlief in gewisser Weise den Monopolcharakter des Patentes. Sie stand als Synonym für den geringen Konzentrationsgrad der Ideenträger im technischen Fortschritt, die ein beträchtliches Überangebot an konstruktiven Ideen lieferten. Diese Fülle von technischen Vorstellungen und Einfällen bildete letztendlich auch eine bedeutende Reserve der deutschen Kraftfahrzeugindustrie, der damit eine entsprechende Selektion möglich wurde.

Im Sinne einer weiteren Patenthäufung wirkten auch die Umgehungsversuche aus Konkurrenzgründen, wobei die Intensität und Häufigkeit solcher Versuche in direkter Abhängigkeit von der erwarteten oder vorhandenen Marktlage stand. Die Abwehr der Umgehungen führte schließlich dazu, daß entscheidende, durch Erfindungen einzelner Konstrukteure gekennzeichnete Entwicklungsetappen, wie sie z. B. die Schnürle-Umkehrspülung, der Zentralrohrrahmen, die Drehstabfederung usw. darstellten, nicht nur durch ein einziges Patent gesichert waren, wie dies dem technischen Sachverhalt entsprochen hätte und wie es sinnfällig auch bei Lizenzvergaben praktiziert wurde. Vielmehr ergab sich als Ausdruck der Sicherungsmaßnahmen für diese Erfindungen ein wahrer Patent-Pleonasmus, der zwar damit auch eine große technisch-wirtschaftliche Bedeutung zum Ausdruck brachte, der aber aus sich selbst heraus gar nicht erforderlich gewesen wäre. Am krassesten trat eine solche Sinnentstellung bei den sog. Sperrpatenten zutage, die ein primär negatives Ziel verfolgten: Nicht ihrer Nutzung, sondern ihrer Nicht-Nutzung wegen wurden sie letztlich beantragt. Freilich soll in diesem Zusammenhang keinesfalls übersehen werden, daß solche Monopoleigenschaften der Patente und die Umgehungsversuche, also Abwehr und Angriff, in bedeutendem Maße die Vielfalt technischer Lösungen auch stimuliert und großen Einfluß auf die Herausbildung von Auswahlmöglichkeiten zwischen verschiedenen technischen Lösungen ausgeübt haben.

Einen interessanten Vergleich gerade zu dieser Seite der Patentpolitik bietet ein Blick auf die nordamerikanische Automobilindustrie, wo eine andere Erteilungs-Praxis sowie ein viel höherer Konzentrationsgrad der Finalisten eine frühzeitige Vereinbarung erlaubt hatten. Im Jahre 1914 hatten alle der National Automobile Chamber of Commerce angeschlossenen Kraftfahrzeughersteller einen Patentaustauschvertrag in Kraft gesetzt, wonach sich jedes Mitglied verpflichtete, seine Patente für 10 Jahre ohne Lizenzzahlung jedem anderen Mitglied zur Nutzung zu überlassen. Das Abkommen wurde später auf alle durch Erfindung und Kauf hinzukommende Patente ausgedehnt und alle fünf Jahre verlängert. Patente, die Spezialfälle darstellten oder umwälzenden Charakter besaßen, sollten das Eigentum der Mitglieder bleiben – nicht ein einziges solches Patent wurde bis 1930 angemeldet. Zu diesem letztgenannten Stichjahr waren in die genannte Vereinbarung ca. 1700 Patente eingeschlossen, wovon 880 seit 1925 angemeldet worden sind[10].

In Deutschland sind zwischen 1925 und 1932 insgesamt 6637 Patente in der Klasse 63 – darunter 4895 in den kraftwagenspezifischen Unterklassen 63 c, d und e – erteilt worden, was wegen anderer Bezugsgrundlagen sicher nicht als exakte Vergleichszahl gewertet werden kann. Allerdings läßt sich damit sicher ein bereits charakterisierter Trend zur Patentvervielfachung verdeutlichen.

In diesem Zusammenhang muß noch auf ein Kardinalproblem hingewiesen werden: Patenterteilungen sagen nichts aus über ihre tatsächliche Nutzung. Vergleicht man die Angaben des Reichspatentamtes über die insgesamt erteilten und die insgesamt in Kraft befindlichen Patente, so ergibt sich folgendes Bild.

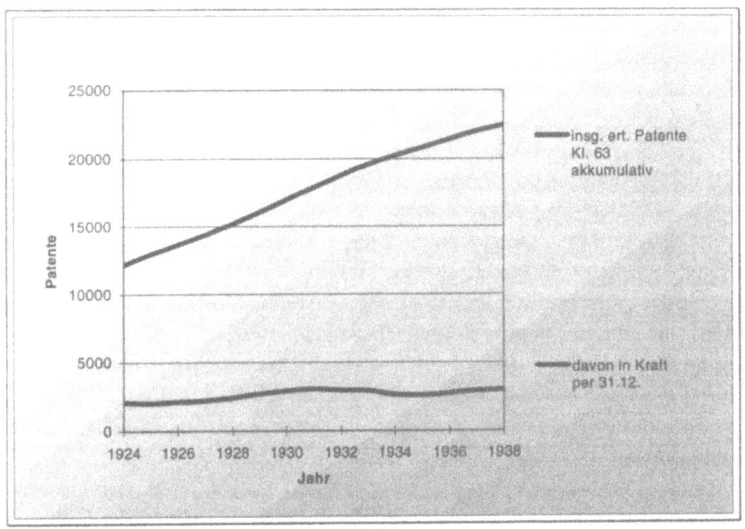

Grafik 4: Patententwicklung der Klasse 63 „Gleislose Fahrzeuge" 1924 bis 1938[11]

Zwischen 1924 und 1938 waren jeweils zum 31. Dezember nur in einem einzigen Jahr mehr als 3000 Patente der Klasse 63 tatsächlich in Kraft: 1931 waren 3049 davon geschützt. Niemand weiß, wieviel davon wirklich in Anspruch genommen worden sind. Man kann aber annehmen, daß es deutlich weniger als 50 Prozent waren. Natürlich ist die oben dargestellte Kurve höchst problematisch, da sie die Gesamtzahl aller je in Kraft gesetzten mit der der zum Stichtag in Kraft befindlichen Patente vergleicht. Da hierbei auch der theoretisch längste Gültigkeitszeitraum überschritten wird – Patente werden herangezogen, die gar nicht mehr in Kraft sein konnten – liefert diese Betrachtung fragwürdige Erkenntnisse. Insofern soll sie auch nur zur Illustration von Überlegungen und vor allem der Anregung dienen, über die Dimension des von Patenten ausgedrückten technischen Fortschritts nachzudenken, der sich fortwährend in den Stand der Technik verwandelt. Wenn also Patente die Indikatoren des technischen Fortschrittes sind, gilt dann diese Annahme nur für genutzte oder auch für ungenutzte von ihnen? Zweifellos ist diese Frage aber nicht nur in Hinblick auf die Entwicklung der Klasse 63 zu stellen. Stellt man einen Vergleich mit dem Gesamtfeld der Patentklassen, so erhält man zwar auf diese Frage auch keine Antwort, gewinnt aber doch einen recht aufschlußreichen Einblick über Konzentrationsfelder der technischen Entwicklung.

Hatten die Klassen 46 und 63 bis 1913/14 noch auf dem 15. bzw. 9. Rang, gemessen an der Zahl der jährlich erteilten Patente, gestanden, so nahmen sie in den 20er Jahren zusammen mit den Klassen 21 „Elektrotechnik", 12

„Chemische Technik", und 42 „Allgemeine Maschinenelemente" Spitzenpositionen ein. Bis 1928/29 behauptete die Klasse 63 hinter dem ständigen Ranglistenersten, der Klasse 21, die zweite Position, trat ab 1930 hinter die Klasse 12 an die dritte Stelle, die sie bis 1938 behielt. Auch die Klasse 46 war im Verhältnis zur Vorkriegszeit bedeutend im Rang gestiegen und hatte bis zum Ende des Untersuchungszeitraumes etwa den 5. bis 7. Platz inne. Es verging kaum ein Jahr, in dem nicht in der vergleichenden Statistik des Patentamtes auf die für das Gesamtwachstum überdurchschnittlich bedeutende Rolle des Patentzuwachses in der Klasse 63 hingewiesen worden ist. Auch wenn man sich über die begrenzte Aussagefähigkeit im oben genannten Sinne klar ist, kann aus diesem Vergleich doch Rückschluß auf die große Bedeutung der transportrelevanten Technik gezogen werden. So kann in diesem Zusammenhang auch die Tatsache Berücksichtigung finden, daß zur gleichen Zeit ebenfalls die Eisenbahntechnik gemessen im Spiegel der Patente einen gewaltigen Zuwachs erfuhr. Die Klasse 20 „Eisenbahntechnik" lag zum Beispiel 1925 mit 991 Mehranmeldungen im Vergleich zum Vorjahr an der Wachstumsspitze, von 1926 bis 1928 rangierte sie noch vor der Klasse 46 im Vorderfeld aller Patentklassen. Auch darin drückte sich die zunehmende Bedeutung des Transportwesens bzw. seiner einzelnen Zweige aus, die letztlich als Dokumentation des Entwicklungsschrittes zur im solchen Maße arbeitsteiligen Gesellschaft zu begreifen ist, daß für sie Transport zum Existenz- und Wachstumsfaktor erster Ordnung geworden war.

Anmerkungen:

[1] Reichspatentgesetz vom 25. Mai 1877, in: RGBl 1877, S. 501; Reichspatentgesetz vom 7. April 1891, in: RGBl 1891, S. 79.

[2] Heinrich Kirchhoff, Das deutsche Patentwesen. Berlin 1947, S. 11.

[3] Ebenda, S. 14.

[4] Einteilung und Bezeichnung bis Anfang der 50er Jahre vgl.: Gruppeneinteilung der Patentklassen, Berlin 1953.

[5] Methoden und Erkenntnisse dieser Untersuchung siehe im einzelnen bei Peter Kirchberg, Das Wachstum der Produktivkräfte in der Geschichte des Kraftfahrzeugs, untersucht am Beispiel der Entwicklung der Technik des Kraftwagens in Deutschland von den Anfängen bis zur Weltwirtschaftskrise, Diss. B Dresden 1978.

[6] Zum Vergleich: Im Motorenbau sind in der gleichen Zeit allein in der Unterklasse 46a mehr als doppelt soviel Patente im Jahresdurchschnitt erteilt worden.

[7] Eigene Zählungen.

[8] Für die Jahre 1901 bis 1906 vgl. A. Heller, Motorwagen und Fahrzeugmaschinen für flüssigen Brennstoff, Berlin 1912, S. 2; Ab 1907 gelten die Zahlen der Reichsstatistik, veröffentlicht in den Statistischen Jahrbüchern; Ab 1930 sind die Zahlen entnommen den ,,Tatsachen und Zahlen aus der Kraftverkehrswirtschaft", einer Veröffentlichung des Reichsverbandes der Automobilindustrie.

[9] Blatt für Patent-, Muster- und Zeichenwesen 30 (1924) 3 bis 45 (1939) 3.

[10] Automobiltechnische Zeitschrift 35 (1932) 11, S. 287.

[11] Blatt für Patent-, Muster- und Zeichenwesen [wie Anm. 9].

Eignen sich Patente als Innovationsindikatoren?

Ulrich Schmoch

Patente werden üblicherweise als juristische Dokumente betrachtet mit der Funktion, ihrem Besitzer einen zeitlich begrenzten Schutz zur gewerblichen Nutzung einer technischen Erfindung zu sichern. Nach dem Willen des Gesetzgebers wird dieser temporäre Schutz durch die Veröffentlichung einer detaillierten Beschreibung der Erfindung erkauft, wodurch andere Erfinder und Unternehmen zu weiteren Neuentwicklungen angeregt und somit der technische Fortschritt vorangetrieben werden soll.[1] Diese Verknüpfung von Schutz und Offenlegung nach der sogenannten Offenbarungstheorie gilt nicht nur für Deutschland, sondern für alle Patentgesetze in der Welt. Nicht umsonst deutet das lateinische „patere" „offenlegen" und nicht „schützen". Durch den Auf- und Ausbau elektronischer Patentdatenbanken in den 80er und 90er Jahren wurde es möglich, nicht nur in einzelne Patentschriften Einsicht zu nehmen, sondern diese auch im großen Maßstab statistisch auszuwerten. Mittlerweile haben patentstatistische Daten vor allem in die ökonomische Forschung in erheblichem Maße Eingang gefunden, weshalb die OECD ein spezielles Handbuch zur Nutzung von patentstatistischen Daten herausgegeben hat.[2]

Der Grund für das große Interesse an patentstatistischen Daten ist darin zu sehen, daß technischer Wandel und Innovationen als wichtige Faktoren der ökonomischen Wettbewerbsfähigkeit erkannt worden und von daher ein zentraler Gegenstand ökonomischer Analysen in fortgeschrittenen Industrieländern geworden sind. Innerhalb des Innovationsprozesses sind Forschung und Entwicklung (FuE) entscheidende Aktivitäten, weshalb ihrer Analyse besondere Aufmerksamkeit gilt. Ein wichtiges Problem ist dabei die Darstellung von FuE-Aktivitäten in quantitativer Form, um so ihre Einführung in Modellrechnungen zu ermöglichen. Allerdings können Forschung und Entwicklung nur indirekt über Input-, Output- oder Wirkungs-Indikatoren gemessen werden. Als mögliche Indikatoren bieten sich hier die monetären FuE-Aufwendungen oder das FuE-Personal an. In der Praxis zeigt sich jedoch, daß solche Daten in der Regel nur in einer sehr hoch aggregierten Form zur Verfügung stehen[3], weshalb sie für detailliertere Analysen von einzelnen Technikbereichen oder Unternehmen nicht in Frage kommen. Die Erfassung neuer Produkte am Markt ist grundsätzlich möglich und auch sehr aussagekräftig, ist aber aufwendig und erfaßt eine relativ späte Phase des Innovationsprozesses.[4] Vor diesem Hintergrund ist es naheliegend, patentstatistische Daten als Output- oder Ergebnisindikatoren für Forschung und Entwicklung einzusetzen.

In dem vorliegenden Beitrag sollen die Vorteile und Anwendungsmöglichkeiten von Patentindikatoren nur kurz angesprochen werden. Der Fokus der Betrachtung liegt vielmehr auf den methodischen Problemen, die sich bei ihrer Anwendung ergeben und die bei mangelnder Beachtung zur gravierenden Fehlinterpretationen führen können. Es geht dabei nicht darum, die von anderen Autoren bereits ausführlich diskutierten Grenzen der Patentstatistik zu replizieren.[5] Gegenstand dieser Darstellung ist vor allem das Aufzeigen maßgeblicher Probleme, die sich in der praktischen Anwendung von Patentindikatoren ergeben, und von Ansatzpunkten zu deren Lösung.

Zunächst einmal muß sich der Nutzer von Patentindikatoren darüber im klaren sein, welchen Typ von Forschung und Entwicklung diese repräsentierten. Es ist zu bedenken, daß eine Patentanmeldung mit erheblichen Kosten für Patentanwälte und amtliche Gebühren verbunden ist. Deshalb werden Erfindungen – bis auf wenige Ausnahmen – nur dann zum Patent angemeldet, wenn eine kommerzielle Auswertung beabsichtigt ist. Das hat zur Folge, daß der überwiegende Teil der Anmelder Industrieunternehmen und Universitäten und andere Forschungseinrichtungen nur in begrenztem Maße vertreten sind. Der Forschungsoutput von akademischen Einrichtungen läßt sich besser über bibliometrische Analysen in Publikationsdatenbanken messen, es sei denn, es soll Anwendungs- und Industrieorientierung wissenschaftlicher Einrichtungen untersucht werden.[6]

Ein grundsätzliches Problem bei der Nutzung von Patentindikatoren besteht darin, daß nur ein Teil der patentfähigen Erfindungen auch tatsächlich zum Patent angemeldet wird. Denn zur rechtlichen Absicherung einer Erfindung bieten sich auch anderweitige Schutzrechte, wie Gebrauchsmuster, Warenzeichen, Geschmacksmuster usw. an. Darüber hinaus können ökonomische Vorteile auch durch einen Zeitvorsprung am Markt, Geheimhaltung, guten Service oder Kostenvorteile gewahrt werden.[7] Viele der genannten Sicherungsmöglichkeiten werden häufig jedoch nicht alternativ, sondern ergänzend zum Patentschutz eingesetzt. Das nicht ausgeschöpfte Patentpotential dürfte jedenfalls deutlich niedriger liegen, als es in einer Studie des Europäischen Patentamtes berechnet wurde, da bei weitem nicht alle Unternehmen mit eigenen FuE-Aktivitäten auch Erfindungen generieren, die in weltweitem Maßstab neu sind, was aber Voraussetzung für den Patentschutz ist.[8] Mit der Betrachtung von Patentindikatoren analysiert man daher solche Unternehmen, die besonders intensive und erfolgreiche Forschung und Entwicklung betreiben. Trotz dieser Beschränkung ist durch den breiten Zugriff auf Patente über Datenbanken der Stichprobenumfang in der Regel deutlich größer, als es bei Unternehmensbefragungen zu erreichen ist.

Die Schutzmöglichkeit für Patente hängt von der technisch-wissenschaftlichen Struktur eines Technikgebietes und den im Laufe der Zeit entwickelten Gewohnheiten einer Branche ab. Tabelle 1 zeigt die Ergebnisse einer Unternehmensanalyse in verschiedenen Branchen, wobei die Patentintensitäten – gemessen in der Zahl der Patentanmeldungen pro FuE-Ausgaben – erhebliche Bandbreiten aufweisen. Diese Unterschiede sind allerdings nicht überraschend, da sich beispielsweise die Luft- und Raumfahrt und die chemische Industrie auch hinsichtlich der Produktivität, der Qualifikationsstruktur ihrer Beschäftigten, der Investitionsrate oder anderen Indikatoren deutlich unterscheiden. Aus diesen Überlegungen ergibt sich, daß Patentanalysen in möglichst homogenen technischen Bereichen durchgeführt werden sollten. Ländervergleiche auf der Basis aggregierter Patentzahlen müssen deshalb mit Vorsicht interpretiert werden, da sich hinter gleichen Patentzahlen unterschiedliche technologische Profile und damit unterschiedliche Muster von Patentintensitäten verbergen können. Dieses trifft in jedem Fall für den häufigen Vergleich zwischen den fünf großen Industrieländern Vereinigte Staaten, Japan, Deutschland, Frankreich und Großbritannien zu.

Branche	Patentanmeldungen pro Mrd. FuE
Chemie	576
Metall, Stahl	507
Maschinenbau	634
Kfz-Industrie	239
Luft- u. Raumfahrt	119
Elektrotechnik	412
Feinmechanik, Optik	429
Verarbeitendes Gewerbe	391

Tabelle 1: Deutsche Patentanmeldungen pro FuE-Ausgaben
in ausgewählten Branchen für das Jahr 1987[9]

Das Phänomen unterschiedlicher Patentintensitäten kann nicht nur bei technologischen Bereichen und Branchen, sondern auch bei Unternehmen beobachtet werden. Tabelle 2 zeigt als Beispiel ein Sample von Unternehmen aus der Elektrotechnik, die alle maßgeblich in der Telekommunikation engagiert sind. Trotz dieser Gemeinsamkeit zeigt sich eine erhebliche Variationsbreite der Patentintensitäten, was zum Teil wiederum auf unterschiedliche Technikprofile, vor allem jedoch auf eine unterschiedliche Patentpolitik zurückzuführen ist. Ranglisten von Unternehmen nach der Zahl der Patente dürfen für sich genommen deshalb nur grob qualitativ bewertet werden. Für genauere Aussagen empfiehlt sich eine „Kalibrierung" der Patente über die Forschungsbudgets, die allerdings nur für große Unternehmen und dort lediglich für die Gesamtaufwendungen, nicht für einzelne Unternehmensbereiche verfügbar sind. Die unterschiedliche Patentierneigung von Unternehmen hat auch methodische Auswirkungen auf Ländervergleiche in bestimmten Technikgebieten. Solange die verglichenen Länder genügend groß sind, kann man pragmatisch davon ausgehen, daß sich hinter den aggregierten Länderdaten ein Mix von Unternehmen verbirgt, der zu einer ähnlichen mittleren Patentintensität führt. Bei kleineren Ländern ist es dagegen möglich, daß ein Technikbereich von einem einzigen Unternehmen dominiert wird, so daß die jeweilige Patentintensität explizit zu berücksichtigen sind. So ist bei einem Vergleich von Schweden und den Niederlanden in der Telekommunikation entsprechend Tabelle 2 in Rechnung zu stellen, daß die marktbeherrschenden Unternehmen Ericsson und Philips eine deutlich abweichende Patentierneigung haben und somit im reinen Patentvergleich Schweden zu niedrig bewertet würde.

Unternehmen	Patentanmeldungen pro Mrd. FuE
Ericsson	70
NEC	92
AT&T	105
IBM	115
Alcatel NV	179
Hitachi	224
Fujitsu	254
Sony	274
Siemens	361
Philips	424
Nokia	363
Bosch	556

Tabelle 2: Europäische Patentanmeldungen
pro Mrd. $ an FuE-Aufwendungen für ausgewählte
Unternehmen der Elektrotechnik[10]

Ein wesentlicher Gegenstand von Patentanalysen ist der Vergleich von Ländern, um so ein Maß für deren Innovationsstärke zu gewinnen. Abgesehen von der bereits diskutierten Variation der Patentintensitäten ist bei diesen Anwendungen zu beachten, welches Patentamt bzw. welche Patentämter als Bezugsrahmen gewählt werden. Für diese Überlegungen ist wesentlich, daß Patente lediglich einen regionalen Schutz gewähren und es bislang keinen Patentschutz mit überregionaler Wirkung gibt. Eine Erfindung wird üblicherweise zunächst nur im Heimatland angemeldet, im Falle eines deutschen Unternehmens also am Deutschen Patentamt. Innerhalb des ersten Jahres nach dieser Erstanmeldung, die auch Prioritätsanmeldung genannt wird, kann sich der Anmelder für die Hinterlegung weiterer Patentanmeldungen zu dieser Erfindung im Ausland entscheiden, wobei es für die Länder des Europäischen Patentabkommens die Möglichkeit einer zentralen Hinterlegung beim Europäischen Patentamt gibt. Kommt es am Europäischen Patentamt zu einer Erteilung, wird das Patent zu den verschiedenen europäischen Bestimmungsländern weitergeleitet und in nationale Schutzrechte umgewandelt, so daß es hier, wie auch sonst in der Welt, letztlich immer nur einen regional begrenzten Schutz gibt.[11]

Bei Ländervergleichen scheint es sich nun anzubieten, die jeweiligen Inlandspatentanmeldungen miteinander zu vergleichen, also die Erstanmeldungen am eigenen Patentamt.[12] Um die Eignung dieses Ansatzes zu überprüfen, bietet es sich wiederum an, einen Vergleich mit den FuE-Budgets vorzunehmen. Es zeigen sich bei dieser Überprüfung, wie in Abbildung 1 für Japan, die USA und Deutschland dargestellt, deutliche Unterschiede in den Relationen zwischen Patentanmeldungen und FuE-Budgets, wobei sich vor allem Japan gegenüber anderen Ländern durch eine extrem hohe Patentierneigung abhebt. Diese länderspezifischen Unterschiede sind auf Unterschiede in der nationalen Gesetzgebung, etwa beim Schutzumfang von Patenten, zurückzuführen, wobei im Falle von Japan neben diesen rechtlichen Gegebenheiten auch kulturelle Faktoren einen erheblichen Einfluß haben.[13] In jedem Falle ist es falsch, aus den sehr hohen Patentanmeldezahlen von Japanern am Japanischen Patentamt unmittelbar auf die Höhe der japanischen Innovationsaktivitäten zu schließen.

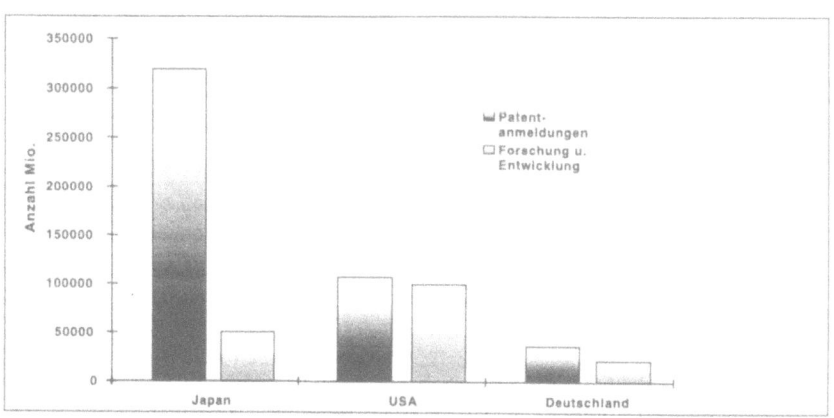

Abbildung 1: Inlandspatentanmeldungen und FuE-Ausgaben für ausgewählte Länder im Jahr 1994[14]

Um aus diesem Dilemma herauszukommen, ist es aufschlußreich, die Patentanmeldezahlen für ausgewählte Herkunftsländer an verschiedenen Patentämtern
miteinander zu vergleichen. Die in Tabelle 3 aufgeführten Patentanmeldezahlen
zeigen zunächst einmal, daß die verschiedenen Länder an ihrem eigenen
Patentamt deutlich stärker als ausländische Anmelder vertreten sind. Dieser
sogenannte Inländervorteil ist darauf zurückzuführen, daß – wie oben
beschrieben – die Erstanmeldung in der Regel am Heimatpatentamt erfolgt und
nur ein begrenzter Teil der Erfindungen später auch im Ausland registriert wird.
Die Zurückhaltung bei Auslandsanmeldungen resultiert in erster Linie aus den
sehr hohen Kosten von Auslandsverfahren,[15] so daß nur kommerziell besonders
wichtige Erfindungen außerhalb des Heimatlandes zum Patent angemeldet
werden. Dieser „Kostenfilter" bewirkt, daß auch Japaner im Ausland nur eine
begrenzte Zahl von Patentanmeldungen hinterlegen. Vergleicht man die jeweiligen Ausländer an einem bestimmten Patentamt, beispielsweise deutsche
und japanische Anmelder am US-Patentamt oder deutsche und amerikanische
Anmelder am Japanischen Patentamt, so ergeben sich sinnvolle Relationen, die
in etwa auch den Relationen der FuE-Budgets entsprechen. Patentanmeldungen
verschiedener Länder werden somit vergleichbar, wenn das Qualitätskriterium
der Auslandsanmeldung eingeführt wird.

Patentamt	Herkunft USA	Deutschland	Japan	Übrige
Deutschland (DPA/EPA)	29639	36800	13389	34983
USA (USPTO)	109981	15151	39941	44618
Japan (JPO)	23880	7471	319261	19126
Europa (EPA)	18594	11992	10082	19995

Tabelle 3: Patentanmeldezahlen ausgewählter Herkunftsländer an
ausgewählten Patentämtern für 1994[16]

Am Europäischen Patentamt ergibt sich die besondere Situation, daß sich dort
Patentanmeldungen nur dann lohnen, wenn mehrere Auslandsanmeldungen in
europäischen Bestimmungsländern intendiert sind. Von daher sind europäische
Anmeldungen stets Auslandsanmeldungen, weshalb – anders als an einem
nationalen Patentamt – sich kein Land von den anderen extrem stark abhebt. An
keinem Patentamt sind deshalb die Relationen zwischen den Herkunftsländern
so ausgeglichen wie am Europäischen Patentamt, wobei aber immer noch ein
leichter Regionalvorteil europäischer Länder gegenüber Anmeldern aus Übersee
festzustellen ist. Aufgrund dieser klar abschätzbaren Rahmenbedingungen
eignen sich Analysen am Europäischen Patentamt besonders gut für Ländervergleiche, zumal hier auch ein guter Zugriff über Online-Datenbanken besteht.

Die in Abbildung 2 wiedergegebenen Trendverläufe der Patentanmeldungen am Europäischen Patentamt für ausgewählte Industrieländer illustrieren, daß eine Kenntnis der rechtlichen und institutionellen Rahmenbedingungen eines Patentamtes zur Interpretation von Patentverläufen wesentlich sind. Im Falle des Europäischen Patentamtes zeigt sich ein allgemeiner Anstieg der Anmeldungen bis etwa 1989/90, was zu großen Teilen darauf zurückzuführen ist, daß dieses Amt erst 1978 eröffnet wurde und die Anmelder erst allmählich die Vorteile des europäischen Patentverfahrens erkannt haben. In gleiche Weise ist bei nationalen Patentämtern darauf zu achten, ob sich im gewählten Beobachtungszeitraum die rechtlichen Bedingungen oder die Gebührenstrukturen signifikant verändert haben, was insbesondere bei Entwicklungs- und Schwellenländern wie Südkorea, China oder Brasilien häufig der Fall ist.

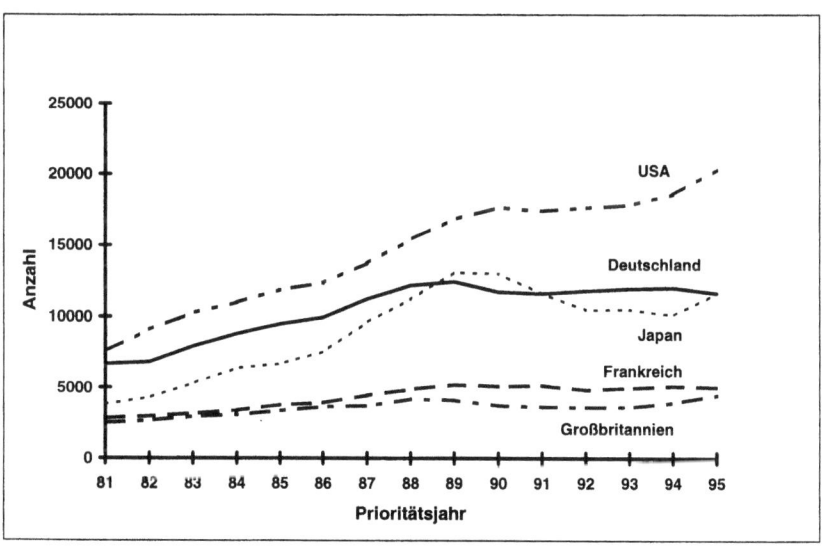

Abbildung 2: Anmeldungen ausgewählter Herkunftsländer am Europäischen Patentamt[17]

Neben der Analyse von europäischen Patenten werden in der Literatur häufig solche am US-amerikanischen Patentamt analysiert, weil es sich hier aus ökonomischer Sicht um einen besonders attraktiven Markt handelt, der als repräsentatives Forum des internationalen Wettbewerbs angesehen werden kann.[18] Die Patentanmeldungen von Amerikanern können dabei selbstverständlich nur mit großen Vorbehalten betrachtet werden und eignen sich lediglich nach einer Umformung in relative Indikatoren für Ländervergleiche.[19]

Andere Autoren haben vorgeschlagen, als Qualitätskriterium die Existenz von mindestens einer Auslandsanmeldung – unabhängig von dem Zielland – einzuführen, wozu der Aufbau spezieller Datenbanken notwendig ist.[20] Ein möglicher Einwand gegen diesen Ansatz besteht darin, daß Auslandsanmeldungen je nach Zielland einen unterschiedlichen Wert haben können und daß am Ergebnis nicht erkennbar ist, welche regionalen Konstellationen von Herkunfts- und Bestimmungsländer für das jeweilige Ergebnis maßgeblich waren.[21]

Eine weitere Variante für Ländervergleiche ist die Analyse von sogenannten Triade-Patentanmeldungen, bei denen die jeweiligen Erfindungen in Europa, Nordamerika und Japan gleichzeitig angemeldet worden sind. Dieses Verfahren führt zu guten Ergebnissen,[22] hat aber in der praktischen Anwendung ebenfalls Nachteile. Zum einen ist die Realisierung von Triade-Recherchen technisch aufwendig; zum anderen führt das verschärfte Auswahlkriterium der Anmeldung in allen Triade-Regionen zu kleineren Stichproben, was bei der Betrachtung kleiner Technikgebiete problematisch sein kann.

Die vorgestellten Ansätze zeigen, daß es kein optimales Verfahren der Patentanalyse gibt, sondern ein Abwägen der Vor- und Nachteile der verschiedenen Ansätze für die jeweilige Fragestellung erforderlich ist. Es besteht in der Literatur Übereinstimmung, daß Auslandsanmeldungen ein wichtiges Qualitätskriterium sind.[23] Sollen dagegen Patentanmeldungen aus lediglich einem Herkunftsland betrachtet werden, empfiehlt sich die Analyse von Inlandsanmeldungen, weil auf diese Weise größere Stichproben erzielt und somit insbesondere auch die Patentaktivität mittelständischer Unternehmen vollständiger erfaßt werden.[24] Im Falle einer Betrachtung von Schwellenländern ist die Analyse der jeweiligen Inlandsanmeldungen unabdingbar, da deren Anmeldevolumen im Ausland so gering ist, daß eine sinnvolle statistische Auswertung nicht möglich ist.[25]

Aussageleer sind dagegen Analysen, bei denen alle Patentanmeldungen weltweit betrachtet werden, also alle Anmeldungen zu einer Ursprungserfindung, da die Zahl der Auslandsanmeldungen maßgeblich durch die geographische Lage des Herkunftslands beeinflußt ist. So melden japanische Unternehmen weniger Auslandspatente pro Erfindung als europäische oder US-amerikanische an, was aber keinerlei Rückschlüsse auf die Qualität japanischer Anmeldungen zuläßt.[26]

In der Literatur wird als weiteres Qualitätsmaß die Zitathäufigkeit vorgeschlagen, um technologisch und kommerziell besonders interessante Erfindungen identifizieren zu können. Geprüft wird dabei, wie häufig eine Patentanmeldung in den amtlichen Prüfungsberichten späterer Patentanmeldungen zitiert wird. Es hat sich – zumindest im statistischen Mittel – gezeigt, daß durchaus ein enger Zusammenhang zwischen dem Wert von Patenten und der Zitathäufigkeit besteht[27], wobei auch hier Einflüsse wie die Zitatgewohnheiten der Patentprüfer oder die Zusammenstellung der für die Prüfung zur Verfügung stehenden Dokumentation in Rechnung zu stellen sind.[28] Die wichtigste Einschränkung für die Anwendung dieses Indikators besteht jedoch darin, daß sich erst mehrere Jahre nach der Anmeldung einer Erfindung statistisch aussagefähige Zitathäufigkeiten nachweisen lassen und damit Untersuchungen am aktuellen Rand nicht möglich sind.[29] Bei historischen Betrachtungen kann die Ermittlung von Zitathäufigkeiten dagegen hilfreich sein, wobei aber durch die zeitliche Abdeckung der verschiedenen Datenbanken Grenzen gesetzt sind.

Angesichts dieser vielfältigen methodischen Probleme, die die adäquate Nutzung von Patentindikatoren erschweren, stellt sich die Frage, warum diese dennoch intensiv genutzt werden. Als wichtigster Grund ist die sehr feine Internationale Patentklassifikation zu nennen, nach der Patentanmeldungen eingeordnet werden.[30] Durch sie ist es im Unterschied zu anderen Innovationsindikatoren möglich, Analysen auf tiefen Aggregationsebenen, etwa einzelner Technologien oder Produkte, vorzunehmen. Aufgrund des hierarchischen Aufbaus der Internationalen Patentklassifikation ist es darüber hinaus möglich, bei einem bestimmten Untersuchungsgegenstand unterschiedliche Aggregationsebenen zu betrachten.

Ein wesentlicher Vorteil von Patentindikatoren besteht schließlich darin, daß jeweils in einer Datenbank alle Patentanmeldungen eines oder auch mehrerer Patentämter dokumentiert sind, womit eine vollständige Abdeckung aller Technikbereiche gegeben ist. Dieses ist insbesondere ein Vorteil gegenüber Datenbanken mit wissenschaftlichen Publikationen, die meist auf bestimmte Fachgebiete oder Disziplinen fokussiert sind. Bei Patenten ist allerdings als Einschränkung zu beachten, daß Anmeldungen zu Software nur unter besonderen Bedingungen möglich sind, so daß ein wesentlicher Bereich der modernen Technikentwicklung nur unzureichend erfaßt wird.

Für Patentindikatoren spricht schließlich deren große Aktualität, da Patentanmeldungen in der Regel unmittelbar am Ende eines Erfindungsprozesses stehen. Nach dem Patentrecht werden Patentanmeldungen zwar erst 18 Monate nach ihrer ersten Hinterlegung publiziert. Da von der Erfindung bis zur Entwicklung eines marktreifen Produktes und bis zur statistisch meßbaren Marktverbreitung eine erhebliche Zeit vergeht, sind Patentindikatoren dennoch deutlich früher verfügbar als etwa Marktdaten innovativer Produkte.[31]

Neben diesen methodisch-inhaltlichen Aspekten sprechen praktische Erwägungen für die Nutzung von Patenten als Indikatoren, die sich aus ihrer Eigenschaft als juristische Dokumente ergeben. Da durch die beim Patentamt hinterlegten Angaben über Erfinder und Anmelder ökonomisch relevante Sachverhalte rechtlich festgeschrieben werden, sind die bibliographischen Angaben zu Patenten sehr viel sorgfältiger dokumentiert, als dies beispielsweise bei

Datenbanken mit wissenschaftlicher Literatur der Fall ist. Daher ist die daten-
technische Aufbereitung von patentstatistischen Indikatoren mit vergleichsweise geringem Aufwand durchzuführen.

Von den verschiedenen Anwendungsmöglichkeiten von Patentindikatoren,
wie die Ermittlung von technischen Spezialisierungsprofilen, Anmelderlisten
oder Ländervergleichen, sei an dieser Stelle die Ermittlung von Trendverläufen
besonders hervorgehoben. Auf der Grundlage des Datums der Erstanmeldung
ist es möglich, die Dynamik eines Technikfeldes über einen längeren Zeitraum
nachzuzeichnen, womit die in der Literatur angenommenen typischen Innovationsverläufe und Wachstumskurven empirisch überprüfbar sind.[32] Damit steht
ein effizientes Instrumentarium zum besseren Verständnis des Innovationsprozesses zur Verfügung, was durch schriftliche oder mündliche Befragungen
nicht ersetzbar wäre. Die wesentliche Grenze bei der Betrachtung von Trendverläufen besteht in der zeitlichen Abdeckung von Patentdatenbanken, die meist
nur bis etwa 1970 zurückreichen. Eine für Historiker interessante Ausnahme ist
die Datenbank EDOC, in der die Dokumentation des Europäischen Patentamtes
für Patentprüfungen gespeichert ist. Sie enthält Patente des Deutschen Patentamtes ab 1877, des Französischen ab 1902 oder des Englischen ab 1909. Hier
könnte eingewandt werden, daß wirklich langfristige Trendverläufe dennoch
nicht recherchiert werden können, weil sich die Patentklassifikationen seit
Beginn dieses Jahrhunderts häufig verändert haben und deshalb Trendbrüche
unvermeidbar seien. Im Falle der Datenbank EDOC sind allerdings die meisten
älteren Dokumente nach dem aktuellen Stand der Internationalen Patentklassifikation reklassifiziert, so daß tatsächlich zeitlich weit zurückreichende
Recherchen realisiert werden können.[33]

Die obigen Betrachtungen haben gezeigt, daß trotz einer Reihe von
methodischen Problemen Patentindikatoren bei adäquater Nutzung die Analyse
von Innovationsprozessen effektiv unterstützen können. Für praktische Anwendungen auf bestimmte Fälle ist es aber ratsam, neben Patentindikatoren
auch möglichst viele andere Indikatoren heranzuziehen, wie Publikations-
indikatoren, Statistiken über Forschungsaufwendungen oder -personal, Daten
zur Produktion von und zum Außenhandel mit technikintensiven Gütern oder
auch technometrische Indikatoren, bei denen technische Merkmale von Gütern
quantitativ erfaßt und miteinander verglichen werden.[34] Erst durch ein Netz
solcher Indikatoren, die jeweils verschiedene Aspekte des Innovationsgeschehens abbilden, ergibt sich ein sinnvolles Bild des jeweils untersuchten
Feldes. Für den Innovationsforscher sind dabei vor allem solche Fälle von
Interesse, in denen die eingesetzten Indikatoren in verschiedene Richtungen
deuten und Widersprüche anzeigen. Solche Situationen besagen in der Regel
nicht, daß einer der gewählten Indikatoren untauglich wäre. Vielmehr kann die

Aufklärung der Ursachen solcher Inkonsistenzen zu einem verbesserten Verständnis der Situation beitragen.

In jedem Falle sollte die Nutzung quantitativer Indikatoren mit qualitativen Ansätzen verbunden werden. Die Indikatorenanalyse kann bei einem solchem Vorgehen die Basis zur Aufstellung von Arbeitshypothesen bilden, die dann im Gespräch mit einschlägigen Experten vertieft oder modifiziert werden können. Aufgrund des begrenzten technischen Aufwandes von Datenbankrecherchen eignen sich insbesondere Patentindikatoren zur schnellen Identifikation relevanter Unternehmen und Experten (Erfinder), was – wie verschiedene Forschungsprojekte gezeigt haben – die Planung der qualitativen Forschung erheblich erleichtert und verbessert.[35]

Es bedarf somit sorgfältiger Überlegungen, zu welchem Zweck Patentindikatoren eingesetzt werden sollen, welchen Stellenwert sie im Rahmen eines Forschungsprojektes einnehmen und welche methodischen Fragen zu beachten sind. Bei einer solchen reflektierten Anwendung können Patentindikatoren wichtige Ergebnisse erbringen, die mittels anderer Methoden nur unter deutlich größerem Aufwand oder aber überhaupt nicht erzielbar wären.

Anmerkungen:

[1] Siegfried Greif, Angebot und Nachfrage nach Patentinformationen. Die Informationsfunktion von Patenten, Göttingen 1982, S. 2.

[2] Organisation for Economic Co-Operation and Development (Hg.), The Measurement of Scientific and Technological Activities. Using Patent Data as Science and Technology Indicators. Patent Manual 1994, Paris 1994.

[3] Vgl. z. B. Organisation for Economic Co-Operation and Development (Hg.), Research and Development in Industry 1973 – 93, Paris 1996.

[4] Zu derartigen Produktanalysen vgl. Hariolf Grupp / Olav Hohmeyer / Roland Kollert / Harald Legler, Technometrie. Die Bemessung des technisch-wirtschaftlichen Leistungsstandes, Köln 1987.

[5] Z.B. Keith Pavitt, Patent Statistics as Indicators of Innovative Activities: Possibilities and Problems, in: Scientometrics 7 (1985), S. 77 – 99; Zivi Grilliches, Patent Statistics as Economic Indicators, A Survey, in: Journal of Economic Literature 28 (1990) 4, S. 1661 – 1707; Daniele Archibugi, Patenting as an Indicator of Technological Innovation: A Review, in: Science and Public Policy 10 (1992) 6, S. 357 – 368; Keith Pavitt, Uses and Abuses of Patent Statistics, in: Anthony F.J. van Raan, Handbook of Quantitative Studies of Science and Technology, Leiden 1988, S. 509 – 536.

[6] Das ist z.b. Gegenstand der Studie von Gerhard Becher/Thomas Gering/Oliver Lang/Ulrich Schmoch, Patentwesen an Hochschulen, hrsg. vom Bundesministerium für Bildung, Wissenschaft, Forschung und Technologie, Bonn 1996.

[7] Najib Harabi, Einflußfaktoren von Forschung und Entwicklung in der Schweizer Industrie, in: Die Unternehmung 5 (1991), S. 349 – 368; Uwe C. Täger, Probleme des deutschen Patentwesens im Hinblick auf die Innovationsaktivitäten der Wirtschaft, München 1989; Europäisches Patentamt (Hg.), Nutzung des Patentschutzes in Europa, München 1994, S. 97 – 103.

[8] Europäisches Patentamt (EPA) [wie Anm. 7], S. 25.

[9] Ergebnisse einer Analyse ausgewählter Unternehmen nach Beatrix Schwitalla, Messung und Erklärung industrieller Innovationsaktivitäten, Heidelberg 1993, S. 186.

[10] FuE-Mittel für 1990, Patentanmeldungen als Mittelwert aus den Jahren 1987 bis 1989, Ergebnisse nach Ulrich Schmoch/Norbert Kirsch/Peter Georgieff/Hariolf Grupp/Gunnar Münt, Internationaler Vergleich von Forschung und Entwicklung in der Telekommunikation. Aktualisierung 1991/92, Band 1, Karlsruhe 1992, S. 43.

[11] Eine genauere Erläuterung dieses Verfahrens findet sich in Ulrich Schmoch, Wettbewerbsvorsprung durch Patentinformation, Köln 1990, S. 15 – 24.

[12] Solche Vergleiche finden sich immer wieder in der Tagespresse, z.B. in den VDI-Nachrichten vom 7.2.1992, S. 14.

[13] Vgl. Guntram Rahn, Die Bedeutung des gewerblichen Rechtsschutzes für die wirtschaftliche Entwicklung: Die japanische Erfahrung, in: GRUR Int. 1982, S. 577-598.

wirtschaftliche Entwicklung: Die japanische Erfahrung, in: GRUR Int. (1982), S. 577 – 598.

[14] Patentzahlen nach World Intellectual Property Organization (WIPO), Industrial Property Statistics 1994, Part I, Genf 1996; FuE-Ausgaben nach Bundesministerium für Bildung, Wissenschaft, Forschung und Technologie, Bundesbericht Forschung 1996, Bonn 1996.

[15] Vgl. OECD [wie Anm. 2], S. 24 – 25.

[16] Zahlen aus WIPO, Industrial Property Statistics [wie Anm. 14], im Falle von ausländischen Anmeldungen am Deutschen Patentamt sind auch Anmeldungen am Europäischen Patentamt mit Bestimmungsland Deutschland eingerechnet.

[17] Zahlen nach eigenen Recherchen in der Datenbank EPAT des Hosts QUESTEL.

[18] Vgl. z.B. Keith Pavitt, R&D, Patenting and Innovative Activities. A Statistical Exploration, in: Research Policy 11 (1982), S. 33 – 51.

[19] Vgl. Luc G. Soete / Sally M.E. Wyatt, The Use of Foreign Patenting as an Internationally Comparable Science and Technology Output Indicator, in: Scientometrics. 5 (1983) 1, S. 31 – 54.

[20] Vgl. z. B. Konrad Faust, ifo Patentstatistik: Deutsche Unternehmen bleiben hinter ihren Konkurrenten aus den USA und Japan zurück, in: ifo Schnelldienst 31 (1993), S. 14 – 21.

[21] Eine Analyse der Patentflüsse zeigt z. B., daß Patente eher in Nachbarländern angemeldet werden. Außerdem spielt die Größe des Zielmarktes eine Rolle. Vgl. Ulrich Schmoch/Norbert Kirsch, Analysis of International Patent Flows. Bericht an die OECD, Karlsruhe 1994; Ulrich Schmoch, International Patenting Strategies of Multinational Concerns: The Example of Telecommunication Manufacturers, in: Innovation, Patents and Technological Strategies, hrsg. von der OECD, Paris 1996, S. 223 – 237.

[22] Vgl. z. B. Hariolf Grupp, Messung und Erklärung des technischen Wandels. Grundzüge einer empirischen Innovationsökonomik, Berlin u.a. 1997, S. 172 – 174 und 282 – 283; Hariolf Grupp/Gunnar Münt/Ulrich Schmoch, Assessing Different Types of Patent Data for Describing High-Technology Export Performance, in: Innovation, Patents and Technological Strategies, hrsg. von der OECD, Paris 1996, S. 271 – 287.

[23] Vgl. z. B. Luc Soete / Sally Wyatt, The Use of Foreign Patenting [wie Anm. 19], Mary E. Mogee/Richard G. Kolar, International Patent Analysis as a Tool for Corporate Technology Analysis and Planning, in: Technology Analysis & Strategic Management 6 (1994) 4, S. 485 – 503, oder Ulrich Schmoch/Hariolf Grupp/Wilhelm Mansbart/Beatrix Schwitalla, Technikprognosen mit Patentindikatoren, Köln 1988, S. 54 – 61.

[24] Vgl. z. B. Konrad Faust, Hariolf Grupp/Marlies Hummel/Günter Klee u. a., Der Wirtschafts- und Forschungsstandort Baden-Württemberg, München 1995, S. 66 – 78.

[25] Vgl. die entsprechenden Zahlen in WIPO, Industrial Property Statistics [wie Anm. 14].

[26] Vgl. Ulrich Schmoch u.a., Technikprognosen [wie Anm. 23], S. 133 – 136.

[27] Manuel Trajtenberg, A Penny for your Quotes: Patent Citations and the Value of Innovations, in: RAND Journal of Economics 21 (1990) 1, S. 172 – 187; Dietmar Harhoff/Francis Narin/Frederic M. Scherer/Katrin Vopel, Citation Frequency and the Value of Patented Innovation, ZEW Discussion Paper 97 – 27, Mannheim 1997; Francis Narin, Patents as Indicators for the Evaluation of Industrial Research Output, in: Scientometrics 34 (1995), S. 489 – 496.

[28] Ulrich Schmoch u. a., Technikprognosen [wie Anm. 23], S. 71 – 72; Ulrich Schmoch, Tracing the Knowledge Transfer from Science to Technology as Reflected in Patent Indicators, in: Scientometrics 26 (1993) 1, S. 193 – 211.

[29] Ulrich Schmoch/Elke Strauß/Hariolf Grupp/Thomas Reiss, Indicators of the Scientific Base of European Patents, hrsg. durch die Europäische Kommission, Brüssel/Luxemburg 1994, S. 51 – 53.

[30] Die Internationale Patentklassifikation umfaßt ca. 65.000 Einzelstellen. Zu näheren Einzelheiten vgl. Ulrich Schmoch, Wettbewerbsvorsprung [wie Anm. 11], S. 42 – 50.

[31] Gunnar Münt, Dynamik von Innovation und Außenhandel. Entwicklung technologischer und wirtschaftlicher Spezialisierungsmuster, Heidelberg 1996.

[32] Vgl. z. B. Ulrich Schmoch, Wettbewerbsvorsprung [wie Anm. 11]; Johannes Weyer, Technikgenese als mehrstufiger Prozeß der sozialen Konstruktion von Technik – ein Phasenmodell, in: Technik, die Gesellschaft schafft, hrsg. von Johannes Weyer u.a., Berlin 1997, S. 35 – 52; Uwe Höft, Lebenszykluskonzepte, Berlin 1992.

[33] Die Datenbank EDOC wird vom Host QUESTEL angeboten. Die Dokumente sind nach der an die Internationale Patentklassifikation angelehnte Europäische Prüferklassifikation ECLA eingeordnet. Nähere Einzelheiten finden sich in Ulrich Schmoch, Wettbewerbsvorsprung [wie Anm. 11], S. 74 – 77.

[34] Vgl. Hariolf Grupp u.a., Die Bemessung [wie Anm. 4].

[35] Ein gutes Beispiel für eine solche Vorgehensweise findet sich in Ulrich Schmoch/Sibylle Breiner/Kerstin Cuhls/Sybille Hinze/Gunnar Münt, The Organisation of Interdisciplinarity – Research Structures in the Areas of Medical Lasers and Neural Networks, in: Organisation of Science and Technology at the Watershed, hrsg. von Guido Reger u. Ulrich Schmoch, Heidelberg 1996, S. 267 – 398.

Gewerbliche Schutzrechte im Spannungsfeld des Innovationsprozesses zwischen Hochschule und Wirtschaft

Thomas Gering

Technologietransfer zwischen öffentlichen Forschungseinrichtungen einschließlich der Hochschulen und der Wirtschaft ist ein Geschäftsfeld von stetig zunehmender Bedeutung. Gerade bei der Bewältigung des Strukturwandels in Wirtschaft und Gesellschaft kann dieser Technologietransfer eine wichtige Rolle spielen. Technologietransfer kennt viele Mechanismen, gewerbliche Schutzrechte als Werkzeug zur Organisation des Technologietransfers wurden jedoch von Hochschulen und vielen Forschungseinrichtungen in Deutschland bisher vergleichsweise selten genutzt.

Wie eine Studie im Auftrag des Bundesministeriums für Bildung, Wissenschaft, Forschung und Technologie (BMBF)[1] zum Patentwesen darstellt, wurden im Jahr 1993 ca. 55 Prozent der den deutschen Hochschulen entstammenden Erfindungen von Unternehmen angemeldet, ca. 40 Prozent von den freien Erfindern[2] und lediglich der annähernd vernachlässigbare Rest durch die Hochschulen selbst.

Im Rahmen eines internationalen Vergleichs kommt diese BMBF-Studie zu dem Ergebnis, daß nicht die Zahl der aus deutschen Hochschulen stammenden und zum Patent angemeldeten Erfindungen Anlaß zur Sorge bietet, sondern vielfältige Anzeichen dafür bestehen, daß die Qualität des Umsetzungsprozesses in bestandskräftige, auch international geltende Schutzrechte sowie die Weitergabe dieser Erfindungen in die industrielle Anwendung nicht dem insbesondere in den USA erreichten Niveau standhalten.

Dieser Beitrag faßt einige der Ergebnisse dieser BMBF-Studie zusammen, kommentiert diese und liefert eine Analyse der Rahmenbedingungen, die eine Begründung für diesen Sachverhalt liefern können.

Das Patentwesen an deutschen Hochschulen im internationalen Vergleich

Im folgenden werden einige Ergebnisse der BMBF-Studie zusammenfassend dargestellt. Bei einem Vergleich der deutschen Situation mit anderen Ländern muß berücksichtigt werden, daß dort in bezug auf Erfindungen aus dem Hochschulbereich in der Regel deutlich andere rechtliche Rahmenbedingungen vorliegen und damit quantitative Gegenüberstellungen nur mit großer methodischer Vorsicht durchgeführt werden können. Nachfolgend werden die Ergebnisse einiger zahlenmäßiger Vergleiche mit der Situation in Frankreich, Großbritannien, den USA und der Schweiz bezogen auf das Jahr 1993 dargestellt. Japan wurde in diesen Vergleich nicht einbezogen, da bekannt ist,

daß entgegen des regelmäßig sehr hohen Anmeldeaufkommens in diesem Land
die dortigen Hochschulen als Patentanmelder bisher kaum in Erscheinung
getreten sind[3].

DEUTSCHLAND	1.070	
USA	1.993	(inklusive CIP 3.099, mit Kliniken, Patent-Managementgesellschaften und kanadischen Einrichtungen 3.835)
SCHWEIZ	45	(davon 12 durch drei Hochschulen)
FRANKREICH	145	(+ 95 des CNRS und eine unbestimmte Zahl aus anderen öffentlichen Forschungseinrichtungen
GROßBRITANNIEN	366	(+ 240 der British Technology Group)

Tabelle 1: Patentanmeldungen mit Hochschulherkunft im Jahr 1993[4]

Die Zahlen für die **USA** entstammen dem Licensing Survey der Association of
University Technology Managers (AUTM)[5]. Die Anzahl neuer Inlands-Patent-
anmeldungen durch US-Institutionen bezieht sich dabei auf durch die
Institutionen, nicht durch die Erfinder selbst, hinterlegte Anmeldungen. Diese
stehen wiederum im Kontext mit 8.581 im Jahr 1993 bei den Institutionen
eingelaufenen Erfindungsmeldungen und insgesamt 3.835 US Patentanmeldungen. Die Differenz zu den neuen Anmeldungen betrifft sogenannte
Continuations in Part (CIP). Continuations in Part stellen Patentanmeldungen
dar, die auf bereits in der Vergangenheit hinterlegten Patentanmeldungen fußen,
jedoch neue erfinderische Aspekte beinhalten können. Bei der Bewertung der
Patentaktivitäten amerikanischer Hochschulen und der Abschätzung von
Erteilungsquoten müssen diese CIP Berücksichtigung finden, da ein signi-
fikanter Teil der letztlich zur Erteilung kommenden Schutzrechte auf den CIP
und nicht den erstmalig hinterlegten Anmeldungen beruht. Auf die US-Universitäten alleine entfallen in diesem Zeitraum 6.598 Erfindungsmeldungen und
1993 neue Anmeldungen bei einer Gesamtzahl von 3.099 US Anmeldungen
(inkl. der CIP).

Auch Informationen über den Technologietransfereffekt der mit Schutzrechtsanmeldungen und Schutzrechten betriebenen Lizenzbemühungen liegen
dank des AUTM Licensing Survey vor. So wurden im Steuerjahr 1993 ca. 380
Millionen US $ an Lizenzgebühren eingenommen, wobei diese auf 4.198
Rückflüsse produzierenden Lizenzbeziehungen beruhten.

Die exponentielle Entwicklung der Lizenzverwertung aus Hochschulen in
den USA hält unterdessen an. Im AUTM Licensing Survey des Jahres 1994[6]
sind z. B. folgende Zahlen zu finden:

Erfindungsmeldungen	8.743
Neue US-Anmeldungen	2.429
US Anmeldungen gesamt	4.320
Erfindungsmeldungen US Universitäten	6.697
Neue US Anmeldungen daraus	2.015
US Anmeldungen gesamt daraus	3.477
Lizenzeinkünfte	421.809 Millionen US $
aus Vertragsbeziehungen	4.534

Tabelle 2: Schutzrechts- und Verwertungsaktivitäten amerikanischer Hochschulen im Jahr 1994

Es ist festzuhalten, daß auch in den USA diese Entwicklung sich erst seit ca. 1980 – 84 vollzogen hat. Sie wurde im wesentlichen eingeleitet durch die Verabschiedung des sogenannten Bayh-Dole Act (Public Law 96 – 517), in welchem für 26 öffentliche Forschungsförderungsinstitutionen gleichartige Zuwendungsbestimmungen erlassen wurden, die die Anmeldung von Schutzrechten durch den Förderungsnehmer und die aktive Verwertung dieser Schutzrechte begünstigten.

Der mit aller gebotenen Vorsicht hinsichtlich Unschärfen der in der BMBF-Studie erhobenen Daten gezogene Vergleich der deutschen und amerikanischen Situation ergibt, daß 1.603 Patenterteilungen in den USA im Jahr 1993 ca. 335 (oder ca. 21 Prozent) Patenterteilungen für deutsche Hochschulerfindungen gegenüberstehen. Ein Vergleich mit den FuE-Ausgaben an Hochschulen, die auf der Grundlage von OECD Daten im jüngsten Bundesforschungsbericht[7] angegeben werden, ergibt, daß in Deutschland 26,4 Prozent der US-FuE Ausgaben in die Hochschulforschung investiert werden. Es besteht also Anlaß zu der Vermutung, daß die deutsche Hochschulforschung bezogen auf die eingesetzten Forschungsgelder einen geringeren Output an zu Inlandsschutzrechten erteilten Erfindungen erzielt. Die mit diesen Schutzrechten erzielten Verwertungseffekte stehen offenbar in einem noch weit krasseren Mißverhältnis.

1994 wurden den US-Universitäten 1.874 Inlandspatente erteilt. Die Erteilungszahlen für das Kalenderjahr 1995 weisen 2.190 erteilte Schutzrechte aus.

Vergleichende Betrachtung der fachspezifischen Schwerpunkte

Hinsichtlich der Orientierung von Patentanmeldungen aus deutschen Hochschulen auf Technikfelder zeigt sich eine deutliche Schwerpunktsetzung auf die Gebiete des Maschinenbaus und der Chemie, wobei im chemischen Bereich die Quote der bei Unternehmen angestellten Professoren besonders hoch ist. Entsprechend der Schwerpunktsetzung bei den Technikgebieten sind die Hochschul-Fachbereiche des Maschinenbaus/Verfahrenstechnik sowie der Chemie am stärksten vertreten. Wesentliche Beiträge kommen aber auch von den Fachbereichen der Elektrotechnik und der Medizin. Der Fachbereich der Physik, der mit einem insgesamt mittleren Niveau vertreten ist, leistet insbesondere Beiträge zur Meß- und Regeltechnik sowie zur Mikroelektronik und Informationstechnik.

Bei den Hochschulen liegt das Schwergewicht bei Technischen Hochschulen bzw. Universitäten. Ansonsten ist eine Reihe von Universitäten mit größeren chemischen oder medizinischen Fachbereichen in der Liste der größten Patentanmelder vertreten. Die Analyse der mit Anmeldungen aus der Hochschule verbundenen Unternehmen (wie eingangs dargestellt, wurden 55 Prozent der deutschen Hochschulerfindungen von Unternehmen und nicht von den Hochschulen oder Erfindern angemeldet) weist auf wesentliche Strukturunterschiede in den nach absoluten Zahlen ähnlichen Bereichen des Maschinenbaus und der Chemie hin. Während in der Chemie das Bild von systematischen und langfristigen Beziehungen zwischen wenigen Großunternehmen und Hochschulen geprägt ist, sind im Maschinenbau aufgrund der unterschiedlichen Branchenstruktur vor allem viele mittelständische Unternehmen vertreten.

Die für Deutschland gefundene Dominanz der Chemie ist auch für US-Hochschulen zu attestieren, allerdings auf einem viel höheren Niveau und in einer starken Diversifikation in die Bereiche der Biochemie, der Biotechnologie und der Pharmazie hinein. Auch Messen und Prüfen, Halbleiter und Verfahrenstechnik sind zu finden, ein Befund, der bis auf die Halbleiterentwicklungen auch für Deutschland gilt. Dafür sind Inhalte im Bereich des Ingenieurwesens in den USA überhaupt nicht repräsentiert, was auf die stärkere Ausrichtung der Patentanmeldetätigkeit von US-Hochschulen auf Technologiesektoren hinweist, in welchen das industrielle Interesse an der Lizenznahme latent höher ist.

Der mit einigen Unschärfen behaftete und deshalb mit der gebotenen Vorsicht zu interpretierende Vergleich der deutschen und amerikanischen Situation deutet insgesamt darauf hin, daß nicht die Anmeldezahlen aus der deutschen Hochschulforschung an sich unbefriedigend sind, sondern daß vielmehr die Umsetzung in bestandskräftige Schutzrechte und die anschließenden bzw. parallel zu betreibenden Verwertungsbemühungen in Deutschland bisher nicht den „Wirkungsgrad" der Umsetzung durch die US-Institutionen erreicht. Die hohe Zahl der Erfindungsmeldungen in den USA findet allerdings keinerlei Entsprechung in Deutschland. Es ist deshalb zu vermuten, daß an US-Einrichtungen mittlerweile ein viel größeres Erfindungs-Bewußtsein bei den Wissenschaftlern vorhanden ist, was den Ausleseprozeß durch die Verwertungseinrichtungen erst möglich macht und letztlich die hohen Erteilungs- und Verwertungsquoten nach sich zieht. Dies kann seine Begründung auch im Bereich der vertraglichen Verpflichtung der Hochschulen seitens der Drittmittelgeber haben, ihre Mitarbeiter im Rahmen der Arbeitsverträge und durch entsprechende Weiterbildung über den Stellenwert von Erfindungsmeldungen aktiv zu unterrichten.

Demgegenüber findet in der gegenwärtigen deutschen Praxis keine systematische Auslese der zur Anmeldung zu bringenden Erfindungen statt, d. h. weder die Erfinder selbst noch die in vielen Fällen eingeschalteten Patentabteilungen von Großunternehmen nehmen bei einer Mehrzahl der erfinderischen Ideen aus Gründen der vorherigen Abschätzung der Patentierbarkeit und Verwertbarkeit von einer Hinterlegung der Schutzrechtsanmeldung Abstand.

Zur Situation in Großbritannien, Frankreich und der Schweiz

In **Großbritannien** wurden im Jahr 1993 366 inländische Prioritätsanmeldungen durch britische Universitäten hinterlegt. In einer Studie des Science Policy Research Unit SPRC (Packer, 1994)[8] wurden 62 Universitäten befragt, die vor 1992 den Universitätsstatus inne hatten. Bekanntlich wurde 1993 in Großbritannien eine Hochschulreform umgesetzt, infolge derer die früheren Polytechnics (ungefähr mit den deutschen Fachhochschulen vergleichbare Institutionen) in den Universitätsstatus erhoben wurden. Die Polytechnics verzeichnen bisher, integral betrachtet, eine geringere Patentanmeldetätigkeit.

Im Rahmen der Studie antworteten 55 Prozent der befragten Universitäten. Die in diesem Überblick berücksichtigten Universitäten hielten zusammen 510 in Kraft befindliche Inlands-Patente.

Über 80 Prozent der Universitäten gaben an, in Beziehungen zur British Technology Group (BTG) zu stehen, einer mittlerweile vollständig privatisierten Verwertungsgesellschaft, die aus der schon 1949 gegründeten National Research Development Corporation (NRDC) hervorging. Die BTG betreibt zum Teil auf der Grundlage von Rahmenvereinbarungen mit Universitäten die Schutzrechts- und Verwertungsarbeit für diese. In derartigen Fällen werden die Anmelderechte auf die BTG übertragen. So hat die BTG im Jahr 1993 240 inländische Prioritätsanmeldungen hinterlegt, von welchen der überwiegende Teil ebenfalls aus Hochschulen stammen dürfte.

Im Verhältnis zur deutschen Situation ist insbesondere festzuhalten, daß ein relativ hoher Anteil der von den Universitäten selbst angemeldeten Schutzrechte den Bereichen Biotechnologie und Pharmazie zuzurechnen sind. In Packer's Studie waren dies nicht weniger als 30 Prozent oder 157 in Kraft befindliche Inlandspatente, wobei hier die seitens der BTG verfolgten nicht berücksichtigt sind. Die Verwertung der Schutzrechte der Hochschulen weist einen im Vergleich mit Deutschland höheren Organisationsgrad auf. So verfügen britische Hochschulen, die als Patentanmelder auftreten, i. d. R. über eine eigene Verwertungsgesellschaft oder zumindest eine entsprechende interne Abteilung.

Französische Universitäten haben im Prioritätsjahr 1993 145 eigene Patentanmeldungen hinterlegt. Das Centre Nationale de la Recherche Scientifique
(**CNRS**) als eine der national tätigen Forschungseinrichtungen, die zum Teil in
erheblichem Umfang Forschungsaktivitäten gemeinsam mit oder durch Uni-
versitätslaboratorien betreiben bzw. durchführen lassen, hat im gleichen Zeitraum 95 Prioritätsanmeldungen in Frankreich hinterlegt. Sowohl vom CNRS als
auch den Universitäten ist bekannt, daß sie eine offene Abtretungspolitik
gegenüber industriellen Partnern betreiben (vgl. hierzu Vergnon, 1990[9], der von
ca. 200 Anmeldungen jährlich durch Kooperationspartner des CNRS berichtet).

Die Universitäten haben nach dem Wegfall entsprechender Förder-
mechanismen der ANVAR (Agence Nationale pour la Valorisation de la
Recherche) Mitte der achtziger Jahre mangels entsprechender Haushaltsmittel
eine größtenteils abstinente Haltung im Patentbereich eingenommen. An
einigen Universitäten mit erheblichen Forschungsaktivitäten werden entsprechend regelmäßig überhaupt keine oder lediglich einige wenige Schutzrechtsanmeldungen pro Jahr hinterlegt. Andere Universitäten (z. B. in Rennes
und Compiègne) haben Tochtergesellschaften zur Verwertung von Technologien gegründet, die im Einzelfall eine wesentlich aktivere Patentanmeldetätigkeit der Hochschule nach sich ziehen, so z. B. in Rennes, wo für die
Universität im Jahr 1993 27 Prioritätsanmeldungen hinterlegt wurden. In
Compiègne ergaben sich in den letzten Jahren für Universität und die Verwertungsgesellschaft Gradient S. A. gemeinsam 23 Patentanmeldungen, von
welchen allerdings keine im Jahr 1993 hinterlegt wurde. Weniger als zehn neue
Erfindungsfälle pro Jahr werden gegenwärtig seitens der Hochschulen bei FIST
(France Innovation, Science et Transfert – eine nationale Verwertungsgesell-
schaft) zur weiteren Bearbeitung eingespeist.

Aufgrund der heterogenen Struktur der Forschungsaktivitäten an
französischen Hochschulen mit der direkten Involvierung einer Vielzahl von
öffentlichen Forschungseinrichtungen ist es letztlich nicht möglich, eine verläßliche Information über das Niveau der Nutzung des Patentsystems zu erhalten. Die dargestellten Zahlen ergeben jedoch Anzeichen dafür, daß dieses
Nutzungsniveau im Vergleich zur deutschen Situation eher geringer sein dürfte.

Vor dem Hintergrund der großen rechtlichen und verordnungsspezifischen
Unterschiede im Patentwesen an Hochschulen bietet sich auch ein Vergleich mit
der **Schweiz** an, weil dort – wie in der Bundesrepublik Deutschland – die
Hochschulen in der Regel die Verwertung von Erfindungen den Hochschullehrern selbst überlassen. Lediglich an drei Universitäten bzw. Eidgenössisch-
technischen Hochschulen wurde im Rahmen der Studie eine Anmeldetätigkeit
der Hochschulen gefunden. Insgesamt wurden im Referenzjahr 1993 45 den
Hochschulen entstammende Patentanmeldungen identifiziert. Damit ergibt sich
für die Schweiz im Vergleich mit der deutschen Situation eine eher geringere
Wertigkeit der Nutzung des gewerblichen Rechtsschutzes an den Hochschulen.

Bewertung der Ergebnisse der BMBF Studie

Der internationale Vergleich zeigt Rückstände der deutschen Technologietransferpraxis an Hochschulen unter Benutzung des Patentwesens insbesondere gegenüber den USA auf. Auch in Großbritannien wurde eine regelmäßige und aktive Verwertungstätigkeit an Hochschulen identifiziert, die auch eine Schwerpunktsetzung auf künftige Schlüsseltechnologiebereiche beinhaltet und die wesentliche Vorteile gegenüber dem Entwicklungsstand dieses Technologietransferbereichs in Deutschland ergibt.

Rückstände anderer Länder wie im Rahmen der Studie z. B. Frankreichs und der Schweiz dürfen nicht über die strukturellen Schwächen der deutschen Hochschullandschaft in diesem Bereich hinwegtäuschen. So ist es deutschen Hochschulen bisher in der Regel nicht möglich, die in der Wirtschaft wirksam werdenden Effekte ihrer Technologietransfertätigkeit nachzuweisen. Demgegenüber spricht die amerikanische Öffentlichkeit von Umsätzen in der Wirtschaft mit aus den Universitäten stammenden und patentgeschützten Produkten und Verfahren in Höhe von jährlich mehr als 2 Milliarden Dollar. Diese Umsätze werden für die Sicherung bzw. Schaffung von annähernd 200.000 Arbeitsplätzen verantwortlich gemacht.

Auch im europäischen Vergleich deutet sich an, daß eine gut entwickelte Verwertungsinfrastruktur von Hochschulen ein zukunftssicherndes Kriterium z. B. im Wettbewerb um öffentliche Forschungsgelder bilden kann. So wird eine zunehmende Anzahl öffentlicher Förderprogramme auch darauf abgestellt, welche Maßnahmen im Hinblick auf die wirtschaftliche Verwertung der Ergebnisse, auch z. B. im Rahmen neu geschaffener Unternehmen getroffen wurden bzw. bei Abschluß entsprechender Förderprojekte umsetzbar sind. Hier scheinen deutsche Hochschulen gegenüber einer Vielzahl europäischer Konkurrenten mit eigenen Verwertungsfirmen, Incubators und Science-Parks und einer bereits entwickelten Management-Praxis zur Schaffung neuer Unternehmen unter Involvierung der Hochschule benachteiligt.

Gründe für den Status Quo des Patentwesens und der Verwertungsaktivitäten deutscher Hochschulen

Gründe für den dargestellten Befund sind insbesondere in den Bestimmungen des Gesetzes über Arbeitnehmererfindungen (ArbNErfG) und deren hochschulinterner Anwendung für verschiedene Personalkategorien sowie in den Zuwendungsbestimmungen staatlicher Forschungsgeldgeber zu suchen.

Unter dem Gesichtspunkt des Gesetzes über Arbeitnehmererfindungen sind an Hochschulen zumindest drei verschiedene Personalkategorien zu berücksichtigen:

1. Mitarbeiter, die dem Lehrkörper angehören, insbesondere Professoren, Dozenten und wissenschaftliche Assistenten.

2. Sonstige Mitarbeiter im wissenschaftlichen und nicht-wissenschaftlichen Dienst.

3. Personen, die einer Tätigkeit an der Hochschule im Rahmen ihrer Ausbildung nachgehen, insbesondere Studenten, Stipendiaten, unbezahlte Promovenden o.ä.

Auf die Kategorien 1 und 2 sind die Bestimmungen des Gesetzes über Arbeitnehmererfindungen anzuwenden, im Fall 3 entfällt diese Möglichkeit mangels Arbeitsvertrags.

Grundsätzlich ist zur Klärung der hochschulinternen Verhältnisse darauf hinzuweisen, daß die Hochschule Arbeitgeber ist, nicht das Institut, der Fachbereich oder der Institutsleiter. D. h., daß das zur zweiten Kategorie zählende Personal eine Erfindungsmeldung an den Arbeitgeber – die Hochschule – zu richten hat. Die Hochschule wird die Entscheidung über Inanspruchnahme oder Freigabe in der Regel im Benehmen mit der jeweiligen Instituts- oder Fachbereichsleitung treffen; die Institute oder Fachbereiche sind hierzu mangels juristischer Geschäftsfähigkeit eigenständig nicht autorisiert.

Diese Überlegungen greifen insbesondere in dem in Deutschland weit verbreiteten Beratervertragswesen, in dessen Rahmen es vielfach Mitgliedern des Lehrkörpers an Hochschulen auferlegt wird, die im Vertrag vereinbarte Verpflichtung zur Ablieferung von Arbeitsergebnissen auch für den Kreis ihrer Mitarbeiter, Studenten, Diplomanden und Doktoranden einzugehen. Hierzu ist das jeweilige Mitglied des Lehrkörpers nur bei Vorliegen entsprechender Einzelvereinbarungen in der Lage, die in jedem Fall aber der Zustimmung der Hochschule unterliegen würden.

Wer gehört nun zur Personalkategorie 1, d. h. wer gelangt in den Genuß der Regelungen des § 42 ArbNErfG[10], dem sogenannten Hochschullehrerprivileg?

Die Regelungen des § 42 ArbNErfG haben im Verlauf der Jahrzehnte der Anwendung dieses Gesetzes immer wieder Anlaß zu Auslegungsfragen gegeben. Ist diese Frage bei den Professoren noch ohne Schwierigkeiten lösbar, so wirft die Regelung bei den Dozenten und noch viel mehr bei den wissenschaftlichen Assistenten Zuordnungsschwierigkeiten auf.

Um diese Zuordnungsschwierigkeiten zu lösen, bedarf es vor allem einer Würdigung der hochschulgesetzlichen Bestimmungen, die zum Zeitpunkt der Entstehung des Gesetzes über Arbeitnehmererfindungen in Kraft waren. Hier interessiert insbesondere, wie die Aufgaben der Dozenten und wissenschaftlichen Assistenten im Jahre 1957 gesetzlich definiert waren und ob sie denjenigen entsprechen oder von diesen abweichen, die gegenwärtig im Hochschulrahmengesetz HRG und in den Hochschulgesetzen der Länder definiert sind.

Eine hinreichend genaue Abgrenzung ist durch die Entscheidungsbegründung des LG Düsseldorf vom 26.6.1990 (GRUR 1994, 53 – Photoplethysmograph) möglich geworden (siehe hierzu Bartenbach, 1994, Bd. 2, 347[11]). Demnach können zwar wissenschaftliche Assistenten, nicht aber wissenschaftliche Mitarbeiter in den Genuß des Hochschullehrerprivilegs kommen. Das LG Düsseldorf diskutierte weiter, ob, wie von Ballhaus[12] gefordert, im Einzelfall darauf abzustellen sei, daß dem einzelnen Bediensteten die selbständige Wahrnehmung von Aufgaben in Forschung und Lehre übertragen worden ist, kommt jedoch zu dem Ergebnis, daß die vorgelagerte Privilegierungsvoraussetzung die Zugehörigkeit zu dem gemäß der Gesetzeslage mit selbständiger wissenschaftlicher Arbeit befaßten Personenkreis sei und es somit auf derartige Erwägungen nicht ankomme.

Der Argumentationsgang dieser Urteilsbegründung läßt die komplexen Sachverhalte deutlich werden, die im einzelnen bei der Frage der Zuordnung des Hochschullehrerprivilegs aufzuklären sind. Hierbei ist immer auch zu berücksichtigen, daß die letztendlich im Einzelfall gültige Aufgabendefinition für Hochschulbedienstete in den jeweiligen Hochschulgesetzen der Länder fixiert ist.

Das Universitätsgesetz Baden-Württemberg[13] definiert in seinem § 69 die wissenschaftlichen Assistenten wie folgt:

„(1) Der wissenschaftliche Assistent hat wissenschaftliche Dienstleistungen in Forschung und Lehre zu erbringen, die auch dem Erwerb einer weiteren wissenschaftlichen Qualifikation förderlich sind. Entsprechend seinem Fähigkeits- und Leistungsstand ist ihm ausreichend Zeit zu eigener wissenschaftlicher Arbeit zu geben...“

Das Universitätsgesetz Nordrhein-Westfalen[14] verwendet in seinem § 57 insofern eine identische Formulierung. Wie im UG Baden-Württemberg so wird auch im UG NRW in Abs. 2 des jeweiligen Paragraphen noch weitergehend eingeschränkt:

„Die wissenschaftlichen Assistentinnen und Assistenten sind einer Professorin oder einem Professor zugeordnet und nehmen ihre Aufgaben unter deren oder dessen Verantwortung war.“

§ 71 des Universitätsgesetzes Baden-Württemberg (§ 58 UG-NRW insofern identisch) definiert zum Bereich der Oberassistenten und Oberingenieure:

„(1) Die Oberassistenten und Oberingenieure haben auf Anordnung Lehrveranstaltungen abzuhalten, die sie selbständig durchführen, und wissenschaftliche Dienstleistungen zu erbringen. Die mit ihrer Lehrbefugnis verbundenen Rechte bleiben unberührt.“

Aus der Tatsache heraus, daß dem wissenschaftlichen Assistenten hier also nur in abgeschwächter und zeitlich eingeschränkter Form Gelegenheit zu eigener wissenschaftlicher Arbeit gegeben werden soll, könnte ohne weiteres zumindest einzelfallspezifisch geschlossen werden, daß ein Privilegierungsrecht nicht vorliegt. Verstärkt würde dies für die Oberassistenten und Oberingenieure zutreffen, denen gemäß Universitätsgesetz in gleicher Weise wie den wissenschaftlichen Mitarbeitern neben Lehraufgaben lediglich die Erbringung wissenschaftlicher Dienstleistungen obliegt.

Entsprechend formulierte die baden-württembergische Landesregierung[15] in ihrer Stellungnahme zur Denkschrift des Landesrechnungshofs 1983: „Im Gegensatz zu dem Gutachten[16] ist das Ministerium für Wissenschaft und Kunst allerdings der Auffassung, daß den Assistenten, Oberassistenten und Oberingenieuren das sogenannte Hochschullehrerprivileg allenfalls eingeschränkt und nur insoweit zusteht, als ihnen auch das Recht zur selbständigen wissenschaftlichen Arbeit (z. B. Weiterqualifikation und Lehre) eingeräumt worden ist. Denn nur in diesem Umfang steht diesen Personen das Grundrecht von Forschung und Lehre zur Seite. Soweit diese Personen aber Dienstleistungen zu erbringen haben, sind sie wie weisungsabhängige Mitarbeiter zu behandeln."

Gemäß Bartenbach[17] ist ebenfalls „noch nicht abschließend geklärt, ob der allgemeine Begriff der wissenschaftlichen Hochschulen nur Universitäten und sonstige wissenschaftliche Hochschulen (insbesondere technische Hochschulen) im herkömmlichen Sinne umfaßt oder auch Fachhochschulen und damit vergleichbare Bildungsstätten".

In Anlehnung an die dargestellten Erwägungsgründe aus der Urteilsbegründung des LG Düsseldorf könnte die Gültigkeit des Hochschullehrerprivilegs für bestimmte Bedienstete an Fachhochschulen dann gegeben sein, wenn sie zu eigener wissenschaftlicher Tätigkeit in Forschung und Lehre autorisiert sind, obwohl § 42 ArbNErfG von den wissenschaftlichen Hochschulen spricht, denen Fachhochschulen nach den Hochschulgesetzen der Länder i. d. R. nicht zugerechnet werden können.

Dieses Dilemma hat einzelne Landesregierungen veranlaßt, Fachhochschullehrer per Runderlaß in den Stand der vom § 42 ArbNErfG erfaßten Personen zu erheben.

Wie bereits dargestellt, werden heute in Deutschland Rechte an Arbeitsergebnissen der Hochschule vielfach (nach BMBF-Studie 55 Prozent im Referenzjahr 1993) an Unternehmen im Rahmen von Beratungs-, Auftrags- und/oder Kooperationsverhältnissen abgetreten. Diese Praxis schließt häufig die Rechte von Erfindern der Personalkategorien 1 und 3 mit ein. Hier ist darauf hinzuweisen, daß eine derartige Abtretung der Rechte nicht automatisch auch zu Vergütungsansprüchen der Erfinder gegenüber den Firmen führt – dies muß speziell vereinbart werden.

Findet eine Abtretung von Rechten nicht statt und spricht die Hochschule eine unbeschränkte Inanspruchnahme an Erfinder der Personalkategorie 2 aus, bzw. läßt sich Erfindungsanteile von Erfindern der Personalkategorien 1 und 3 unter Gleichstellung dieser Erfinder mit Diensterfindern übertragen, so finden die Vergütungsrichtlinien des ArbNErfG Anwendung, wobei jedoch das Umfeld der öffentlichen Forschung zu einigen interessanten Abweichungen von der Praxis der Unternehmer führt.

Insbesondere die Bestimmung des *Erfindungswertes* rückt dabei in den Blickpunkt. „Im Einklang mit betrieblichen Erfahrungen und unter wertender Beachtung des Umrechnungsfaktors bei RL-Nr. 14 geht die Schiedsstelle in nunmehr ständiger Praxis davon aus, als Regelsatz für den Erfindungswert 20 Prozent der Bruttolizenzeinnahmen bei patentfähigen Erfindungen anzuwenden. Besonderheiten bestehen im öffentlichen Dienst, wo Beteiligungssätze von 30 – 40 Prozent, in besonderen Fällen aber auch darüber hinaus bei 50 – 60 Prozent und im Einzelfall sogar bei 90 Prozent der Bruttolizenzeinnahmen anerkannt wurden."[18]

Drittmittelbestimmungen staatlicher Forschungsgeldgeber in Deutschland

In Deutschland bestehen unterschiedliche **Zuwendungsbestimmungen** der einzelnen Geldgeber (z. B. Bundesministerien, Europäische Gemeinschaft, Deutsche Forschungsgemeinschaft und Stiftungen), die nach wie vor die nicht-exklusive Verwertung der entstehenden Arbeitsergebnisse als den Normalfall einstufen, beziehungsweise verlangen.[19] Die Zweckdienlichkeit dieser Grund-sätze wird dabei weithin bezweifelt[20].

Diese Zuwendungsbestimmungen werden in ähnlicher Philosophie von verschiedenen Bundesministerien, aber auch im Rahmen in Länderhoheit be-triebenen Forschungsförderungsprogrammen eingesetzt. Stellvertretend für der-artige Zuwendungsbestimmungen werden hier die seitens des Bundes-ministeriums für Bildung, Wissenschaft, Forschung und Technologie ver-wendeten Regeln diskutiert.

Die besonderen Nebenbestimmungen des BMBF zur Projektförderung auf Ausgabenbasis BNBest-BMBF in der Fassung vom Januar 1996 definieren in ihrem Absatz 5 folgende Regelungen im Hinblick auf Benutzungs- und Nutzungsrechte:

Mitteilung über bestehende Schutzrechte.
Der Zuwendungsempfänger hat der Bewilligungsbehörde vor Beginn der Arbeiten am Vorhaben seine bereits bestehenden eigenen Schutzrechte und Schutzrechtsanmeldungen sowie alle ihm bekannten fremden Schutzrechte oder Schutzrechtsanmeldungen, deren Verwertung für das Vorhaben von Bedeutung sein kann, anzuzeigen und nach Möglichkeit zu offenbaren.

Benutzungs- und Nutzungsrechte für den öffentlichen Bedarf.
Der Zuwendungsempfänger erteilt dem Bund zur Förderung von Bildung, Wissenschaft und Technik – auch im Rahmen internationaler Programme – und zur Wahrnehmung sonstiger staatlicher Aufgaben am Ergebnis und den weiteren Arbeitsergebnissen, insbesondere an allen Erfindungen, Schutzrechts-anmeldungen und Schutzrechten, die bei der Durchführung der geförderten

Arbeiten entstehen, ein unwiderrufliches, unentgeltliches, nicht-ausschließ-
liches und übertragbares Benutzungsrecht.
    Gleiche Benutzungs- bzw. Nutzungsrechte räumt der Zuwendungs-
empfänger dem Bund an anderen Arbeitsergebnissen, insbesondere anderen
Erfindungen, Schutzrechtsanmeldungen und Schutzrechten des Zuwendungs-
empfängers ein, soweit dies für die Ausübung der dem Bund übertragenen
Rechte erforderlich und ohne Verletzung von vor der Bewilligung begründeten
Rechten Dritter möglich ist. Der Zuwendungsempfänger kann vom Bund für die
Benutzung ein Entgelt nicht oder nur anteilig beanspruchen, soweit die
Arbeitsergebnisse auf Arbeiten beruhen, die ganz oder überwiegend aus
öffentlichen Mitteln (auch internationaler Organisationen) finanziert worden
sind.
    Übertragung von Benutzungs- und Nutzungsrechten auf Dritte.
    Auf Verlangen Dritter mit Sitz in der Bundesrepublik Deutschland hat der
Zuwendungsempfänger diesen an den bezeichneten Arbeitsergebnissen zu angemessenen Bedingungen ein nichtausschließliches, nichtübertragbares Be-
nutzungs- bzw. Nutzungsrecht für die Benutzung im Inland einzuräumen. Bei
der Bemessung des Entgelts hierfür ist zu berücksichtigen, daß die Arbeitsergebnisse ganz oder teilweise auf mit öffentlichen Mitteln finanzierten Arbeiten
beruhen. Will der Zuwendungsempfänger ein Benutzungs- bzw. Nutzungsrecht
an einen Dritten ausschließlich oder an einen Dritten mit Sitz im Ausland
übertragen, so ist die vorherige schriftliche Zustimmung der Bewilligungsbehörde einzuholen.
    Arbeitnehmererfindungen
    Der Zuwendungsempfänger hat Erfindungen seiner Arbeitnehmer, die für
das Ergebnis voraussichtlich bedeutsam sind, entsprechend dem Gesetz über
Arbeitnehmererfindungen (ArbNErfG) unbeschränkt in Anspruch zu nehmen
und zur Erteilung eines Schutzrechts aus eigenen Mitteln anzumelden. Ausnahmen bedürfen der vorherigen schriftlichen Zustimmung der Bewilligungsbehörde.
    Soweit der Zuwendungsempfänger weder aufgrund des ArbNErfG (z. B.
wegen der für Wissenschaftler an Hochschulen geltenden Ausnahme des § 42
ArbNErfG) noch aufgrund der Arbeits- oder Dienstverträge ein Schutzrecht
oder ein umfassendes Benutzungs- bzw. Nutzungsrecht an den Arbeitsergebnissen erwirbt, hat er vor Bewilligung durch geeignete Vereinbarungen sicher-
zustellen, daß er seine Verpflichtungen erfüllen kann.
    Beteiligung an Einnahmen und Rückzahlung der Zuwendung
    Erzielt der Zuwendungsempfänger aus der Verwertung der Arbeitser-
gebnisses oder Teilen davon durch Übertragung von Schutzrechten, Vergabe
von Lizenzen, Abschluß von Know-how-Verträgen und Veräußerung sonstiger
Kenntnisse und Unterlagen Einnahmen, so ist die Bewilligungsbehörde daran
bis zur Höhe der Zuwendung ggf. einschließlich Zinsen zu beteiligen.

Was die Verpflichtung der Förderungsnehmer zur Verwertung von Ergebnissen anbetrifft, so halten sich die BNBest-BMBF relativ bedeckt. Lediglich in einem Abschnitt zum Erfolgskontrollbericht wird der Zuwendungsempfänger angehalten, in diesem auf die Verwertbarkeit der Ergebnisse und die Verwertungsmöglichkeiten einzugehen.

Die Analyse dieser Regeln ergibt ein Handlungsumfeld für die Hochschulen, das alles andere als motivierend im Hinblick auf die Einnahme einer aktiven Rolle im Bereich der Schutzrechtssicherung und -verwertung wirkt. Zunächst sollen sie, gleich welche Erfinderkategorie (nach ArbNErfG privilegierte Mitglieder des Lehrkörpers und andere) auch betroffen ist, die Erfindung unbeschränkt in Anspruch nehmen, was Ihnen bereits nach ArbNErfG die Verpflichtung zur Anmeldung auf eigene Kosten und die Vergütungspflicht gegenüber den Erfindern einträgt. Auch half der Bund bisher nicht bei der Finanzierung der Anmeldung, sichert sich jedoch Benutzungs- und Nutzungsrechte, die übertragbar sind und verlangt im Erfolgsfall die Beteiligung an den Erlösen bis zur Höhe der Fördersumme. Des weiteren kann jeder Dritte die Einräumung von Benutzungs- und Nutzungsrechten zu Vorzugskonditionen verlangen. Eine formale Verpflichtung zur Verwertung der Ergebnisse besteht nicht.

Die Anwendung derartiger Zuwendungsbestimmungen über Jahrzehnte hat mittlerweile deutlich gezeigt, daß sie letztlich den ursprünglich angestrebten Zweck des möglichst gleichberechtigten Zugangs zu den Ergebnissen und vor allem deren schnelle marktmäßige Umsetzung nicht erreichen. Die Ursachen hierfür liegen in der Hauptsache an dem Sachverhalt, daß Arbeitsergebnisse derartiger Forschungsprojekte in der Regel vor ihrer Umsetzung in marktfähige Produkte oder Verfahren substantieller Weiterentwicklungsinvestitionen bedürfen. Unternehmen sind überwiegend nur dann zur Übernahme derartiger Investitionsrisiken bereit, wenn es ihnen durch Einräumung einer Exklusivitätsposition (zumindest für einen speziellen Anwendungsfall) ermöglicht wird, die entstehenden Entwicklungskosten im Rahmen der Verwertung wiederum zu erlösen. Muß ein Unternehmen jedoch befürchten, daß Konkurrenten ebenfalls Benutzungsrechte erhalten und durch Reengineering mit geringeren Entwicklungskosten das vermarktbare Produkt oder Verfahren zur Verfügung bekommen, so ist die Refinanzierung der eigenen Entwicklungskosten stark gefährdet und damit das Interesse an der Lizenznahme stark eingeschränkt.

Die Frage der Angemessenheit dieser Verwertungsregeln in öffentlich geförderten Forschungsprojekten hat das Bundesministerium für Bildung, Wissenschaft, Forschung und Technologie 1995 erneut zum Anlaß genommen, einen Sachverständigenkreis mit der Analyse dieser Fragestellungen zu beauftragen und Vorschläge zur Problemlösung zu erarbeiten. Der Sachverständigenkreis hat seine Ergebnisse im Herbst 1996 vorgelegt.

Als erste Veränderung der bestehenden Zuwendungsbestimmungen hat das BMBF per Mitteilung vom Juli 1996 an alle Hochschulen und öffentlich finanzierten Forschungseinrichtungen bekanntgegeben, daß ab sofort die Patentierungskosten (Amtsgebühren und Anwaltskosten) für nationale und internationale Patentverfahren, in bereits laufenden und künftig zu bewilligenden Projekten im Umfang der Förderungszusage (Prozentsatz und Höchstsumme) als förderungsfähig eingestuft werden.

Als ähnlich problematisch erweisen sich die seitens der Kommission der Europäischen Union in ihrem „**Mustervertrag für Aktivitäten im Rahmen des vierten Forschungsrahmenprogramms der EU 1994 – 1998**" definierten Regelungen zur Verwertung und gewerblichen Nutzung, die im folgenden in Auszügen dargestellt werden:

▪ Neue Kenntnisse und Schutzrechte gehören dem/den Vertragspartner(n) oder Konsorten, der/die sie erarbeitet hat/haben.

▪ Die Vertragsparteien ergreifen angemessene Maßnahmen zum Schutz der neuen Kenntnisse, die einer industriellen oder kommerziellen Nutzung zugeführt werden könnten. Vereinbaren die Vertragspartner gemeinsames Eigentum an den neuen Kenntnissen und Schutzrechten, so legen sie gemeinsam die entsprechenden Schutzmaßnahmen fest. Die Kommission wird spätestens im Technologie-Implementierungsplan gemäß Artikel 10 dieses Anhangs unterrichtet, wenn für patentfähige Kenntnisse in einem von der Kommission bezeichneten Land keine Schutzrechte beantragt werden sollen, und sie erhält mit Zustimmung des entsprechenden Vertragspartners das Recht, sich um den Schutz dieser Kenntnisse in dem entsprechenden Land zu bemühen. Zudem wird die Kommission vorab informiert, wenn beantragte oder bereits gewährte Schutzrechte aufgegeben werden sollen, und sie hat das Recht, daß ihr diese Schutzrechte auf der Grundlage gleicher Bedingungen abgetreten werden.

Jedem Vertragspartner und jedem komplementären Vertragspartner stehen die Rechte zur Verwertung aller neuen Kenntnisse und Schutzrechte zu – einschließlich des Rechts, die Erzeugnisse durch Dritte auf eigenes Risiko und eigene Kosten zur eigenen Verwertung herstellen zu lassen, und alle Vertragspartner gewähren sich gegenseitig gebührenfreie Zugangsrechte für die Verwertung der neuen Erkenntnisse und Schutzrechte. Ist ein Vertragspartner im allgemeinen nicht auf gewerbliche Tätigkeiten ausgerichtet und selbst nicht zur Vermarktung der von ihm geschaffenen neuen Kenntnisse und Schutzrechte in der Lage, so kann er die oben genannten Zugangsrechte anstatt gebührenfrei gegen eine faire und angemessene finanzielle oder anderweitige Vergütung gewähren. Eine solche Vereinbarung darf die Vermarktung nicht verzögern oder behindern, und ggf. werden die für den Beginn der Vermarktung erforderlichen Zugangsrechte gewährt, bevor die endgültigen Bedingungen vereinbart sind. Vertragspartner, die diesen Unterabsatz in Anspruch nehmen, dürfen die neuen Kenntnisse und Schutzrechte nicht kommerziell nutzen.

Weiterhin werden für neue Kenntnisse und Schutzrechte unzählige Verpflichtungen zur nicht-ausschließlichen Nutzungsrechtseinräumung an Dritte innerhalb des gleichen Forschungsprojekts, des gleichen oder eines verwandten Forschungsprogramms der EU zu Vorzugskonditionen definiert. Dritten innerhalb der EU muß jederzeit auf Wunsch zu frei auszuhandelnden Konditionen ein solches Nutzungsrecht an neuen Kenntnissen und Schutzrechten eingeräumt werden. Ferner verlangt der Mustervertrag, daß sich die EU-Vertragspartner eines Forschungskonsortiums an vor Beginn des Projekts bereits bestehenden Kenntnissen und Schutzrechten gegenseitig zu Vorzugskonditionen Nutzungsrechte einräumen, sofern diese für die Verwertung der neuen Kenntnisse und Schutzrechte erforderlich sind.

Die Regelungen dieses Mustervertrags sehen zwar gegenüber den oben dargestellten Regelungen des BMBF keine Rückzahlungsverpflichtungen aus Verwertungserlösen vor, es darf aber aus Sicht der Hochschulen auch bezweifelt werden, ob in diesem Rahmen jemals signifikante Erlöse erwirtschaftet werden können. Zwar fallen den Hochschulen die Anmelderechte auch betreffend des nach § 42 ArbNErfG privilegierten Personenkreises (sofern diese Personen in die Konditionen des Mustervertrages entsprechend vertraglich eingebunden werden, was den Hochschulen unbedingt zu empfehlen ist) für Erfindungen aus derartigen Projekten zu, eine Finanzierung der Schutzrechtsanmeldung durch den Förderungsgeber erfolgt allerdings ebensowenig. Statt dessen erlegt man den Hochschulen Verpflichtungen im Bereich der Nutzungsrechts-einräumung auf, die, wie bereits diskutiert, keinerlei Motivation bei potentiellen Verwertungsinteressenten erzeugen. Über die Formulierung, daß die Verhandlungen den Beginn der Vermarktung nicht verzögern dürfen, bzw. Projektpartner im Zweifel auch unautorisiert mit der Vermarktung beginnen können, ergibt sich auch innerhalb der Projektkonsortien ein Klima, daß die Hochschulen zu verlängerten Werkbänken degradiert, die keinerlei Gestaltungsspielraum im Hinblick auf die künftige Verwertung ihrer Ergebnisse haben. Da bei Vorliegen einer gebührenpflichtigen Lizenzvereinbarung mit einem Projektpartner keine weiteren Verwertungsbemühungen unternommen werden dürfen, sind den Hochschulen auch alle Möglichkeiten genommen, im Falle schleppender Verwertung durch Beginn neuer Geschäftsbeziehungen mit Dritten einzugreifen.

In diesem Umfeld ergibt sich für die Hochschulen regelmäßig nur die Alternative, entweder möglichst keine Erfindungen entstehen zu lassen, oder über Gemeinschaftserfindungsregelungen mit industriellen Kooperationspartnern die Lasten aus der Schutzrechtsarbeit auf diese zu übertragen. Theoretisch stünde auch die Möglichkeit zur Abgabe der Rechte an die EU offen, wobei die eher zurückgehende Ausstattung und sowieso bereits marginale Infrastruktur der EU-Kommission in diesem Bereich kaum erwarten läßt, daß ein derartiges Vorgehen zu verstärkter Schutzrechtssicherung und -verwertung führen würde.

Die **Deutsche Forschungsgemeinschaft (DFG)** richtet ihre Politik im Bereich der Rechte an entstehenden Arbeitsergebnissen an den Bestimmungen des Gesetzes über Arbeitnehmererfindungen aus. Das heißt, daß gemäß § 42 ArbNErfG privilegierte Personen auch bei im Rahmen von DFG-Förderungen entstehenden Erfindungen diese als freie Erfindungen zur Anmeldung bringen und privat verwerten können. Die DFG verlangt lediglich eine Mitteilung hierüber und beteiligt sich[21] im Falle des Entstehens von Verwertungsgerlösen an diesen.

Die Deutsche Forschungsgemeinschaft legt Wert darauf, daß Ergebnisse der von ihr geförderten Vorhaben nach Möglichkeit auch einer wirtschaftlichen Verwertung zugeführt werden. Führt das Vorhaben zu einem wirtschaftlichen Gewinn oder werden Ergebnisse daraus zum Patent oder zum Erwerb anderer gewerblicher Schutzrechte angemeldet, ist die DFG berechtigt, aus den Gewinnen die Rückzahlung der Beihilfe und einen angemessenen Zinsausgleich zu verlangen. Als Gewinn in diesem Sinne gelten nicht Einnahmen aus Publikationen (Vorträgen, Aufsätzen, Büchern, u. s. w.).

Diese Regelungen der DFG haben es den Hochschulen einerseits ermöglicht, ihre, aufgrund des Hochschullehrerprivilegs und den geltenden traditionelle eher passive Haltung aufrecht zu erhalten und es letztlich den Erfindern zu überlassen, zu entscheiden, ob Schutzrechte angemeldet werden, bzw. in welcher Weise deren Verwertung betrieben werden soll. Die in diesem Bereich im Durchschnitt eher unerfahrenen Wissenschaftler standen und stehen damit vor der Option, auf eigene Rechnung das risikoreiche Geschäft der Schutzrechtsverwertung zu betreiben und in dem seltenen „Glücksfall" einer erfolgreichen Verwertung die Hochschule bzw. die DFG an den Erlösen zu beteiligen. Die Zuwendungsbestimmungen der DFG haben damit ebensowenig Anreize schaffen können, die eine Intensivierung des Technologietransfers begünstigen, da sie dem schwächsten Glied in der Innovationskette – den Wissenschaftlern – sämtliche mit der Erlangung und Verwertung von Schutzrechten zusammenhängenden Risiken ohne entsprechende Unterstützung durch Hochschule und/oder Drittmittelgeber aufbürden.

In vom BMBF bzw. der EU geförderten Projekten entfaltet das Hochschullehrerprivileg dagegen regelmäßig keine Wirkung, da die Zuwendungsbestimmungen den Hochschulen die Überleitung der Rechte auf die Institution vorgeben.

Die Bedingungen für den Technologietransfer aus staatlich geförderten Drittmittelprojekten sind damit leider alles andere als vorteilhaft.

Zwar hat gerade der BMBF im Rahmen seiner Patentinitiative und in Umsetzung der Empfehlungen des oben angesprochenen Sachverständigenkreises Besserung versprochen. Leider läßt die Umsetzung noch immer auf sich warten, obwohl die Ergebnisse spätestens im Sommer 1996 erkennbar waren, da sie samt und sonders auf seit Jahren bekannten und vielfach wiederholten Empfehlungen beruhen.

Damit bleiben für den Technologie-Verwerter gegenwärtig nur die folgenden Alternativen:

▪ Erfindungen zum Patent anmelden, bevor sie in Zusammenhang mit Drittmittelprojekten geraten.

▪ Den dornenreichen Weg der Einzelabstimmung über den BMBF und seine Projektträger mit dem Ziel zu gehen, Einzelgenehmigungen z. B. zur exklusiven Lizenzvergabe zu erhalten.

In den USA hat man ähnlich ungünstige Zuwendungsbestimmungen 1980 im Rahmen des Bayh-Dole Acts abgeschafft und den Hochschulen erlaubt, Schutzrechte auf eigenen Namen und eigene Rechnung, weitgehend ohne Lizenzbeschränkungen und ohne Rückzahlungsverpflichtungen zu verwerten. Die Ergebnisse dieses Vorgehens wurden in der eingangs gelieferten Darstellung zusammengefaßt.

Schlußfolgerungen

Die Diskussion der Rahmenbedingungen des Patentwesens an deutschen Hochschulen insbesondere zum Bereich der Zuwendungsbestimmungen in der Drittmittelforschung, aber auch im Hinblick auf die Komplexität der Regelungen aus dem Gesetz über Arbeitnehmererfindungen, liefert Gründe für den eingangs dargestellten Rückstand deutscher Hochschulen im Bereich der Sicherung schutzrechtsfähiger Arbeitsergebnisse sowie deren wirtschaftlicher Verwertung.

Eine Änderung dieser Rahmenbedingungen erscheint sowohl unter dem Gesichtspunkt der gegenwärtigen gesamtwirtschaftlichen Indikatoren Deutschlands als auch unter dem Aspekt der Zukunftssicherung der Hochschulen selbst dringend angezeigt. Kurzfristige Erfolge dürfen jedoch nicht erwartet werden. Wie wiederum das amerikanische Beispiel zeigt, waren mehr als zehn Jahre erforderlich, um auf der Grundlage der Änderung der Rahmenbedingungen nachhaltige wirtschaftliche und strukturelle Effekte zu entwickeln.

Anmerkungen:

[1] Becher, Gering, Lang, Schmoch, Patentwesen an Hochschulen, BMBF, Bonn 1996.

[2] § 4 ArbNErfG gibt eine Definition zum Unterschied zwischen Diensterfindungen und freien Erfindungen.

[3] Vgl. hierzu P. Tong, Survey looks inside Japanese Universities, in: Les Nouvelles, Journal of the Licensing Executives Society, Vol.XXIX, No.1, March 1994.

[4] Für die USA Fiscal Year 1993: 1.4.93 – 30.3.94, Zum Vergleich wird hier das jeweilige Bruttoinlandsprodukt (BIP) im Verhältnis zum deutschen BIP (100 Prozent) für 1993 angegeben: USA: 416 Prozent, UK 65,8 Prozent, F 71,7 Prozent, CH 10,5 Prozent; Quelle: Bundesbericht Forschung 1996, BMBF, Bonn.

[5] The AUTM Licensing Survey, Fiscal Years 1993,1992 and 1991, Norwalk CT 1994.

[6] The AUTM Licensing Survey, Fiscal Year 1991 – Fiscal Year 1994, Norwalk CT 1995.

[7] Bundesbericht Forschung 1996, BMBF Bonn, Mai 1996, S. 580 ff.

[8] K. Packer, Patenting activity in UK Universities, results of a national survey; Industry & Higher Education Vol.8, No.4, InPrint Publishing Ltd, Brighton, 1994.

[9] Vergnon, Public Research Institutes; Beyond Academics-Innovation as a new Task; in Proceedings of PATINNOVA `90, v. Witzleben, Täger (editors), Kluwer Academic Publishers, Deutscher Wirtschaftsdienst, 1991.

[10] § 42 Abs. 1 ArbNErfG: "In Abweichung von den Vorschriften der §§40 und 41 sind Erfindungen von Professoren, Dozenten und wissenschaftlichen Assistenten bei den wissenschaftlichen Hochschulen, die von ihnen in dieser Eigenschaft gemacht werden, freie Erfindungen."

[11] Kurt Bartenbach, Aktuelle Probleme des Gewerblichen Rechtsschutzes, Band 2, Köln 1994: „Nach der Neufassung des geltenden Hochschulrahmengesetzes vom 9.4.1987 wird unterschieden zwischen Professoren, Hochschuldozenten, wissenschaftlichen Assistenten, Oberassistenten und Oberingenieuren und wissenschaftlichen Mitarbeitern (§§ 53 HRG, 60 WissHG Nordrhein-Westfalen). Die hochschulrechtliche Terminologie steht damit wieder im Einklang mit derjenigen des Arbeitnehmererfindergesetzes, das in § 42 die Erfindungen von Professoren, Dozenten und wissenschaftlichen Assistenten privilegiert, wobei nach der amtlichen Begründung unter wissenschaftlichen Assistenten auch die Ihnen nach § 10 Abs. 1 der Reichsassistentenordnung vom 1.1.1940 gleichgestellten Oberassistenten, Oberärzte und Oberingenieure verstanden werden sollten. Dem wissenschaftlichen Assistenten des geltenden Rechts entspricht im wesentlichen der Hochschulassistent im Sinne des § 47 des HRG vom 26.1.1976. Gegenüber seiner wie schon nach der Reichsassistentenordnung nicht nur auf Dienstleistungen, sondern auch auf eigene wissenschaftliche Tätigkeit ausgerichteten Stellung obliegen dem wissenschaftlichen Mitarbeiter nach § 53 HRG lediglich wissenschaftliche Dienstleistungen in Forschung und Lehre. Wissenschaftliche Mitarbeiter können daher nicht zu dem nach § 42 ArbNErfG im Interesse der Freiheit von Forschung und Lehre privilegierten Personenkreis gerechnet werden."

[12] W. Ballhaus, Rechtliche Bindungen bei Erfindungen von Universitätsangehörigen, GRUR, VCH Verlag, Weinheim 1984, S. 1, 1ff.

[13] Gesetzblatt Baden-Württemberg vom 25.1.1995.

[14] Gesetz- und Verordnungsblatt NRW, Nr. 52 vom 23.9.93.

[15] Landtag Baden-Württemberg, 10. Wahlperiode; Drucksache 10/1402 vom 28.03.89.

[16] Kraßer, Schricker, 1989, ebenda.

[17] Kurt Bartenbach, 1994, Bd.2, ebenda.

[18] Kurt Bartenbach, Aktuelle Probleme des gewerblichen Rechtsschutzes, Band 1, Köln, 1993.

[19] Thomas Gering, Förderung des Technologietransfers durch universitäre Patent- und Lizenzpolitik, Vergleichende internationale Bestandsaufnahme, TII Luxemburg, 1995: „Dabei betreiben insbesondere der Bund und die Europäische Gemeinschaft eine Politik, die zum obersten Ziel die Wettbewerbsneutralität erhebt. Noch immer nimmt man dabei in Kauf, daß nur ein verschwindend geringer Prozentsatz von Rechten an den entstehenden Arbeitsergebnissen überhaupt zur Anmeldung kommt und noch immer wird es hingenommen, daß noch weit weniger Erfindungen überhaupt Eingang in Lizenzen finden, da ja Unternehmen häufig Wert auf exklusive Benutzungsrechte zumindest für ihren Anwendungsfall legen müssen, um ihre Risikoinvestitionen in eine Produktentwicklung abzusichern. Denn häufig ist, wie oben ausgeführt, universitäre Technologie allenfalls als Basisentwicklung einzustufen, die substantieller Weiterentwicklung und damit finanzieller Investition bis zur Marktreife bedarf".

[20] Günter Püttner, Ulrich Mittag, 1989, ebenda: „Der verständliche Sinn solcher Vorschriften, aus öffentlichen Mitteln geförderte Forschungsergebnisse der Allgemeinheit zugänglich zu machen, verkehrt sich dann in sein Gegenteil, wenn wegen dieser Konditionen eine Verwertung eventueller Schutzrechte für potentielle Wirtschaftspartner unrentabel erscheint und deshalb eine Sicherung von Schutzrechten nicht weiterverfolgt wird."

[21] Erfahrungsgemäß mit 20 Prozent der laufenden Einnahmen zuzüglich einem Zinsausgleich von i. d. R. 6 Prozent.

Die neuen Bundesländer im Patentgeschehen der Bundesrepublik Deutschland

Siegfried Greif

1. Vorbemerkungen

Das Patentwesen ist ein komplexes System verschiedener, ineinandergreifender Aspekte. Von seiner Natur her, ist das Patent juristisch in der Form, technisch im Inhalt und wirtschaftlich in der Wirkung. In zeitlicher Hinsicht vermitteln Patentdaten nicht nur ein Gegenwartsbild, sie sind auch das Spiegelbild langfristiger Entwicklungen sowie kurzfristig vorangegangener Forschungs- und Entwicklungsaktivitäten und erlauben einen Blick in die Zukunft im Hinblick auf die Realisierung von Erfindungen in Innovationen.

So ist das Patentwesen neben seiner Funktion der Markierung von Rechtspositionen ein Instrument zur Beobachtung und Analyse technisch-naturwissenschaftlicher und wirtschaftlicher Sachverhalte. Im besonderen sind Patentdaten geeignet als Indikatoren für Forschungs- und Entwicklungstätigkeit (FuE) sowie für technologische und wirtschaftliche Strukturen und Entwicklungen. Die Zusammenhänge sind durch eine Reihe empirischer Untersuchungen belegt.[1]

2. Entwicklungslinien inländischer Patentaktivitäten

Im Jahre 1996 wurden beim Deutschen Patentamt 42.834 Patentanmeldungen inländischer Herkunft eingereicht.

Betrachtet man die Patentanmeldungen der letzten 4 Jahrzehnte, sind verschiedene Entwicklungsphasen erkennbar[2]:

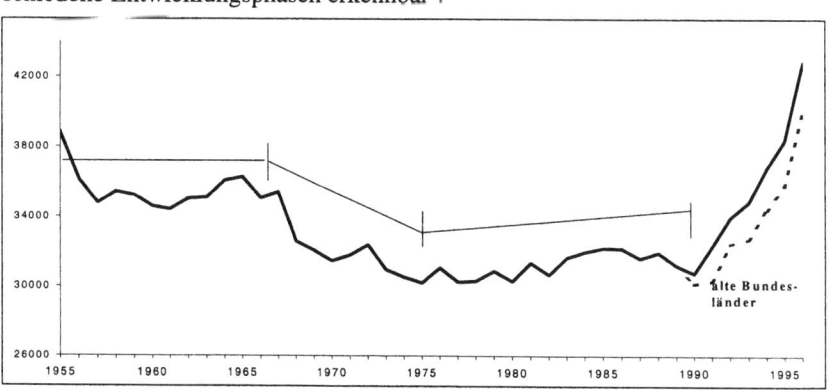

Abb. 1: Patentanmeldungen inländischer Herkunft beim Deutschen Patentamt

Jahr	Patent- anmeldungen	Jahr	Patent- anmeldungen	Jahr	Patent- anmeldungen
1955	38 842	1970	31 467	1985	32 215
1956	36 135	1971	31 800	1986	32 180
1957	34 786	1972	32 378	1987	31 615
1958	35 442	1973	30 959	1988	31 932
1959	35 237	1974	30 534	1989	31 199
1960	34 577	1975	30 198	1990	30 749
1961	34 417	1976	31 065	1991	32 321
1962	35 047	1977	30 247	1992	33 971
1963	35 105	1978	30 308	1993	34 841
1964	36 093	1979	30 879	1994	36 790
1965	36 288	1980	30 294	1995	38 377
1966	35 062	1981	31 361	1996	42 834
1967	35 397	1982	30 668		
1968	32 592	1983	31 658		
1969	32 071	1984	31 984		

▪ Nach einem starken Aufschwung Anfang der fünfziger Jahre bewegen sich die Anmeldezahlen ab Mitte der fünfziger bis Mitte der sechziger Jahre auf dem hohen Niveau von etwa 35.000 im Jahr.

▪ In den sechziger und bis Mitte der siebziger Jahre ist ein negativer Trend mit einer Niveausenkung auf rund 30.000 Anmeldungen im Jahr festzustellen.

▪ Ab Mitte der siebziger und in den achtziger Jahren ist ein leicht positiver Trend zu beobachten.

▪ Ab 1990 ist eine starke Zunahme der Anmeldezahlen auf fast 43.000 im Jahr 1996 zu verzeichnen.

Der Anstieg der Inlandsanmeldungen in den letzten Jahren geht nur zu einem geringen Teil auf die Anmeldungen aus den neuen Bundesländern und Berlin (Ost) zurück. Im Jahre 1996 waren es 2.831 Patentanmeldungen.

Insgesamt darf man die starke Zunahme der inländischen Patentaktivitäten im Zusammenhang mit dem Agieren ausländischer, insbesondere US-ameri-kanischer und japanischer Patentanmelder auf dem deutschen Markt sehen. Durch das Europäische Patentsystem begünstigt, hat sich die Zahl der Patent-anmeldungen aus dem Ausland im Zeitraum von 1977 bis 1996 von 29.811 auf 59.613 erhöht.[3] Die deutsche Wirtschaft hat auf den zunehmenden Wett-bewerbsdruck mit verstärkten Patentaktivitäten reagiert.[4] Zwischen 1977 und

1990 ist der Inländeranteil von 50 Prozent auf 35 Prozent zurückgegangen; ab 1990 ist er auf 42 Prozent im Jahre 1996 kontinuierlich wieder angestiegen.

3. Regionale Struktur der Patentanmeldungen

Die Aufschlüsselung der Patentanmeldungen des Jahres 1996 nach Bundes-ländern zeigt folgende Struktur:

Mit einem Anteil von 23,0 Prozent der Patentanmeldungen liegt Bayern an erster Stelle. Es folgen Baden-Württemberg mit 22,7 Prozent und Nordrhein-Westfalen mit 20,9 Prozent. Aus diesen drei Ländern – die mit wechselnder Rangfolge seit Jahren die Spitzengruppe bilden – kommen somit rund zwei Drittel aller inländischen Anmeldungen:

Abb. 2: Patentanmeldungen nach Bundesländern

	1994			1995			1996		
	Anzahl	Anteil in %	Anzahl pro 100.000 Einwohner	Anzahl	Anteil in %	Anzahl pro 100.000 Einwohner	Anzahl	Anteil in %	Anzahl pro 100.000 Einwohner
Bayern	7 690	20,9	67	8 375	21,8	70	9 857	23,0	83
Baden-Württemberg	8 328	22,6	84	8 411	21,9	82	9 711	22,7	95
Nordrhein-Westfalen	8 156	22,2	47	8 532	22,2	48	8 938	20,9	50
Hessen	3 736	10,2	64	3 860	10,1	65	4 117	9,6	69
Niedersachsen	2 099	5,7	28	2 272	5,9	29	2 689	6,3	35
Rheinland-Pfalz	1 765	4,8	47	1 795	4,7	45	1 955	4,6	50
Berlin	1 343	3,7	39	1 345	3,5	39	1 377	3,2	40
Sachsen	788	2,1	17	882	2,3	19	935	2,2	20
Hamburg	790	2,1	48	712	1,9	42	896	2,1	53
Thüringen	442	1,2	17	488	1,3	19	565	1,3	22
Schleswig-Holstein	548	1,5	21	563	1,5	21	556	1,3	21
Sachsen-Anhalt	306	0,8	11	354	0,9	13	424	1,0	15
Brandenburg	238	0,6	9	239	0,6	9	307	0,7	12
Saarland	256	0,7	24	241	0,6	22	214	0,5	20
Mecklenburg-Vorp.	122	0,3	6	153	0,4	8	156	0,4	8
Bremen	183	0,5	27	155	0,4	23	137	0,3	20
Insgesamt	36790	100	46	38377	100	47	42834	100	53

Wegen der unterschiedlichen Größe der einzelnen Bundesländer können diese Zahlen nur ein unvollständiges Bild geben. Weitergehende Aufschlüsse können gewonnen werden, wenn man die Daten mit anderen Zahlen ins Verhältnis setzt. Zieht man dazu beispielsweise Bevölkerungszahlen heran, so ergibt sich eine andere Konstellation. Bei einem Durchschnitt von 53 Patentanmeldungen pro 100.000 Einwohner liegen Baden-Württemberg mit 95, Bayern mit 83 und Hessen mit 69 Anmeldungen deutlich über diesem Durchschnitt.[5]

Die neuen Bundesländer liegen insgesamt in dem Bereich der Länder mit relativ schwachen Erfindungsaktivitäten, weisen im einzelnen jedoch auch

Anteile am gesamten Anmeldungsvolumen sowie Pro-Kopf-Raten auf, die über denen einiger alter Bundesländer liegen. Auffallend ist, daß die Länder mit hoher Patentintensität gleichzeitig diejenigen mit geringer Arbeitslosigkeit sind. Offenbar besteht ein Zusammenhang zwischen Innovationskraft und Beschäftigungsgrad[6]:

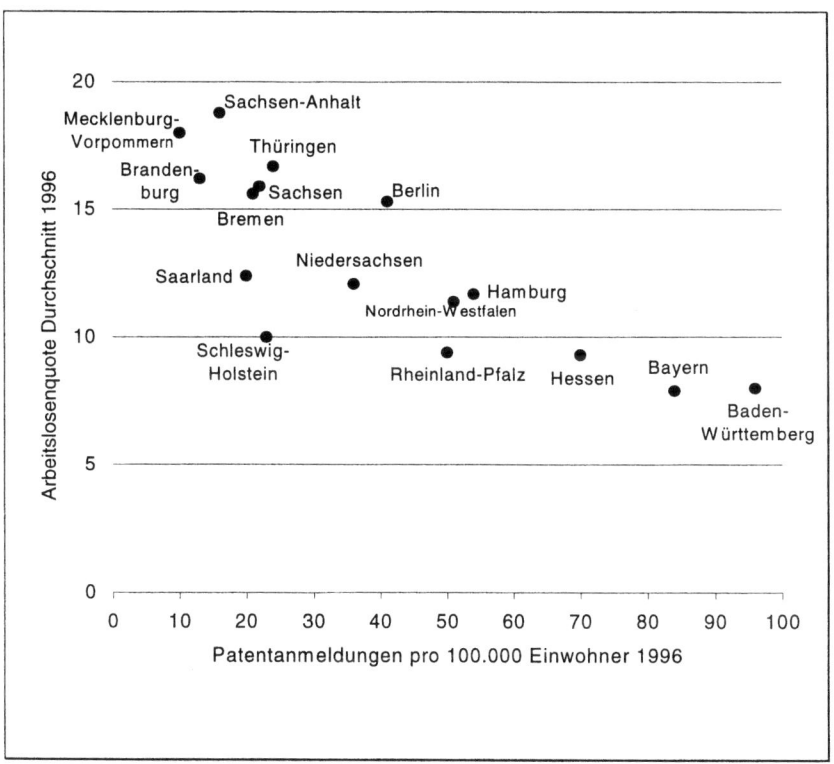

Abb. 3: Patentintensität und Arbeitslosigkeit nach Bundesländern

Die These, daß technischer Fortschritt Arbeitsplätze vernichte, mag in speziellen Fällen zutreffend sein, ist aber generell wohl nicht haltbar. Eine Reihe weiterer Untersuchungen mit verschiedenen Ansätzen bestätigt den positiven Zusammenhang zwischen Innovation und Beschäftigung. So wird beispielsweise in einer Untersuchung des Instituts der deutschen Wirtschaft festgestellt, daß forschungsintensive Wirtschaftsbereiche bessere Beschäftigungsentwicklungen vorzuweisen haben als Niedrigtechnologie-Branchen.[7]

In den neuen Bundesländern und Berlin (Ost) zeigt die regionale Aufschlüsselung der Patentanmeldungen des Jahres 1996 folgendes Bild (siehe

Abb. 4): Mit einem Anteil von 33,0 Prozent stammt das mit Abstand größte Aufkommen aus Sachsen. Es folgen Thüringen mit 20,0 Prozent, Berlin (Ost) mit 15,7 Prozent, Sachsen-Anhalt mit 15,0 Prozent, Brandenburg mit 10,8 Prozent und Mecklenburg-Vorpommern mit 5,5 Prozent. Im Durchschnitt wurden 18 Patentanmeldungen pro 100.000 Einwohner getätigt:

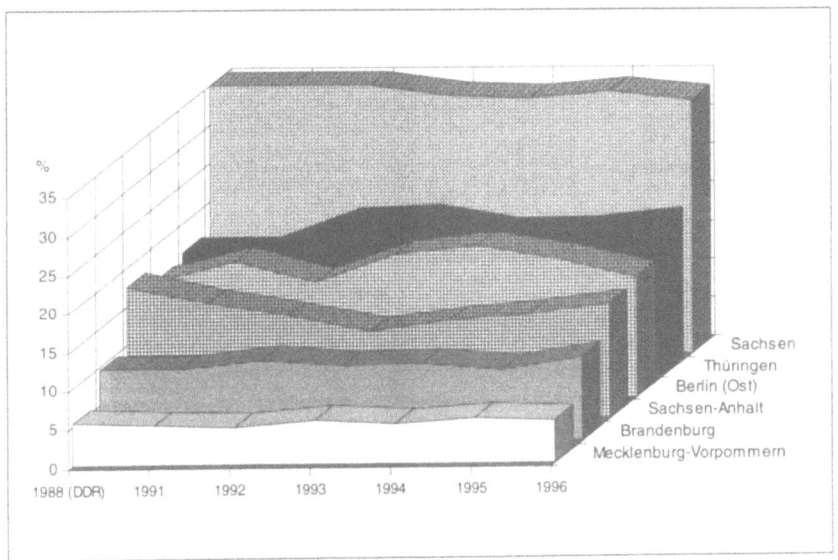

Abb. 4: Patentanmeldungen aus den neuen Bundesländern. Prozentuale Verteilung innerhalb dieser Ländergruppe

Vergleicht man die Erfindungsaktivitäten mit denen in der DDR, so ist zu erkennen, daß die prozentuale räumliche Verteilung der Patentanmeldungen in den Größenordnungen unverändert geblieben ist. In der Abbildung 4 sind die Daten der DDR von 1988 denen der neuen Bundesländer gegenübergestellt worden. Um die Vergleichbarkeit herzustellen, wurden die DDR-Daten auf derzeitige Bundesländer umgerechnet.[8]

Eine weitere räumliche Aufschlüsselung der Erfinderaktivitäten erlaubt es, enger gefaßte Gebiete als FuE-Stätten und regionale Schwerpunkte zu identifizieren. Eine Aufgliederung nach Kreisen (beziehungsweise kreisfreien Städten) enthält die Landkarte der Abbildung 5. Die hier vorgenommene räumliche Zuordnung von Patentanmeldungen bezieht sich auf den Sitzort des Erfinders. Bei der Betrachtung des Anmeldersitzes können sich durch mehrere Sitzorte sowie durch regional gestreute Betriebe und FuE-Stätten eines Unternehmens gewisse Unschärfen ergeben.

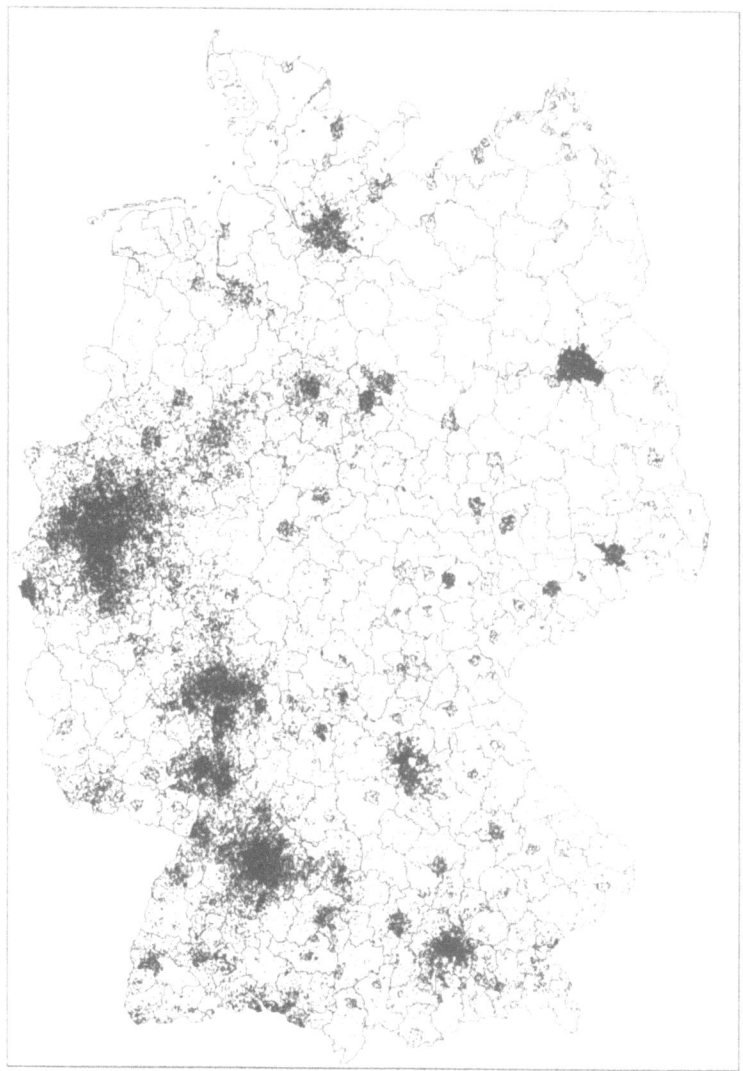

Abb. 5: Patentanmeldungen. Erfindersitz. Durchschnitt 1992 – 1994

Mit dem Erfindersitzkonzept ist der Erfindungsort, die tatsächliche F+E-Stätte, besser identifizierbar. Um jährliche Zufallsschwankungen zu glätten, wurden die Daten der Jahre 1992 bis 1994 herangezogen und daraus ein Durchschnitt gebildet[9]; danach bedeutet jeder Punkt in der Patentlandkarte eine Patentanmeldung.

Das Patentgeschehen im Bundesgebiet wird ganz wesentlich von den Räumen Rhein-Ruhr, Rhein-Main, Stuttgart und München getragen. Die großräumige Betrachtung macht verschiedene regionale Typen deutlich. Im norddeutschen Raum sind insgesamt relativ schwache Patentaktivitäten zu verzeichnen. Hamburg, Hannover und Berlin sind hier starke Regionen; daneben sind weite Gebiete strukturschwach. Ein ähnliches Bild zeigt Bayern; hier sind die Patentaktivitäten insgesamt zwar relativ hoch, konzentrieren sich aber – bei ansonsten landesweit eher schwachem Patentgeschehen – auf die Räume München und Nürnberg. Demgegenüber stellt sich die räumliche Verteilung zum Beispiel in Nordrhein-Westfalen und Baden-Württemberg ganz anders dar. Neben starken Konzentrationen sind Streuungen relativ starker Patentaktivitäten über weite Landesteile hinweg festzustellen.[10]

Die Patentanmeldungen in den neuen Bundesländern sind sehr ungleichmäßig verteilt. Den patentaktiven südlichen Gebieten stehen im Norden praktisch patentleere Regionen gegenüber. Starke Konzentrationen finden sich in Ost-Berlin und in den Räumen Dresden, Chemnitz und Jena, mittlere in Leipzig, Halle und Magdeburg.

4. Patentanmeldungen nach technischen Bereichen

Die Internationale Patentklassifikation (IPC), ein technisch orientiertes hierarchisches Ordnungssystem mit rund 65.000 Feineinheiten, erlaubt die Zuordnung von Patentanmeldungen zu enger oder weiter definierten Bereichen.[11] Da die höchste Aggregationsebene mit 8 IPC-Sektionen nur relativ grobe Aussagen erlaubt und die nächste Ebene mit 118 IPC-Klassen für Gesamtbetrachtungen schlecht praktikabel ist, wurde von der Weltorganisation für geistiges Eigentum (World Intellectual Property Organization, WIPO) auf der Basis der IPC ein System entwickelt, das die gesamte Technik in 31 Gebiete einteilt und somit für Gesamtübersichten geeignet ist.[12]

Die entsprechende Aufschlüsselung der Patentanmeldungen macht deutlich, welche Bereiche mehr oder weniger Gegenstand der Erfinderaktivitäten sind (siehe Abb. 6). Der wichtigste Bereich ist mit 8,8 Prozent aller Inlandsanmeldungen in Deutschland die Fahrzeugtechnik. Es folgen Elektrotechnik (8,3 Prozent) und Messen, Prüfen, Optik (7,6 Prozent). Auf diese drei Gebiete entfallen somit rund 25 Prozent der Patentanmeldungen. Die geringsten Patentaktivitäten finden sich in den Bereichen Kernphysik und Bergbau, wobei allerdings zu berücksichtigen ist, daß diese Gebiete relativ eng definiert sind.

Technisches Gebiet	BR Deutschland	Schleswig-Holstein	Hamburg	Niedersachsen	Bremen	Nordrhein-Westfalen	Hessen	Rheinland-Pfalz	Baden-Württemberg	Bayern	Saarland	Berlin	Brandenburg	Mecklenburg-Vorpommern	Sachsen	Sachsen-Anhalt	Thüringen
Fahrzeuge, Schiffe, Flugzeuge	8,8	8,7	11,6	14,1	16,0	6,1	8,0	5,1	11,4	9,4	6,5	5,8	7,4	16,5	4,7	7,5	4,1
Elektrotechnik	8,3	7,9	4,2	5,9	5,1	6,4	7,4	3,2	9,1	11,0	5,2	17,0	11,7	4,5	7,5	3,9	8,7
Messen, Prüfen, Optik, Photographie	7,6	9,3	6,2	6,9	9,6	4,8	8,3	4,6	8,2	9,0	9,0	10,7	8,7	10,8	8,5	6,9	21,0
Fördern, Heben	5,8	7,3	6,5	7,0	7,7	7,6	4,9	5,9	5,2	4,7	8,0	3,0	5,3	4,9	6,2	7,2	4,4
Maschinenbau im allgemeinen	5,8	3,7	3,8	6,4	1,3	6,1	6,3	4,0	6,6	6,1	7,9	2,4	1,6	3,6	3,0	5,2	2,2
Bauwesen	5,4	5,5	6,7	5,7	8,4	6,5	4,9	4,5	5,2	5,2	10,1	3,2	7,7	6,4	4,9	4,3	3,4
Kraft- und Arbeitsmaschinen	5,1	5,5	3,1	6,4	5,2	3,6	3,7	3,0	7,6	5,3	2,8	2,9	2,2	4,2	5,0	2,8	3,8
Gesundheitswesen*, Vergnügungen	4,5	11,6	7,8	3,9	6,8	3,1	3,8	3,9	4,6	5,1	7,4	5,8	5,6	7,7	2,7	4,9	6,5
Trennen, Mischen	4,4	4,8	5,6	4,1	4,7	5,3	4,2	3,8	4,4	3,6		8,7	3,2	5,1	4,3	10,8	4,0
Organische Chemie	4,2	0,9	2,1	1,9	0,8	6,8	8,4	13,6	1,8	1,4	1,4	6,9	2,1	2,6	1,7	4,6	1,9
Schleifen, Pressen, Werkzeuge	4,1	3,6	2,8	3,5	1,5	4,5	3,1	4,2	4,5	3,7	2,3	2,6	2,3	7,4	5,4	2,0	3,1
Elektronik, Nachrichtentechnik	3,6	3,8	4,0	4,2	4,0	1,8	3,2	1,2	3,6	5,1	2,2	6,8	1,7	1,8	1,6	2,3	
Zeitmessung, Steuern, Regeln, Rechnen	3,5	3,6	4,1	3,1	4,2	2,2	2,6	2,5	3,9	4,5	2,7	6,7	2,8	1,7	3,1	1,3	6,3
Beleuchtung, Heizung	3,3	2,3	3,5	3,0	3,7	4,0	3,4	2,0	3,2	3,0	2,8	3,2	8,4	2,4	5,0	3,5	2,9
Metallbearb., Gießerei, Werkzeugmaschinen	3,2	1,7	1,5	2,3	3,1	4,6	2,2	2,0	3,4	2,7	3,7	1,7	2,3	2,9	4,6	4,4	3,4
Persönlicher Bedarf, Haushaltsgegenstände	3,0	2,8	4,3	3,0	2,0	3,0	3,2	3,0	3,0	3,4	3,1	1,5	1,2	1,8	1,3	2,3	1,7
Organische makromolekulare Verbindungen	2,7	0,7	1,1	1,5	2,3	3,9	3,7	13,0	1,0	1,3	1,2	1,0	4,5		2,1	7,6	2,1
Anorganische Chemie	2,3	1,9	1,1	2,3	3,8	2,7	3,0	3,5	1,4	1,9	3,3	2,0	4,1	4,1	4,3	4,5	5,5
Textilien, biegsame Werkstoffe	1,9	0,5	0,2	1,1	0,7	2,1	1,4	1,5	1,8	1,6	0,4	1,5	1,7	3,0	5,8	1,1	3,4
Farbstoffe, Mineralölindustrie, Öle, Fette	1,9	1,1	2,0	1,0	0,5	4,0	2,4	4,5	0,7	0,9	0,8	0,8	1,7	0,5	2,1	2,9	0,5
Druckerei	1,9	1,8	1,6	0,9	1,0	1,1	2,1	1,7	2,3	2,3	0,6	1,7	0,8	0,7	6,4	1,2	0,7
Unterricht, Akustik, Informationsspeicherung	1,4	1,5	2,5	1,4	1,7	0,9	1,7	1,6	1,6	1,4	1,9	1,1	0,3	1,1	1,0	2,4	
Hüttenwesen	1,4	0,5	0,9	0,8	1,9	1,8	2,1	1,0	0,8	1,3	1,8	2,1	1,0	3,1	1,4	1,1	
Landwirtschaft	1,3	1,8	0,9	3,2	0,3	1,4	0,5	1,5	1,0	1,1	1,6	0,8	2,2	3,3	1,8	2,0	1,1
Medizinische und kosmet. Präparate	1,2	1,8	4,9	0,8	1,0	1,1	2,7	2,1	0,7	0,7	0,9	2,8	0,7	1,9	0,6	1,1	1,3
Nahrungsmittel, Tabak	0,8	3,2	3,0	0,8	1,9	0,6	0,7	0,8	0,7	1,2	1,4	2,3	0,8	0,2	0,2		
Papier	0,7	0,6	0,4	0,9		0,6	0,7	0,8	1,4	0,4	0,4	0,1	0,2	0,2	0,4	0,2	
Fermentierung, Zucker, Häute	0,6	0,3	0,5	0,8	0,2	0,6	0,6	0,9	0,4	0,5	0,3	1,6	0,7	1,9	0,8	2,4	0,8
Waffen, Sprengwesen	0,5	0,9	0,3	0,5	0,5	0,5	0,4	0,3	0,5	0,8	0,2	0,3	0,8	0,4	0,5	0,3	0,1
Bergbau	0,4	0,1	0,4	0,7	0,2	1,2	0,1	0,2	0,1	0,1	2,0	0,2	0,5	0,7	0,2	0,4	0,3
Kernphysik	0,2	0,2	0,2	0,0		0,1	0,2	0,2	0,1	0,4	0,1	0,2		0,1	0,1		
Konzentrationsgrad der jeweils drei größten Gebiete	24,8	29,8	27,9	28,1	34,0	20,9	24,7	32,6	28,7	29,4	27,8	34,6	28,8	34,9	22,4	26,1	36,2

Legende: ■ Rang 1 ▨ Rang 2 ▨ Rang 3

* ohne Arzneimittel

Abb. 6:   Patentanmeldungen nach technischen Gebieten.
Prozentuale Verteilung in den Bundesländern.
Erfindersitz. Durchschnitt 1992 – 1994.

Neben den Zahlen für die Bundesrepublik Deutschland insgesamt, enthält die Abbildung 6 die Strukturbilder für die einzelnen Bundesländer. Zur besseren Übersicht sind in dem Tableau die ersten drei Ränge markiert. Die Ergebnisse zeigen ein recht uneinheitliches Bild, neben allgemeinen Strukturmerkmalen erhebliche Abweichungen von den Gesamtwerten und zwischen den einzelnen Ländern, so daß letztlich jedes Land ein spezifisches Muster der Erfindungstätigkeit nach technischen Bereichen hat; das wird auch bei den jeweiligen Konzentrationsgraden, die in der letzten Zeile der Abbildung 6 angegeben sind, erkennbar. So wird beispielsweise die Dominanz der Chemie in Hessen und

Rheinland-Pfalz deutlich. Auch in Sachsen-Anhalt spielt die Chemie eine beachtliche Rolle. Spezialisierungen werden erkennbar, wie zum Beispiel in Sachsen auf den Gebieten der Druckereitechnik und des Textilmaschinenbaus, wobei es sich um Bereiche handelt, die bereits zu DDR-Zeiten mit Spitzenleistungen auf dem Weltmarkt vertreten waren.[13]

Wie die weitere räumliche Aufgliederung zeigt, hat jede Region ihr eigenes Profil technischer Gebiete, die dort Gegenstand von Erfindungsaktivitäten sind. In der Abbildung 7 werden beispielhaft die Regionen des patentaktivsten neuen Bundeslandes, Sachsen, betrachtet.[14] Die fünf Raumordnungsregionen setzen sich jeweils aus mehreren Landkreisen bzw. kreisfreien Städten zusammen. Die Region Oberes Elbtal/Osterzgebirge, in welcher Dresden liegt, spielt eine dominierende Rolle; auf sie entfallen 40,1 Prozent der sächsischen Patentanmeldungen. Die weitere Verteilung auf Regionen und technische Schwerpunktbereiche ist der Abbildung 7 zu entnehmen.

Abb. 7: Patentanmeldungen aus Sachsen. Erfindersitz. Durchschnitt 1992 – 1994.
Prozentuale Verteilung in den Raumordnungsregionen.

5. Patentanmelderarten

Die Patentanmeldungen kommen zum überwiegenden Teil aus der Wirtschaft, demgegenüber sind die Wissenschaft und die Gruppe der selbständigen Erfinder nachrangige Herkunftsbereiche. Vergleicht man die Anmelderstruktur in den neuen Bundesländern mit der in den alten, zeigen sich deutliche Unterschiede: In den neuen Bundesländern kommen vergleichsweise weniger Erfindungen aus der Wirtschaft und relativ viel aus der Wissenschaft und der Gruppe der selbständigen Erfinder (siehe unteren Teil der Abb. 8).[15]

Bundesland	Patentanmeldungen Anteil in %		
	Wirtschaft	Wissenschaft	Freie Erfinder
01 Schleswig-Holstein	68,7	1,8	29,5
02 Hamburg	59,2	1,5	39,4
03 Niedersachsen	75,9	1,8	22,2
04 Bremen	62,3	4,7	33,0
05 Nordrhein-Westfalen	78,5	1,5	20,0
06 Hessen	81,6	0,8	17,6
07 Rheinland-Pfalz	83,7	0,5	15,8
08 Baden-Württemberg	77,3	2,5	20,2
09 Bayern	75,2	1,2	23,6
10 Saarland	57,4	6,9	35,8
11 Berlin	63,8	7,5	28,8
12 Brandenburg	63,4	10,7	25,9
13 Mecklenburg-Vorpommern	52,9	0,6	46,4
14 Sachsen	64,9	11,2	23,9
15 Sachsen-Anhalt	68,8	4,6	26,7
16 Thüringen	59,4	14,1	26,5
BR Deutschland	75,9	2,3	21,8
Alte Bundesländer	76,8	1,7	21,4
Neue Bundesländer und Berlin (Ost)	62,4	10,7	26,9

Abb. 8: Patentanmeldungen nach Anmeldearten in den Bundesländern.
Erfindersitz. Durchschnitt 1992 – 1994

Als Patentanmeldungen selbständiger Erfinder werden die Fälle angesehen, bei denen Identität zwischen Erfinder und Anmelder besteht. Hierin eingeschlossen sind die Anmeldungen von Hochschullehrern, von Arbeitnehmern mit freigegebenen Erfindungen und von Unternehmererfindern.

Die in der Tabelle ebenfalls enthaltene Aufgliederung nach Bundesländern macht deutlich, daß die Anmelderstrukturen in den einzelnen Ländern erheblich voneinander und vom Bundesdurchschnitt abweichen. Auch hier sind natürlich die unterschiedlichen Grundmengen von Belang. So stehen beispielsweise hinter den Wissenschaftsanteilen von 1,2 Prozent für Bayern und 11,2 Prozent für Sachsen jeweils etwa gleichviel Patentanmeldungen.

6. Exkurs: Patentanmeldungen aus der Wissenschaft

Der Bereich der Wissenschaft, der in den neuen Bundesländern eine besondere Rolle spielt, soll hier in einem Exkurs etwas näher beleuchtet werden. Dazu werden die außeruniversitären Forschungseinrichtungen gezählt.[16]

Die räumliche Verteilung der Patentanmeldungen, wie sie in Abbildung 9 dargestellt ist, läßt erkennen, daß die hier aufgezeigten Schwerpunkte sich nur zum Teil mit denen der Gesamtverteilung (Abb. 5) decken. Ausgesprochene Wissenschaftszentren sind die Räume Berlin, Aachen-Jülich, Karlsruhe, Freiburg, Stuttgart und München. Auffallend stark ist auch der Süden der neuen Bundesländer mit Dresden, Chemnitz, Jena, Leipzig und Halle belegt.

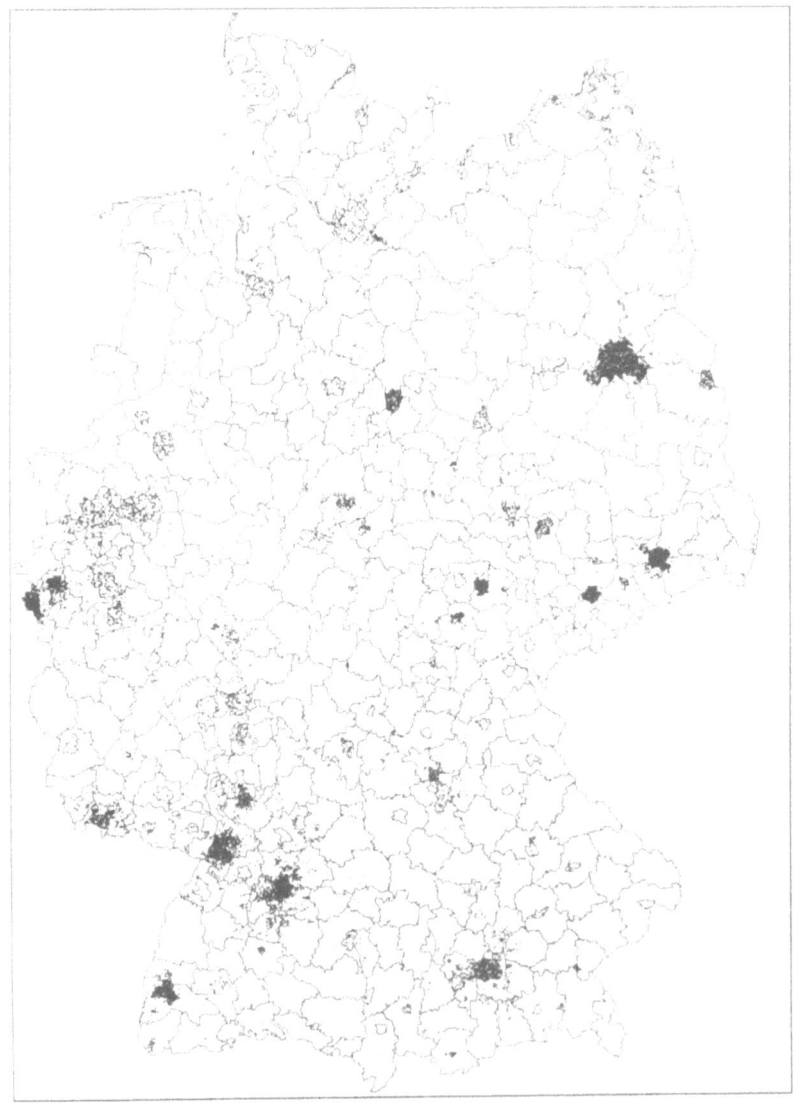

Abb. 9: Patentanmeldungen aus der Wissenschaft.
Erfindersitz. Durchschnitt 1992 – 1994

Die Analyse nach technischen Bereichen macht deutlich, daß die Wissenschaft eine eigene sektorale Struktur besitzt, die vom Bundesdurchschnitt und von den Strukturmustern der Wirtschaft und der freien Erfinder erheblich abweicht (siehe Abb. 10). Mit einem Anteil von 22 Prozent steht der Bereich Messen, Prüfen, Optik im Zentrum der erfinderischen Aktivitäten. Mit Abstand folgt der Bereich Elektrotechnik mit 13,9 Prozent. Auffallend ist, daß die Wissenschaft auf einigen Gebieten relativ stark vertreten ist, wie zum Beispiel in den Bereichen Hüttenwesen (Rang 6) und Fermentierung, Zucker, Häute[17] (Rang 5), denen insgesamt (mit den Rängen 23 und 28) weniger Beachtung geschenkt wird.

Legende: ■ Rang 1   ▨ Rang 2 und 3

Technisches Gebiet	Gesamt		Wirtschaft		Wissenschaft		Freie Erfinder	
	Anteil	Rang	Anteil	Rang	Anteil	Rang	Anteil	Rang
Fahrzeuge, Schiffe, Flugzeuge	8,8	1	8,7	2	0,6	25	10,3	1
Elektrotechnik	8,3	2	9,3	1	13,9	2	4,4	10
Messen, Prüfen, Optik, Photographie	7,6	3	7,7	3	22,0	1	5,8	6
Fördern, Heben	5,8	4	5,8	5	2,1	17	6,4	4
Maschinenbau im allgemeinen	5,8	5	6,3	4	2,6	13	4,3	11
Bauwesen	5,4	6	4,4	9	0,8	22	9,7	2
Kraft- und Arbeitsmaschinen	5,1	7	5,2	6	1,0	20	5,1	7
Gesundheitswesen (ohne Arzneimittel), Vergnügungen	4,5	8	3,0	16	5,4	4	9,6	3
Trennen, Mischen	4,4	9	4,4	8	6,1	3	4,4	9
Organische Chemie	4,2	10	5,2	7	4,0	9	0,6	25
Schleifen, Pressen, Werkzeuge	4,1	11	4,0	10	2,3	15	4,4	8
Elektronik, Nachrichtentechnik	3,6	12	4,0	11	4,0	8	2,1	18
Zeitmessung, Steuern, Regeln, Rechnen	3,5	13	3,3	13	2,2	16	4,3	12
Beleuchtung, Heizung	3,3	14	3,1	15	3,0	12	4,1	13
Metallbearbeitung, Gießerei, Werkzeugmaschinen	3,2	15	3,3	14	4,0	7	2,7	14
Persönlicher Bedarf, Haushaltsgegenstände	3,0	16	2,1	20	0,3	30	6,2	5
Organische makromolekulare Verbindungen	2,7	17	3,3	12	2,4	14	0,4	29
Anorganische Chemie	2,3	18	2,3	17	3,7	10	2,2	17
Textilien, biegsame Werkstoffe	1,9	19	2,2	19	3,0	11	0,9	22
Farbstoffe, Mineralölindustrie, Öle, Fette	1,9	20	2,2	18	1,1	19	0,9	23
Druckerei	1,9	21	2,1	21	0,2	31	1,5	19
Unterricht, Akustik, Informationsspeicherung	1,4	22	1,2	23	0,8	23	2,3	16
Hüttenwesen	1,4	23	1,5	22	4,7	6	0,6	24
Landwirtschaft	1,3	24	0,9	25	0,9	21	2,6	15
Medizinische und kosmetische Präparate	1,2	25	1,2	24	1,9	18	1,2	20
Nahrungsmittel, Tabak	0,8	26	0,7	27	0,3	28	1,2	21
Papier	0,7	27	0,9	26	0,3	29	0,3	30
Fermentierung, Zucker, Häute	0,6	28	0,5	29	4,8	5	0,6	26
Waffen, Sprengwesen	0,6	29	0,6	28	0,5	26	0,6	27
Bergbau	0,4	30	0,4	30	0,4	27	0,4	28
Kernphysik	0,2	31	0,2	31	0,7	24	0,1	31

Abb. 10: Patentanmeldungen nach Anmeldeart und technischen Gebieten.
Prozentuale Verteilung und Rangfolge.
Erfindersitz. Durchschnitt 1992 – 1994

7. Größenstruktur der Patentanmelder

Die Dominanz der Industrieforschung wird auch bei Betrachtung der einzelnen Patentanmelder sichtbar (siehe Abb. 11). Aber auch die Bedeutung der Wissenschaft ist erkennbar. Die Fraunhofer-Gesellschaft steht in der Liste der größten Patentanmelder immerhin auf dem achten Rang.

In der Liste der neuen Bundesländer – die sich in einer anderen Größenordnung bewegt – ist der Bereich der Wissenschaft mit sechs Anmeldern relativ stark vertreten. Mit der hier ausgewiesenen Patentaktivität der Technischen Universität Dresden ist eine Besonderheit verbunden, da Universitäten in Deutschland nur in seltenen Fällen als Patentanmelder auftreten. Wie oben erwähnt, können Hochschullehrer über ihre Erfindungen frei verfügen. Im Rahmen der 1994 eingeführten Erfinderförderung bietet die TU Dresden ihren freien Erfindern die Übernahme der Kosten für Anmeldung und Aufrechterhaltung von Patenten an, wenn sich diese im Gegenzug verpflichten, die Rechte an ihrer Erfindung für mindestens drei Jahre auf die TU Dresden zu übertragen.[18]

	Anmelder	Ort	1993	1995	1996
1	Siemens AG	München	1 606	1 823	2 170
2	Robert Bosch GmbH	Stuttgart	1 019	974	1 194
3	BASF AG	Ludwigshafen	1 014	955	1 080
4	Bayer AG	Leverkusen	1 026	882	1 075
5	Hoechst AG	Frankfurt/Main	852	918	819
6	Henkel KGaA	Düsseldorf	473	516	532
7	Mercedes-Benz Aktiengesellschaft	Stuttgart	606	538	523
8	Fraunhofer-Gesellschaft e.V.	München	213	261	354
9	Bayerische Motoren Werke AG	München	283	345	342
10	ITT Automotive Europe GmbH	Frankfurt/Main	264	217	288
11	Mannesmann AG	Düsseldorf	259	275	284
12	Philips Patentverwaltung GmbH	Hamburg	223	275	247
13	MAN Roland Druckmaschinen AG	Offenbach	140	180	243
14	Volkswagen AG	Wolfsburg	178	198	199
15	Ford-Werke AG	Köln	102	154	193
16	Heidelberger Druckmaschinen AG	Heidelberg	155	157	189
17	Alcatel SEL AG	Stuttgart	171	176	179
18	Fichtel & Sachs AG	Schweinfurt	94	172	179
19	Merck Patent GmbH	Darmstadt	166	196	179
20	Boehringer Mannheim GmbH	Mannheim	135	141	171

Abb. 11: Die größten Patentanmelder 1996
– aus der Bundesrepublik Deutschland

	Anmelder	Ort	1993	1995	1996
1	KBA-Planeta AG	Radebeul	67	39	62
2	Technische Universität Dresden	Dresden	13	14	35
3	Buna Sow Leuna Olefinverbund GmbH	Schkopau	18	18	34
4	VEAG Vereinigte Energiewerke AG	Berlin	24	43	33
5	Carl Zeiss Jena GmbH	Jena	27	19	31
6	Francotyp-Postalia GmbH	Birkenwerder	10	18	30
7	Asta Medica AG	Dresden	22	30	23
8	Deutsche Bahn AG	Berlin	5	13	23
9	Deutsche Waggonbau AG	Berlin	10	10	21
10	JENOPTIK Technologie GmbH	Jena	0	3	15
11	Hüls Silicone GmbH	Nünchritz	5	11	18
12	Institut für Luft- und Kältetechnik	Dresden	4	16	18
13	Chemnitzer Spinnereimaschinenbau GmbH	Chemnitz	4	1	14
14	Institut für Physikalische Hochtechnologie	Jena	4	2	14
15	WITEGA Angewandte Werkstoff-Forschung	Berlin	1	4	14
16	JENOPTIK AG	Jena	0	18	13
17	FORON Waschgeräte GmbH	Schwarzenberg	0	6	12
18	SKET Schwermaschinenbau Magdeburg GmbH	Magdeburg	25	12	12
19	Thüring. Institut für Textil- und Kunstoff-Forschung	Rudolstadt	8	9	12
20	BASF Schwarzheide GmbH	Schwarzheide	9	11	11
21	Jenapharm GmbH	Jena	5	11	11
22	Max-Delbrück-Centrum für molekulare Medizin	Berlin	7	11	11

Abb. 12: Die größten Patentanmelder 1996
– aus den neuen Bundesländern und Berlin (Ost)

Weitere Einblicke in die Anmelderstruktur erlaubt eine Klassifizierung der Patentanmelder nach Größenklassen, gemessen an den Anmeldeaktivitäten. Vergleicht man die Angaben für die neuen Bundesländer mit denen für die gesamte Bundesrepublik, wird deutlich, daß die Erfindungsaktivitäten in den neuen Bundesländern relativ stark von den Anmeldern aus den kleineren Größenklassen erbracht werden (siehe Abb. 12). So fallen zum Beispiel 87 Prozent der Anmeldungen aus den neuen Bundesländern in die Kategorie 1 – 10 Anmeldungen, während es im gesamten Bundesgebiet 54 Prozent sind. Die größeren Anmelder (ab 11 Anmeldungen) erbringen in den neuen Bundesländern 13 Prozent, in der Bundesrepublik jedoch 46 Prozent der Patentanmeldungen.[19]

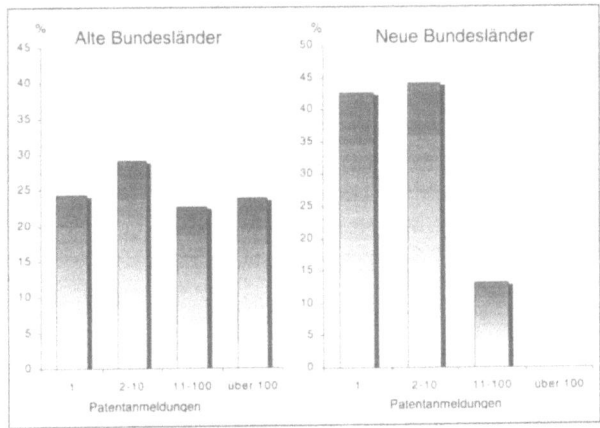

Abb. 13: Größenklassen der Patentanmelder 1996.
Prozentuale Verteilung nach der Anzahl der Patentanmeldungen

Die Daten weisen darauf hin, daß der Strukturwandel in den neuen Bundesländern wesentlich vom Mittelstand getragen wird. Bestätigung findet diese Beobachtung durch andere Fakten. Auf der einen Seite stehen Feststellungen aus der Wirtschaftsforschung und Wirtschaftspraxis, wonach die industrielle Entwicklung in den neuen Bundesländern aus dem Mittelstand kommt.[20] Auf der anderen Seite ergeben Untersuchungen aus dem Bereich Forschung und Entwicklung, daß die Verteilung des FuE-Personals nach Unternehmensgrößen in den neuen Bundesländern ebenfalls eine Konzentration im Bereich der kleineren und mittleren Unternehmen erkennen läßt, die in den alten Bundesländern nicht gegeben ist. So entfallen in den neuen Bundesländern 67 Prozent des FuE-Personals auf Unternehmen mit maximal 500 Beschäftigten, in den alten Bundesländern sind es lediglich 15 Prozent.[21]

8. Entwicklungslinien in den neuen Bundesländern

Mit dem Übergang von der DDR zu den neuen Bundesländern (NBL) ist die Zahl der Patentanmeldungen – von einem Niveau von 10.000 auf rund 2.000 – drastisch zurückgegangen.[22] Die auch im weiteren rückläufige Entwicklung hat Anfang 1993 einen Tiefpunkt erreicht und ab Frühjahr 1993 einem deutlichen Aufschwung Platz gemacht. Der in den absoluten Zahlen der Patentanmeldungen dokumentierte Entwicklungsverlauf läßt den Schluß zu, daß der Prozeß der Umstrukturierung nach der Phase des Abschwungs in die Phase des Aufschwungs übergegangen ist (siehe Abb. 13). Dafür sprechen auch die begleitenden relativen Zahlen zum NBL-Anteil am gesamten Anmeldeaufkommen und zur Anmeldetätigkeit pro Kopf der Bevölkerung. Daß der positive Trend auch weiterhin anhält, zeigt die für 1997 vorgenommene Hochrechnung auf der Basis der Ergebnisse für das erste Halbjahr.[23] Das projizierte Ziel des Aufholprozesses ist ebenfalls in die Tabelle aufgenommen worden. Dabei handelt es sich um Größenordnungen, die sich an einem ausgeglichenen Niveau zwischen alten und neuen Bundesländern orientieren:

Jahr	Zahl der Anmeldungen	%-Anteil von BR Deutschland gesamt	Anmeldungen pro 100.000 Einwohner
1991	1 998	6,1	12
1992	1 543	4,5	10
1993	2 110	6,1	13
1994	2 363	6,4	15
1995	2 585	6,7	17
1996	2 831	6,6	18
1997*	3 100	7,0	20
Ziel-Projektion	8 000	20	50

* Hochrechnung auf der Basis der Ergebnisse für das 1. Halbjahr 1997

Dafür, daß sich die positiven Entwicklungen auch weiterhin fortsetzen werden, sprechen auch andere Fakten. Betrachtet man zum Beispiel den Bereich der Produktion[24], so wird die Gleichartigkeit des Entwicklungsverlaufs mit dem im Patentbereich erkennbar: Nach dem großen Einbruch im Jahre 1991 und dem weiteren Rückgang im Jahre 1992 geht es ab 1993 deutlich aufwärts:

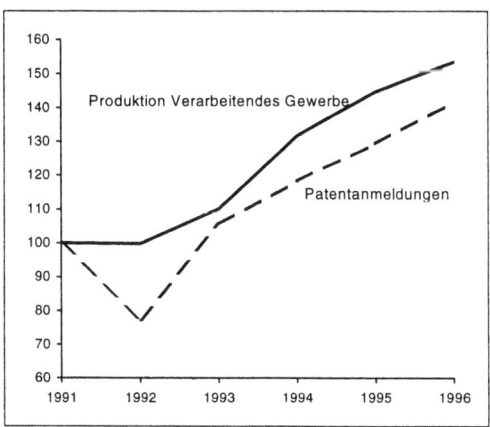

Abb. 14: Patentanmeldungen und Produktion im Verarbeitenden Gewerbe. Neue Bundesländer 1991 – 1996. Index 1991 = 100

Der Einsatz des technischen Fortschritts steht naturgemäß in einem engen Zu-
sammenhang mit der wirtschaftlichen Entwicklung. Bei einer Unternehmens-
befragung des IFO-Instituts für Wirtschaftsforschung wurde festgestellt, daß der
Bedeutung neuer Technologien für die Wettbewerbsfähigkeit in den neuen
Bundesländern deutlich mehr Gewicht beigemessen wird, als es in den alten
Bundesländern der Fall ist.[25] Bemerkenswert ist auch, daß der Umsatzanteil neu
eingeführter Produkte am Gesamtumsatz bei den Unternehmen in den neuen
Bundesländern mit 44 Prozent erheblich über dem Bundesdurchschnitt von 30
Prozent liegt.[26]

     Insgesamt sind der Umfang und die Entwicklung der Patentaktivitäten in
den neuen Bundesländern das Spiegelbild der Um- und Neugestaltung von
Wissenschaft und Wirtschaft. Gleichzeitig belegen die Fakten, daß der natur-
wissenschaftlich-technischen Leistung und deren Absicherung durch Patente
beim Aufbau einer neuen Forschungs- und Industrielandschaft Bedeutung beigemessen wird.

Anmerkungen:

[1] Siehe dazu: Siegfried Greif und Georg Potkowik, Patente und Wirtschaftszweige, Köln/Berlin/Bonn/München 1990 und die darin enthaltene Literaturanalyse; Siegfried Greif, Strukturen und Entwicklungen im Patentgeschehen, in: Wissenschaftsforschung. Jahrbuch 1996/97, hrsg. von Greif/Laitko/Parthey, Marburg 1998 und die darin enthaltenen Literaturhinweise.

[2] Quelle: Deutsches Patentamt (Hg.), Blatt für Patent-, Muster- und Zeichenwesen, laufende Jahrgänge.

[3] Deutsches Patentamt (Hg.), Jahresbericht 1996, München 1997, S. 13f., 49.

[4] Hinzu kommen – wenn auch quantitativ weniger relevant – steigende Patentanmeldezahlen aus dem Bereich der Wissenschaft. Eine Analyse dieser Entwicklung enthält die Arbeit: Siegfried Greif, Strukturen und Entwicklungen [wie Anm. 1].

[5] Die Patentdaten sind im Deutschen Patentamt gewonnen worden (Blatt für Patent-, Muster- und Zeichenwesen 1997, Heft 3, S. 100); die zur Berechnung der Pro-Kopf-Quoten herangezogenen Zahlen stammen aus Angaben des Statistischen Bundesamtes (Statistisches Jahrbuch 1996 für die Bundesrepublik Deutschland, Stuttgart 1996, S. 48).

[6] Die Arbeitslosenquoten nach Bundesländern beruhen auf Angaben der Bundesanstalt für Arbeit (Presseinformation, Nürnberg, Januar 1997).

[7] Bernd Meier, Technischer Fortschritt und Beschäftigung, in: iw-trends 3 (1995); Siehe dazu auch die Übersichtsarbeit von Heinz König, Innovation und Beschäftigung, in: Zeitschrift für Wirtschafts- und Sozialwissenschaften Beiheft 5 (1997), S. 149ff.

[8] Siegfried Greif, Naturwissenschaftlich-technische Forschung und Entwicklung in der Deutschen Demokratischen Republik und in den neuen Bundesländern. Eine patentstatistische Analyse, in: Wissenschaftsforschung. Jahrbuch 1994/95, hrsg. von Laitko/Parthey/Petersdorf, Marburg 1996, S. 99ff.

[9] Auf dieser Basis wird auch im folgenden gearbeitet.

[10] Umfassende Analysen der räumlichen Struktur von Patentaktivitäten enthalten die Studien: Siegfried Greif, Die räumliche Struktur der Erfindungstätigkeit, Gießen 1992; ders., Patentatlas Deutschland, Bonn 1998 (im Druck).

[11] Deutsches Patentamt (Hg.), Internationale Patentklassifikation, 6. Ausgabe, Bde. 1 – 9, München/Köln/Berlin/Bonn 1994.

[12] Die WIPO untergliedert die von ihr herausgegebenen Welt-Patentstatistiken nach dieser Systematik (Industrial Property Statistics 1994, Genf 1996). Verschiedene Patentämter veröffentlichen derartig aufgegliederte Statistiken, so zum Beispiel das Europäische Patentamt (Jahresbericht 1996, München 1997) und das Deutsche Patentamt (Blatt für Patent-, Muster- und Zeichenwesen 1997, Heft 3).

[13] Siegfried Greif, Naturwissenschaftlich-technische Forschung [wie Anm. 8], S. 131ff.

[14] Eine umfassende Analyse, mit einer Aufschlüsselung bis auf Kreisebene, enthält die Arbeit: Siegfried Greif, Patentatlas Deutschland [wie Anm. 10].

[15] Damit spiegeln die Patentdaten auch die Relationen bezüglich der Verteilung auf öffentliche Institutionen und die Industrie wider, die im FuE-Bereich festzustellen sind. Vgl.

Werner Meske, Wissenschaft und Wirtschaft in Ostdeutschland, in: Spektrum der Wissenschaft (1996), S. 42ff.

[16] Die Patentanmeldungen aus der Hochschulforschung stehen in der freien Verfügung der Hochschullehrer.

[17] Hierin enthalten ist auch die Biotechnologie.

[18] Weitere Informationen zu diesem Modellversuch: Universitätsjournal. Die Zeitung der Technischen Universität Dresden (1994); Merkblatt der TU Dresden, TUD Forschungsförderung/Transfer (1996).

[19] Deutsches Patentamt (Hg.), Jahresbericht 1996 [wie Anm. 3], S. 18f.

[20] Siehe dazu den Übersichtsbeitrag von Ralf Neubauer, Der Osten holt auf, in: Die Zeit 18 (1994), S. 25 und die dort angegebenen Quellen; Manfred Wölfling, Forschung, Produktivität und Betriebsgröße im Ost-West-Vergleich, in: Wissenschaftsforschung. Jahrbuch 1996/97, hrsg. von Greif/Laitko/Parthey, Marburg 1998.

[21] SV-Gemeinnützige Gesellschaft für Wissenschaftsstatistik im Stifterverband für die Deutsche Wissenschaft (Hg.), Forschung und Entwicklung in der Wirtschaft 1993, Essen 1996, S. 36; siehe dazu auch: Claudia Herrmann, Beschäftigungsentwicklung in Forschung und Entwicklung der Wirtschaft der neuen Bundesländer, in: Arbeitskreis Innovationsförderung Rundbrief 8 (1996), S. 2.

[22] Zum Patentgeschehen in der DDR siehe: Siegfried Greif, Naturwissenschaftlich-technische Forschung [wie Anm. 8], S. 101ff.

[23] Die Hochrechnung hat sich Ende 1997 als zutreffend erwiesen.

[24] Herangezogen wurden die Angaben für das Verarbeitende Gewerbe aus: Deutsche Bundesbank (Hg.), Monatsberichte 1996, Nr. 12 und 1997, Nr. 3, jeweils S. 62*.

[25] Zitiert in der Leipziger Volkszeitung vom 17. Januar 1995.

[26] SV-Gemeinnützige Gesellschaft für Wissenschaftsstatistik (Hg.), FuE-Info 1997, Nr. 1, S. 7.

Patente und die Rolle des Forschungsministeriums: Was ist getan, was ist zu tun? Zugleich eine Zwischenbilanz zur BMBF-Patentinitiative

Günter Reiner

1. Die BMBF-Patentinitiative

Im Mai 1996 hat das BMBF eine Patentinitiative gestartet: In Form einer Broschüre waren die Handlungsfelder auf dem Gebiet Patente und Forschung zusammengetragen worden[1]. Seitdem sind über eineinhalb Jahre vergangen, also Zeit für eine Zwischenbilanz. Die Patentinitiative beschreibt die Probleme und Handlungsfelder auf dem Patentgebiet, die aus Sicht der Forschung im Vordergrund stehen.

Die Bemühungen des Forschungsministeriums zielen auf eine Änderung des Patentbewußtseins in Deutschland. Vordergründig wird mit der Zahl der Patentanmeldungen aus Deutschland und aus der deutschen Forschung argumentiert. Zweck ist aber nicht die schiere Erhöhung der Anzahl Patentanmeldungen. Vielmehr geht es darum, durch schutzrechtliche Sicherung wirtschaftlich verwertbarer Erfindungen das Innovationspotential zu aktivieren und die Voraussetzungen für das wirtschaftliche Engagement in neue Produkte und Verfahren zu verbessern.

Die Zahl der Patentanmeldungen beim Deutschen Patentamt hat einen neuen Höchststand erreicht. In Abbildung 1 sind die Zahlen der Patentanmeldungen aus Deutschland beim Deutschen Patentamt dargestellt. Es zeigt sich, die Zuwächse in den letzten Jahren sind hoch und die Anmeldezahlen steigen.

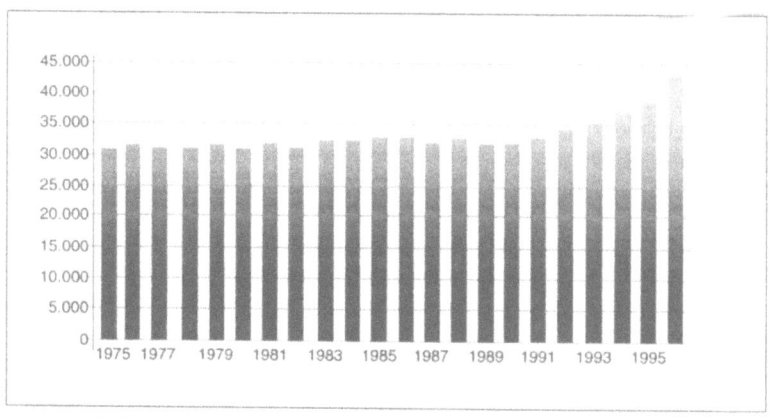

Abb. 1: Patentanmeldungen aus Deutschland beim Deutschen Patentamt
Quelle: DPA-Jahresbericht 1996 (BMBF/Z 15)

Diese positive Entwicklung relativiert sich jedoch sehr schnell, wenn die Anmeldezahlen der Hauptkonkurrenzländer unserer Volkswirtschaft auf dem Weltmarkt in die Betrachtung einbezogen werden: Abbildung 2 stellt die Anmeldezahlen beim jeweiligen nationalen Patentamt in Deutschland, den USA und
Japan gegenüber.[2]

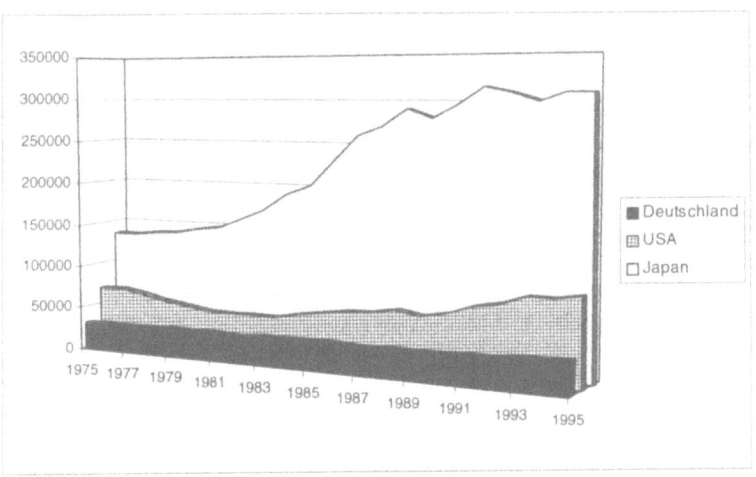

**Abb. 2: Patentanmeldungen beim jeweiligen nationalen Patentamt – Vergleich
Deutschland/USA/Japan**
Quelle: DPA-Jahresbericht 1996 (BMBF/Z 15)

Auf den ersten Blick wird die andere Dynamik der Anmeldungen in den USA
seit Mitte der achtziger Jahre deutlich. Zu den Zahlen in Japan ist zweierlei
anzumerken: Zum einen ging die Praxis in Japan über viele Jahre hin zu
separater Anmeldung einzelner Patentansprüche; wenn in Europa oder in den
USA mehrere Ansprüche in einer Anmeldung vereinigt wurden, gab es in Japan
stärker die Tendenz zu isolierter Anmeldung. Daher hat sich für einen pauschalen Vergleich eingebürgert, der Betrachtung der japanischen Anmeldezahlen einen Spreizungsfaktor 3 zu unterlegen. Das relativiert zwar den
Abstand, läßt ihn aber immer noch beängstigend hoch. Die zweite Bemerkung:
Seit einigen Jahren ist auch in Japan der Trend zur Zusammenfassung von
mehreren Einzelansprüchen in einer Patentanmeldung zu beobachten. Dies mag
die leicht abfallende Tendenz seit Beginn der neunziger Jahre erklären.

Auch wenn der Aussagewert der pauschalen Zählung von Patentanmeldungen durchaus eingeschränkt ist, wie der Beitrag von Schmoch in diesem
Band zeigt: Die Bilder zeigen, daß es in Deutschland keinen Grund zur Zufriedenheit ob des Anstiegs der Anmeldezahlen geben darf. Und die qualitativen
Analysen - insbesondere bei Berücksichtigung der aufwendigeren, aber auch

wertvolleren internationalen Anmeldungen - belegen, daß die deutsche Forschung durchaus Nachholbedarf in Sachen Patentanmeldung und insbesondere bei der Patentverwertung hat.

Die Bedeutung von Patenten liegt darin, daß sie neue technische Ideen zu handelbaren Gütern machen und dem Inhaber die Möglichkeit bieten, die Verwertung der durch ein Schutzrecht[3] gesicherten Idee selbst zu bestimmen, sei es zum Aufbau einer zeitlich befristeten Monopolstellung, sei es durch den Rechtsinhaber selbst oder durch Vergabe von Lizenzen an einen Dritten.

2. Überarbeitung des BMBF-Regelwerkes

Wegen des Symbolwertes von Änderungen im eigenen System wird im folgenden herausgestellt, was das BMBF im unmittelbar eigenen Verantwortungsbereich geändert hat und ändern wird.

a) Zuwendungsfähigkeit von Patentierungskosten

Bereits im Sommer 1996 wurde eine kleine, aber symbolträchtige Veränderung vorgenommen: Seitdem sind in den mit BMBF-Mitteln geförderten Projekten die Kosten der Patentierung zuwendungsfähig, also abrechenbar.[4] Dies betrifft Projekte von Hochschulen, außeruniversitären Forschungseinrichtungen und kleinen und mittleren Unternehmen (KMU)[5]. Durch diese Änderung wurde eine Inkonsistenz des früheren Regelwerkes beseitigt, die darin bestand, daß a) die Anmeldung schutzrechtsfähiger Projektergebnisse vorgeschrieben war, b) die damit zusammenhängenden Kosten von der Zuwendungsfähigkeit explizit ausgenommen und zudem c) im Falle der Erzielung von Verwertungserlösen diese nach bestimmten Schlüsseln an den Zuwendungsgeber abzuführen waren.

b) Möglichkeit zu exklusiver Nutzung

Nach intensiver Beratung durch einen vom BMBF im Jahre 1995 eingesetzten Sachverständigenkreis und gestützt auf dessen Votum soll bald eine weitere Änderung des Regelwerkes in Kraft gesetzt werden: Künftig wird es den Zuwendungsempfängern ermöglicht, trotz des Einsatzes staatlicher Fördermittel Projektergebnisse - wenn gewollt - exklusiv zu nutzen.[6] Der Grund für diese Änderung ist folgender: Die staatliche Förderung bezweckt neben der allgemeinen Vermehrung von Wissen und Erkenntnissen auch die Unterstützung der Innovation, also der Überführung von wissenschaftlichen und technischen Erkenntnissen in Produkte am Markt. Die Erfahrung zeigt nun, daß die Überführung in Produkte entscheidend behindert wird, wenn der Marktteilnehmer jederzeit die Nachahmung seiner Idee befürchten muß; umgekehrt fällt die Entscheidung für ein neues Produkt leichter, wenn - zeitlich begrenzt - Ausschließlichkeit gilt. Die bisherigen Regelungen der BMBF-Projektförderung sehen zwar vor (per Auflage), daß schutzrechtsfähige Projektergebnisse auch geschützt werden, aber dieser Schutz war mit einer Verpflichtung zur Lizenzierung zu marktüblichen Bedingungen belastet. In Wirklichkeit bestand also keine Möglichkeit, im Ernstfall Ausschließlichkeit durchzusetzen.

Die exklusive Nutzung von Projektergebnissen wird künftig daran geknüpft sein, daß eine Verwertung stattfindet. Im Rahmen eines Verwertungsplans, in dem der Zuwendungsempfänger künftig seine Verwertungsabsichten darstellen und bis zum Projektabschluß auch fortschreiben muß, wird es eine Verwertungspflicht geben. Schubladenpatente, die lediglich Innovationen anderer behindern, wird es also auch künftig nicht als Ergebnis von Förderprojekten geben.

Die Intention des BMBF, künftig auch die Exklusivität zu ermöglichen, läßt sich in folgendem Gedanken grob zusammenfassen: besser eine exklusive Nutzung als gar keine.

Diese aus Sicht des BMBF ganz zentrale Änderung des Förderregelwerks soll gerade im Bereich der Hochschulforschung die Bereitschaft zur Anmeldung und Inanspruchnahme von Schutzrechten erhöhen. Der Wirkungsmechanismus bei Hochschulforschung ist anders als bei Förderung in der gewerblichen Wirtschaft: Für Hochschulen und außeruniversitäre Forschungseinrichtungen kommt in aller Regel nicht die Anwendung, sondern nur die Veräußerung eines Schutzrechtes als Verwertung in Frage. Diese Verwertung außerhalb ist bislang mit der Gefahr der Nichtausschließlichkeit verbunden, wodurch generell die Chancen einer Verwertung negativ vorbelastet sind.

Die Änderung des Förderregelwerkes hin zur Möglichkeit ausschließlicher Nutzung ist noch nicht vollzogen, bedarf vielmehr innerhalb der Bundesregierung noch der Zustimmung des Finanzministeriums.

c) keine Abführung von Verwertungserlösen

Eine weitere Änderung des Förderregelwerkes bezieht sich auf die Behandlung von Erlösen aus der externen Verwertung. Diese sollen künftig nicht mehr zu Rückzahlungen an den Zuwendungsgeber führen. Während diese Änderung vordergründig wie ein Geschenk aussieht, ein Verzicht des Staates auf Geldrückflüsse, geht es in Wirklichkeit darum, ein Stimulans für Verwertungen zu finden. Es gilt die Konsequenz daraus zu ziehen, daß Projektergebnisse aus der Hochschulforschung häufig nicht geschützt wurden und nicht zu Verwertungen führten. Als ein wesentlicher Grund wird angesehen, daß die Hochschulen von solchen Verwertungserfolgen im wesentlichen nur die Arbeit gehabt hätten; die Erlöse waren vollständig an den Zuwendungsgeber abzuführen.[7]

3. Stärkung des Patentbewußtseins in der Forschung

Während die Industrieforschung sehr wohl mit dem Instrument Patent umzugehen weiß, gibt es im Bereich der staatlich finanzierten Forschung an Hochschulen und Forschungseinrichtungen großen Nachholbedarf. Diese Diagnose ist nicht mit einem Vorwurf an die Forscher verbunden. Diese haben sich vielmehr in der übergroßen Mehrzahl nach den wissenschaftsüblichen Verhaltensmustern ausgerichtet. Und in der Wissenschaft zählt nun einmal die Publikation.

Daher kommt es für den Erfolg der Patentinitiative entscheidend darauf an, daß auch in der öffentlich finanzierten Forschung das Patentbewußtsein wächst und Patente nicht mehr nur als lästige Spinnerei einzelner mißverstanden werden. Gelegentlich ist gegenüber dem Appell stärkerer Patentierung von Forschungsergebnissen der Einwand zu hören, Patentierung behindere die Forschung anderer. Und gelegentlich wird auch auf das Beispiel Röntgen verwiesen, der eine Patentierung seiner 'Röntgentechnik' bewußt abgelehnt hatte, um die Anwendung der Entdeckung zu fördern und die Wissenschaft nicht zu behindern. Nach heutigem Patentrecht wäre es ohnehin nicht möglich, eine Entdeckung wie die Röntgenstrahlen patentrechtlich schützen zu lassen; Patentschutz könnte sich nur auf konkrete technische Ausformungen zur Nutzung dieses Phänomens beziehen. Darüber hinaus sollte man auch nichts dagegen einwenden, wenn ein Einzelner mit seinem Wissen und dem von ihm Erarbeiteten großzügig umgeht. Aber meint wirklich jemand, daß solche Grundeinstellung das wirkliche Motiv für verbreitete Patentabstinenz in unserer Wissenschaft ist? Und im übrigen ist es niemandem verwehrt, seine Patente gegen auch unentgeltliche Lizenzen nutzen zu lassen. Das deutsche Patentrecht bietet sogar die Möglichkeit, die Patentgebühren auf die Hälfte zu senken, wenn eine sog. Lizenzbereitschaftserklärung abgegeben wird[8]. Entscheidungen hierzu sollte man in Ansehung von Verwertungsmöglichkeiten treffen. Der pauschale Verzicht auf jede Patentierungsmöglichkeit etwa durch sofortige Publikation ohne patentrechtliche Prüfung und Sicherung erscheint nicht als der richtige Weg.

Um stärkere Befassung mit der Thematik auch kommerzieller Verwertung von Forschungsergebnissen zu erreichen, kam es darauf an, sowohl die Bundesländer für das Patentkonzept zu gewinnen – sie sind für die Hochschulen in erster Linie zuständig –, als auch in den Hochschulen selbst das Thema Patente zu aktivieren und in das Bewußtsein bei Forschenden wie bei Administratoren zu bringen. Zu diesem Zweck wurde ein Bündel unterschiedlicher Maßnahmen ergriffen:

a) Bund-Länder-Kommission für Bildungsplanung und Forschungsförderung (BLK)

Im Rahmen der BLK wurde von einer gemeinsamen Arbeitsgruppe ein Maßnahmenpaket erarbeitet mit folgenden Schwerpunkten:

- Patentbewußtsein in Forschung und Lehre

- Patentinfrastruktur in der Forschung

- Patentierung und Verwertung von Forschungsergebnissen und Rahmenbedingungen dazu

Der von der Arbeitsgruppe vorgelegte Vorschlag wurde vom Ausschuß Forschungsförderung wie vom Ausschuß Bildungsplanung gestützt und fand schließlich am 2.6.1997 die einmütige Zustimmung des BLK-Plenums auf Ministerebene[9].

Die gemeinsamen Beschlüsse von Bund und Ländern zielen für die Hochschulen wie für die gemeinsam finanzierten Einrichtungen der sog. Blauen Liste (BLE) auf folgendes:

> *aa) Steigerung des Patentbewußtseins in Lehre und Forschung durch die INPAT-Aktion.*

INPAT steht für 'Integration des Patentwesens in die naturwissenschaftliche und die ingenieurwissenschaftliche Hochschulausbildung'. Über das Institut der deutschen Wirtschaft in Köln kann ein standardisierter Zuschuß für die Etablierung eines Lehrauftrages an naturwissenschaftlichen und ingenieurwissenschaftlichen Fakultäten und Fachbereichen beantragt werden. Für das Sommersemester 1996 sind knapp 290 solcher Zusagen an Fachbereiche hinausgegangen. Dabei geht es um bescheidene Beträge von wenigen Tausend DM im Einzelfall. Aber die Resonanz zeigt, daß ein Bedarf da ist und auch die Bereitschaft.

> *bb) Patentieren und Publizieren*

Für viele Wissenschaftler ist die Publikation ein wesentliches Ziel ihrer Forschungsarbeit. Die möglichst frühe Publikation verdrängt oft den Gedanken an Möglichkeiten einer kommerziellen Verwertung von Forschungsergebnissen. Gewiß ist die Vermarktung von Wissenschaftserfindungen ein mühsames Geschäft, das noch dazu viel Spezialwissen und auch finanzielle Mittel voraussetzt.

Leider ist noch zu wenig verbreitet – auch in der Wissenschaft und bei Hochschullehrern, daß eine Patentierung zwingend voraussetzt, daß die zu schützende Idee nicht vorher bereits bekannt war oder anderweitig publik gemacht worden ist. Jede Publikation zerstört unwiederbringlich die Patentierungsmöglichkeit. Und damit ist auch in aller Regel jede Aussicht auf eine kommerzielle Verwertung einer Wissenschaftserfindung zerstört. Denn kaum ein Unternehmer wird das Risiko einer Investition in die Umsetzung und Vervollkommnung einer ungeschützten Idee eingehen; jeder Wettbewerber könnte das Produkt ungestraft nachbauen.

Dabei ist es keineswegs schwierig, die Frage Patentieren und Publizieren zu lösen: Man muß lediglich die Reihenfolge einhalten, also erst ein Patent anmelden, dann die Veröffentlichung vornehmen. Mit der Einhaltung dieser Reihenfolge ist keineswegs ein ungebührlicher Zeitverzug verbunden. Und wenn es wirklich schnell gehen muß und Stunden eine Rolle spielen sollten, kann man den Weg einer sog. vorläufigen Anmeldung wählen. Dieser ist – samt praktischer Anleitung – von Patentanwalt H.B. Cohausz, Düsseldorf, ausgearbeitet und veröffentlicht worden.[10]

cc) Neuheitsschonfrist

Die Frage der Reihenfolge, erst Patentierung anmelden und dann publizieren, ist für Wissenschaftler und Erfinder in den USA einfacher zu lösen. Dort gibt es eine sog. Neuheitsschonfrist (grace period), wonach eine Publikation des Erfinders selbst für zwölf Monate keine Beeinträchtigung der Neuheit der vom Erfinder innerhalb der grace period angemeldeten Erfindung verursacht.[11]

Das Rechtsinstitut einer Neuheitsschonfrist hat es in Deutschland bis Ende der siebziger Jahre gegeben. Es wurde im Zuge des Europäischen Patentübereinkommens abgeschafft, nachdem eine Einigung mit den übrigen Partnern dieser internationalen Vereinbarung zum Patentrecht über eine europaweite Einführung nicht möglich war. Die nur nationale Geltung einer Neuheitsschonfrist wäre – von der völkerrechtlichen Verpflichtung zur Abschaffung abgesehen – kein Ausweg, denn in einem solchen Fall würden entsprechend erteilte nationale Patente weniger wert sein; sie könnten in Staaten ohne Anerkennung solcher Neuheitsunschädlichkeit nicht Grundlage für die Nachanmeldung eines dortigen Patentes sein. Die Bemühungen der Bundesregierung sind auf die europaweite Einführung einer Neuheitsschonfrist gerichtet, jedoch bedarf es hierzu sehr großer Anstrengungen, weil sich im europäischen Ausland keine Bereitschaft zu einer solchen Differenzierung des patentrechtlichen Neuheitsbegriffs findet; und auch in Deutschland werden zwar vom BDI die Überlegungen für eine solche Frist mitgetragen, in der Industrie werden jedoch die Vorteile solcher Regelung nicht so einhellig geteilt.[12]

dd) Durchgängige Schaffung einer Patentinfrastruktur an Hochschulen und BLE.

Aus dem Hochschulbereich erreichen das BMBF viele Fragen zum Patentwesen, zu Patentkosten, zu Hilfen für die Verwertung. Wir wollen erreichen, daß diese Fragen nicht an das Ministerium gestellt werden müssen, sondern vor Ort bearbeitet und beantwortet werden können. Möglichst in jeder Hochschule soll ein kompetenter Ansprechpartner vorhanden sein, der einfache Fragen selbst beantworten kann und im übrigen an Spezialisten verweisen kann, die es ja quer über die Republik verteilt gibt, die aber häufig noch nicht so bekannt sind, wie es erforderlich wäre.

Um die Ansprechpartner vor Ort bekannt zu machen, hat das BMBF eine Sammlung der Namen und Ansprechpartner vor Ort veranstaltet, um sie im Internet bekanntzugeben. – Die Resonanz ist groß. Und künftig stehen diese Adressen allen Interessierten über das Internet zur Verfügung[13].

ee) Schaffung eines Netzwerks regionaler Patentverwertungseinrichtungen für Forschungsergebnisse

Die Verwertung von Patenten ist ein Geschäft, das große Erfahrung erfordert. Kenntnisse für eine erfolgreiche Tätigkeit sind im Bereich der normalen Transferstellen nicht üblich. Dazu gehören nicht nur Fragen des Patentwesens, sondern solche über den Markt, also die Plattform, auf der die Abnehmer der Hochschulerfindung agieren und Erfolg haben müssen. Da solche Erfahrung nicht landläufig ist, erscheint es sinnvoll, regionale Patentierungs- und Verwertungseinrichtungen in Anspruch zu nehmen oder solche zu schaffen.

Die bestehenden Einrichtungen dieser Art sollen sich unter Einschluß der Patentstelle Deutsche Forschung bei der Fraunhofer-Gesellschaft in München zu einem bundesweiten Netzwerk zusammenschließen, in das auch neue Einrichtungen dieser Art aufzunehmen sind.

Haupttätigkeitsgebiet dieser regionalen Patentbüros oder ihres Netzwerkes sind nicht das Patenterteilungsverfahren, dafür werden vielmehr Patentanwälte eingeschaltet. Aufgabe der Patentbüros ist vielmehr in erster Linie die Verwertung patentierter Forschungsergebnisse.

ff) Belassung der Einnahmen

Unter den oben geschilderten Maßnahmen des BMBF ist bereits genannt, daß die Zuwendungsempfänger des BMBF künftig Erlöse aus der Verwertung ihrer Ergebnisse behalten können sollen. Dies allein reicht jedoch im Bereich der Hochschulen und staatlich finanzierten Forschungseinrichtungen keinesfalls aus. Da Erfindungen, ihre Patentierung und ihre Verwertung in der Regel Maßnahmen sind, die vom einzelnen großen Einsatz auf einem ihm selbst zunächst fremden Gebiet verlangen, ist es nur recht und billig, wenn er selbst etwas von den späteren Erlösen hat. Es langt also nicht, daß das BMBF auf eine Rückzahlung von Fördermitteln verzichtet, diese Mittel müssen auch vor Ort bleiben und dürfen nicht im allgemeinen Haushalt des Landes oder der Hochschule „verschwinden". Hier wird auf Betreiben des BMBF eine sogenannte Drittelregelung vorgeschlagen; das bedeutet: Ein Drittel der Erlöse soll dem Erfinder selbst zugute kommen, ein weiteres Drittel dem Institut oder der Gruppe, denn auch diese unmittelbare Arbeitsumgebung ist betroffen und beteiligt an einer Erfindung; das letzte Drittel soll der Gesamteinrichtung als Beitrag zur Abdeckung des spezifischen administrativen Aufwandes dienen. Diese interne Drittelung kann das BMBF nicht „verordnen", sie bedarf vielmehr der aktiven Umsetzung und Gestaltung durch die Einrichtung vor Ort.

b) andere Einrichtungen der Forschung und der Forschungsadministration

Der Weg der Diffusion des Patentgedankens in die Köpfe der Wissenschaftler darf nicht in den Ministerien enden. Er muß darüber hinausgreifen und auf allen Ebenen zu einer Bewußtseinsänderung führen.

Daß dies keine blanke Forderung oder gar Illusion ist, läßt sich an folgendem Beispiel verdeutlichen. In Abbildung 3 sind die Anzahl Patentanmeldungen beim Deutschen Patentamt dargestellt, einerseits der Großforschungseinrichtungen (zusammengeschlossen in der Hermann von Helmholtz-Gemeinschaft, die HGF-Zentren) und andererseits der Fraunhofer-Gesellschaft (FhG) mit ihren Instituten.[14]

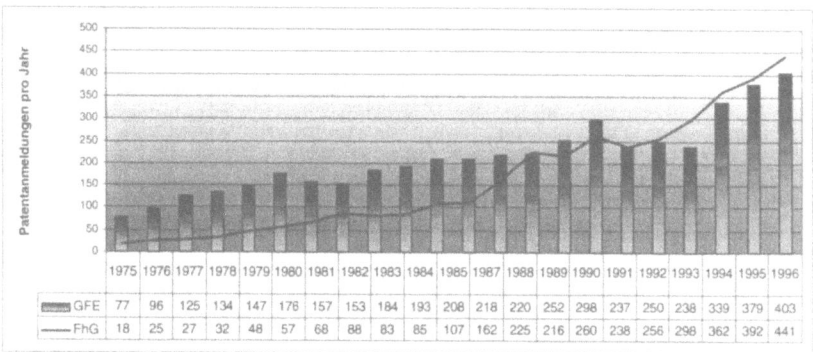

	1975	1976	1977	1978	1979	1980	1981	1982	1983	1984	1985	1987	1988	1989	1990	1991	1992	1993	1994	1995	1996
GFE	77	96	125	134	147	176	157	153	184	193	208	218	220	252	298	237	250	238	339	379	403
FhG	18	25	27	32	48	57	68	88	83	85	107	162	225	216	260	238	256	298	362	392	441

Abb. 3: Patentanmeldungen von Großforschungseinrichtungen und Fraunhofer-Gesellschaft beim Deutschen Patentamt seit 1975
Quelle: DPA-Datenbank RALF (BMBF/Z 15)

Die Grafik zeigt erfreuliche Entwicklungen: Zum einen wird deutlich, daß diese großen Gruppierungen der von Bund (90 Prozent) und Ländern (10 Prozent) gemeinsam finanzierten Forschungseinrichtungen mit fast 850 Anmeldungen im Jahre 1996 gut 2 Prozent aller Anmeldungen beim DPA aus Deutschland ausmachen.[15] Zum anderen zeigt sich bei der FhG seit Mitte der achtziger Jahre ein deutlicher Aufwärtstrend von gut 100 Anmeldungen auf jetzt nahezu 450 Anmeldungen pro Jahr. Gerade dieses Beispiel verdeutlicht, welches Potential in unseren Forschungseinrichtungen steckt und aktiviert werden kann: Denn der Anstieg der FhG-Patentanmeldungen seit Mitte der achtziger Jahre ist im wesentlichen auf eine organisatorische Maßnahme der FhG-Leitung zurückzuführen. Sie hat damals der von der FhG seit 1955 betriebenen Patentstelle Deutsche Forschung eine zusätzliche Aufgabe gegeben, nämlich die Betreuung und Verwertung der Erfindungen der FhG-Wissenschaftler. Das Ergebnis spricht für sich, die Anmeldezahlen gehen seitdem augenscheinlich in die Höhe. Die Abbildung zeigt aber auch, daß die HGF-Zentren die Zeichen der Zeit verstanden haben und verstärkt ihre Ergebnisse patentieren lassen, auf daß sie besser und nachhaltiger verwertbar werden.

Ein weiterer Schritt zur Bewußtseinsänderung in der Forschung ist der Beschluß der Hochschulrektorenkonferenz vom 10. November 1997. Die HRK hat die Initiative des BMBF und der BLK aufgegriffen und den einzelnen Hochschulen die Aktivierung ihres Patentpotentials empfohlen.

Besonders hilfreich für das Patentklima an Hochschulen ist die Empfehlung, Patentschriften in Berufungs- und Habilitationsverfahren zu berücksichtigen. Dadurch wird Stellenwert und Bedeutung des gewerblichen Rechtsschutzes in der akademischen Ausbildung hervorgehoben und gestärkt.

c) Die Patentstelle Deutsche Forschung

Von Bund und Länder gemeinsam finanziert nimmt die Patentstelle Deutsche Forschung bei der Fraunhofer-Gesellschaft in München eine zentrale Funktion für die Forschung und die übrigen freien Erfinder in Deutschland wahr.[16] Jedermann kann sich dorthin wenden und um die Förderung seiner Erfindung bitten. Gleichermaßen bietet die Patentstelle ihre Dienste auch Forschungseinrichtungen an. Die Förderung durch die Patentstelle bezieht sich auf die Patentanmeldung – national wie international – und die Verwertung. Seit 1995 stehen auch besondere Mittel zur Finanzierung des Baus von Funktionsmustern und Prototypen zur Verfügung, um auf diese Weise die Arbeitsweise einer Erfindung zu demonstrieren. Letzteres ist oft notwendig, weil die Patentschrift als juristisches Dokument in erster Linie auf juristische Exaktheit ausgerichtet ist und nicht auf Verständlichkeit der beschriebenen Erfindung.

Die Förderung einer Erfindung kann bis zu 80 Prozent der notwendigen externen Patentierungskosten bei der Patentstelle umfassen und wird in Form eines nur aus Verwertungserlösen rückzahlbaren Darlehns gewährt. Das bedeutet, das Risiko einer Verwertung liegt bei der Patentstelle. Die Kehrseite dieser großzügigen Regelung besteht darin, daß die Patentstelle in eigener Verantwortung über die Förderung einer Erfindung entscheidet. Und dabei richtet sie sich nach den Verwertungsaussichten. Wenn also im Einzelfall die Aussichten einer Verwertung negativ eingeschätzt werden, wird die Patentstelle keine Förderung zusagen.

4. Das INSTI-Projekt

Seit 1995 fördert das BMBF ein breit angelegtes Verbundprojekt zur „Innovationsstimulierung der deutschen Wirtschaft (INSTI)". Das Fördervorhaben mit dem Projektmanagement des Instituts der deutschen Wirtschaft IW in Köln soll zu einem erfinderfreundlicheren Klima in Deutschland beitragen und die schnelle wie umfassende Umsetzung von Forschungs- und Entwicklungsergebnissen in marktfähige Produkte verbessern. Der leistungs- und wettbewerbsstärkende Innovationsgedanke in der deutschen Wirtschaft soll wieder in den Vordergrund rücken und einseitige Rationalisierungsüberlegungen in den Hintergrund drängen. Neue Arbeitsplätze und die Erschließung neuer Märkte werden indirekt über INSTI gefördert, Investitionen müssen die Unternehmen selbst erbringen.

An dem INSTI-Projekt beteiligen sich inzwischen 32 überwiegend privatwirtschaftliche INSTI-Partner aus dem Bereich des Erfindungs- und Patentwesens, z. B. Informationsvermittler, Patentanwälte, regionale Patentinformationszentren, regionale Erfinderförderzentren, Unternehmensberater, Technologieagenturen, Transferstellen von Hochschulen und Forschungsinstituten. Sie bilden ein bundesweites Netzwerk regionaler Anlaufstellen, in denen insbesondere kleine und mittlere Unternehmen das gesamte Expertenwissen der INSTI-Partner abrufen können.

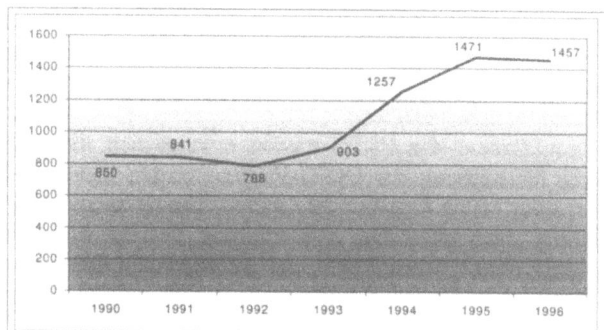

Die Inanspruch-
nahme der Patent-
stelle ist in den
letzten Jahren deut-
lich gestiegen; das
ist erfreulich. Daran
zeigen sich sowohl
das Potential an
freien Erfindungen
als auch die Not-
wendigkeit solcher
Hilfestellung.

Abb. 4: Förderanträge bei der PATENTSTELLE DEUTSCHE FORSCHUNG

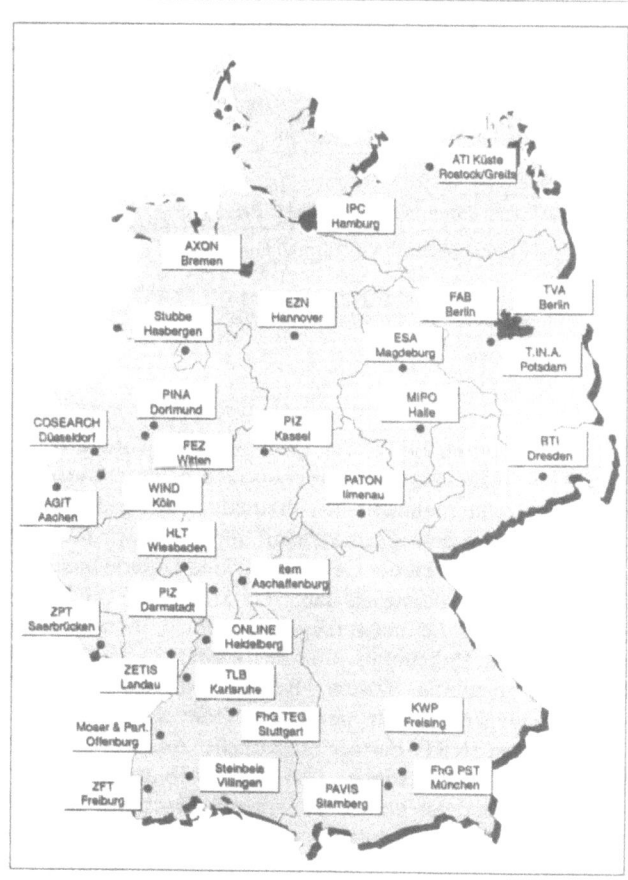

Stand: Februar 1997

Die INSTI-Partner werden vom BMBF degressiv gefördert, d. h., sie müssen steigende Eigenmittel aufbringen. Im Endausbau soll das INSTI-Netzwerk als selbständiger Ersatz für ein nicht angestrebtes Nationales Erfinderförderzentrum auch ohne BMBF-Förderung bestehen bleiben.

Als ein wesentliches Element der INSTI-Aktion erweist sich die sog. KMU-Patentaktion. Durch Vermittlung der INSTI-Partner werden kleine und mittlere Unternehmen bei ihrer ersten Patent- oder Gebrauchsmusteranmeldung in den letzten fünf Jahren unterstützt. Die Hilfestellung bezieht sich auf wesentliche Schritte im Innovationsprozeß. Diese und die maximale Förderung je Teilpaket ergeben sich aus folgender Tabelle. Die dort genannten Beträge sind 50 Prozent der externen Kosten.

Die KMU-Patentaktion	
Aktivität Teilpaket der Förderung	max. Förderbetrag (50 Prozent exter- ner Kosten)
1. Recherche zum Stand der Technik	1.500 DM
2. Kosten-Nutzen-Analyse	1.500 DM
3. Patentanmeldung beim Deutschen Patentamt	4.000 DM
4. Vorbereitung für die Verwertung einer Erfindung	1.500 DM
5. Gewerblicher Rechtsschutz im Ausland	5.000 DM
6. Technische Zulassung	1.500 DM
(insgesamt maximal 15 TDM von 30 TDM externen Kosten)	

Die KMU-Patentaktion ist im Herbst 1996 gestartet worden und hat bis Ende November 1997 zu insgesamt 531 Förderzusagen geführt. Dies bedeutet, daß in 14 Monaten diese Unternehmen sich erstmals - zumindest erstmals in den letzten fünf Jahren - mit dem Thema Patent und Gebrauchsmuster auseinandergesetzt haben. Ein großer Teil der Geförderten sind Unternehmensgründungen.

Hintergrund dieser Aktion ist, daß viele kleine und mittlere Unternehmen dem Patentwesen nicht die notwendige Bedeutung beimessen. Das liegt zu einem großen Teil an Unkenntnis über das Patentwesen und zum anderen an Vorurteilen auch über die Kosten. Beidem soll durch das differenzierte Förderangebot entgegen gewirkt werden, das die intensive Begleitung durch einen patentkundigen INSTI-Partner einschließt. Antragsberechtigt sind KMU einschließlich Handwerksbetriebe und Unternehmensgründer des produzierenden Gewerbes und der Landwirtschaft mit Geschäftssitz und Produktionsstätte in Deutschland, die Forschung und Entwicklung selbst betreiben oder betreiben lassen.

Eine andere INSTI-Aktivität ist das bereits erwähnte INPAT-Förderangebot[17] zur Integration des Patentwesens in die naturwissenschaftliche und die ingenieurwissenschaftliche Hochschulausbildung.

5. Der BMBF-Patentserver

Seit dem Herbst 1996 läßt das BMBF einen Patentserver im Internet betreiben. Das Informationsangebot ist nicht scharf begrenzt, sondern überstreicht viele Fragen rund um das Patent. Das Angebot richtet sich in erster Linie an Patentneulinge; wer bislang nichts oder wenig über Patente weiß, und das sind im Bereich von Hochschulen und auch im gewerblichen Bereich leider immer noch sehr viele, kann sich hier nicht nur erste Informationen zum Patentwesen holen, sondern auch vertiefende Ausarbeitungen finden wie die INSTI-Broschüre Nr. 1 mit Arbeitsmaterialien bis zur vorläufigen Patentanmeldung[18].

Der Patentserver ist zugreifbar über das Internet unter der Adresse „http:WWW.PATENTE.BMBF.DE".

Die Inanspruchnahme dieses Informationsdienstes ist erstaunlich hoch. Die Messungen über das Jahr 1997 hinweg haben ergeben, daß sich die Zugriffe auf über 20.000 Dokumente im Monat summieren[19]. Aus der durchschnittlichen Sessiondauer von rd. sechs Minuten ist zu schließen, daß es große Nachfrage nach praktischer Information in Sachen Patente und Patentierung gibt. Die Zufriedenheit über die Nachfrage nach dem Patentserver wird ein wenig getrübt durch die Überlegung, daß solche Information offenbar notwendig ist und im bisherigen Wissenschaftsbetrieb nicht oder nicht so leicht zugänglich angeboten wird.

Anmerkungen:

[1] „Patente schützen Ideen – Ideen schaffen Arbeit" – Die BMBF-Patentinitiative, Broschüre des Bundesministeriums für Bildung, Wissenschaft, Forschung und Technologie, Bonn, 1996.

[2] Dieser Vergleich ist kein absoluter Maßstab, denn er berücksichtigt nicht die Anmeldungen beim Europäischen Patentamt mit Benennung Deutschland. Andererseits werden bislang noch die meisten deutschen Patentanmeldungen beim EPA nach einer vorherigen Anmeldung beim Deutschen Patentamt getätigt.

[3] Es muß sich dabei nicht immer um ein Patent handeln; auch Gebrauchsmuster sind - vor allem für kleine und mittlere Unternehmen der gewerblichen Wirtschaft - in die Überlegungen einzubeziehen. Gebrauchsmuster sind zwar keine geprüften Rechte; die Neuheit einer durch Gebrauchsmuster geschützten Idee kann also in einem Verletzungsprozeß mit viel größerer Aussicht auf Erfolg angegriffen und das Schutzrecht selbst damit zu Fall gebracht werden. Andererseits bietet das Gebrauchsmuster die Möglichkeit, dessen Priorität innerhalb eines Jahres für eine aus dem Gebrauchsmuster abgeleitete Patentanmeldung zu benutzen.

[4] Gemäß EU-Definition im Gemeinschaftsrahmen.

[5] Hierin liegt nur scheinbar eine Benachteiligung von Großunternehmen. Denn nach früherem Zustand waren die Kosten von Patentanmeldungen dann förderfähig, wenn sie in Form einer Patentabteilung anfielen und daher in die Gemeinkostenzuschläge eingerechnet waren. KMU haben in der Regel keine eigene Patentabteilung, weshalb deren externe Einzelkosten für Patentanmeldungen bislang von der Abrechenbarkeit ausgeschlossen waren.

[6] Das bisherige Förderregelwerk hatte die exklusive Nutzung nicht ausgeschlossen, es bestand vielmehr die Möglichkeit, solche zu beantragen. Die Inanspruchnahme dieser Möglichkeit war jedoch nicht sehr intensiv. Diese Beeinflussung der Nutzungsmöglichkeit durch einen Vorbehalt und eine Entscheidung des Zuwendungsgebers soll ebenso wie der damit verbundene bürokratische Auswand künftig vermieden werden.

[7] Bei Projekten in der gewerblichen Wirtschaft war die Situation bereits nach geltendem Regelwerk anders: Hier gibt es Freigrenzen: Während die erste Million an externen Erlösen aus einer Verwertung frei bleiben, werden die zweite Million nur zur Hälfte angerechnet. Und auch diese Anrechnung erfolgte nur in Höhe von 40 Prozent des Fördersatzes.

[8] § 23 PatG.

[9] Bericht und Wortlaut der Empfehlungen sind veröffentlicht in: Bund-Länder-Kommission für Bildungsplanung und Forschungsförderung, „Förderung von Erfindungen im Forschungsbereich", Materialien zur Bildungsplanung und Forschungsförderung, Heft 56.

[10] H. B. Cohausz, Recherchen zum Schutz von technischen Ideen, INSTI-Broschüre Nr. 1, Düsseldorf, 1996.

[11] Wegen der rechtlichen Zusammenhänge und Implikationen (u. a. Europa: first to file vs. USA: first to invent) wird auf die BMBF-Patentbroschüre verwiesen, vgl. Fußnote 1, dort S. 22ff.

[12] Die BDI-Entschließung „Bessere Patentpolitik - mehr Innovation" vom Frühjahr 1996 erklärte, daß wissenschaftliche Veröffentlichungen den Patenterwerb nicht grundsätzlich verhindern sollten.

[13] Patentserver des BMBF mit der Internetadresse: http:www.patente.bmbf.de.

[14] Die Auswertung fußt auf der beim Deutschen Patentamt geführten Datenbank RALF. Die Wirtschaft – vertreten durch den Bundesverband der Deutschen Industrie (BDI) – schloß sich an und erklärte 1996 in der BDI-Entschließung „Bessere Patentpolitik - mehr Innovation", daß wissenschaftliche Veröffentlichungen den Patenterwerb nicht grundsätzlich verhindern sollten.

[15] Es wäre ein Fehler, diese Zahl als die Patentausbeute der öffentlich finanzierten Forschung zu interpretieren; wesentliche Elemente fehlen: zum einen die Patente aus Blaue Liste-Einrichtungen, zum anderen die Patente aus den Hochschulen. Wegen des sog. Verwertungsprivilegs für Hochschullehrer nach § 42 Arbeitnehmererfindergesetz stehen Erfindungen von Hochschullehrern von Gesetzes wegen diesen persönlich zu. Diese gesetzliche Regelung dürfte der wesentliche Grund dafür sein, daß Hochschulen nur sehr selten Diensterfindungen – so die Terminologie des Arbeitnehmererfindergesetzes – in Anspruch nehmen und anmelden. Wegen der Ermittlung einer plausiblen Anzahl von Patentanmeldungen aus der Hochschulforschung sei verwiesen auf: Gering/Becher/Schmoch „Patentwesen an Hochschulen", Bonn, 1996, herausgegeben vom Bundesministerium für Bildung, Wissenschaft, Forschung und Technologie.

[16] Die Patentstelle Deutsche Forschung ist ein Institut der Fraunhofer-Gesellschaft. Sie hat eine Doppelfunktion, zum einen als interne Patentabteilung für die Institute der Fraunhofer-Gesellschaft, zum anderen als Anlaufstelle für freie Erfinder in Deutschland. Diese externe Funktion nimmt sie seit 1955 wahr.

[17] oben unter 3. a) aa.

[18] Vgl. Fußnote 10.

[19] Die Anzahl der technischen Zugriffe liegt zwischen 50.000 und 60.000 monatlich.

Wer ist der Motor der technischen Entwicklung heute?
Von der innovativen Persönlichkeit zum Innovationsnetzwerk[1]

Werner Rammert

1. Die richtige Frage stellen

Es ist keine Frage: Die flotte Fahrt auf der Autobahn des technischen Fortschritts ist in Deutschland ins Stocken gekommen. Die Vehikel der technischen Entwicklung, zu denen wir vor allem Forschung und Industrie zählen, sind in den Stau geraten. Der Motor der technischen Innovation beginnt zu stottern. Dafür gibt es gegenwärtig genügend Anzeichen und Belege.

Im Werkzeugmaschinenbau, dem traditionellen Rückgrat produktionstechnischer Entwicklung, machen sich Zeichen deutlicher „Innovationsschwächen" bemerkbar.[2] In der Automobilindustrie, dem Motor moderner Volkswirtschaften, haben die fernöstlichen Hersteller die westlichen Produzenten nicht nur das Fürchten gelehrt. Sie haben zum ersten Mal den Richtungspfeil der Innovation umgekehrt und mit neuen Methoden und Modellen der Rationalisierung weltweit Maßstäbe gesetzt und das Tempo bestimmt.[3] Auf vielen Hochtechnologiefeldern, wie der Mikroelektronik, der Informationstechnik, der Telematik und der Biotechnik, werden im Technik-Report des Fraunhofer-Instituts für System- und Innovationsforschung beträchtliche „Lücken" diagnostiziert. In der Statistik der Patentanmeldungen liegt Deutschland auf diesen Gebieten weit zurück.[4] Die andauernden Diskussionen über die Globalisierung und deren Folgen für den Innovationsstandort Deutschland signalisieren, daß die eingespielte Motorik der Innovation im „deutschen Produktionsmodell" Probleme hat, sich auf die rasantere Geschwindigkeit der technischen Entwicklung einzustellen. Wer im globalisierten Verkehr mithalten will, muß auf radikalere Neuerungen, raschere Produktentwicklungen und risikofreudigere Akteure setzen.

Was bewirkt den Innovationsstau? Was bremst die technische Entwicklung? Auf diese Frage nach der Ursache werden verschiedene Antworten gegeben. Für die einen ist es der erlahmende Erfindungsgeist, für die anderen sind es die lähmenden Bedingungen für Erfinder. Für die einen ist es der Verfall der Forschung an den Universitäten, für die anderen ist es ihre Verselbständigung in den großen Forschungseinrichtungen. Für die einen ist es die mangelnde Risikobereitschaft der deutschen Banken, für andere ist es der Verlust von Unternehmungsgeist in den Großunternehmen. Für die einen sind es die vielen rechtlichen Regelungen und bürokratischen Hemmnisse, weil sie Unübersichtlichkeit schaffen und innovative Unternehmen ins Ausland ver-

treiben, wie im Bereich der Biotechnik. Für die anderen sind es die fehlenden
Regulationen, weil sie die Richtung der Entwicklung im Ungewissen und das
Risiko für Investitionen anwachsen lassen, wie auf dem Gebiet der Telekommunikation. Wenn es darum geht, wieder in Fahrt zu kommen, werden viele Patent-
rezepte ausprobiert. Es werden überall „Erfinder- und Innovationspreise" ausge-
lobt. Es werden landauf und landab „Erfinderbörsen" und „Technologieparks"
eingerichtet. „Existenzgründer" werden beraten und begleitet. Es wird
zunehmend Risikokapital mobilisiert. Es soll mit den Worten des Bundes-
präsidenten Roman Herzog, ein „Ruck" durch die ganze Gesellschaft gehen, der
den Motor wieder auf Touren bringt.

Aber reicht es aus, einfach nur wieder Gas zu geben? Sollten wir nicht die
Krise als Chance nutzen, über den Motor der technischen Entwicklung neu
nachzudenken? Zu kurzsichtig ist die Frage, wie wir das Vehikel der Innovation
wieder am schnellsten flottmachen können. Die richtige Frage, die wir uns
heute stellen sollten, fragt danach, *ob unser Antriebssystem noch zeitgemäß ist*
oder nicht besser durch ein anderes ersetzt werden müßte.

Wir kennen und nutzen heute zwei Antriebsmechanismen: den Typ
„Innovation über den Markt" der Marke Schumpeter und den Typ *„Innovation
durch Organisation"* der Marke „Manhattan", auf die ich noch später zu
sprechen komme. Innovative Persönlichkeiten, Erfinder-Unternehmer wie
Werner von Siemens und Alexander Graham Bell oder Systemmanager wie
Friedrich List und Theodore Vail, waren die Motoren der technischen
Entwicklung, als diese Typen vorherrschten. Auch heute bilden solche
Persönlichkeiten immer noch ein wichtiges Moment bei der Gestaltung und
Durchsetzung neuer Techniken. Aber die Komplexität von Hochtechnologien
und die Heterogenität der an ihrer Entwicklung beteiligter Akteure drängen auf
einen Wandel des institutionellen Arrangements, das ich an anderer Stelle ein
„post-schumpeterianisches Innovationsregime"[5] genannt habe. Hier möchte ich
aus der Geschichte der technischen Entwicklung heraus und von der
Beobachtung aktueller Tendenzen technischer Innovation her die These
entwickeln, daß sich neben den beiden anderen ein dritter eigenständiger Typ
der Technikentwicklung entwickelt hat, den ich als *„Innovation im Netz"*
bezeichne. Innovationsnetzwerke sind zeitlich begrenzte, locker durch
Interaktion gekoppelte soziale Gebilde, die sich rund um eine Technologie über
Verhandlungs- und Vertrauensbeziehungen zwischen verschiedenen Akteuren
aus Forschung, Industrie und Politik herausbilden, um die wachsenden
Unsicherheiten zu reduzieren. *Innovationsnetzwerke* – das möchte ich
demonstrieren – *sind heute die hybride Antriebseinheit, die Genese, Gestaltung
und Gang der technischen Entwicklung maßgeblich vorantreiben.*

Bevor ich den Wechsel zu diesem Typ genauer begründen werde, möchte
ich Sie zunächst in die Geschichte der Motorik technischer Entwicklung

zurückführen. Ich frage nach den Eigenarten und Anfängen innovativen Handelns. Dabei werde ich zu zeigen versuchen, wie die Dynamik technischer Entwicklung in modernen Gesellschaften durch ihre Einbettung in Wirtschaft und Wissenschaft zustande kommt.

Daran anschließend möchte ich Sie davon überzeugen, daß es gerade der Erfolg dieses modernen Modells technischer Entwicklung ist, der ihm die Grundlagen für eine erfolgreiche Zukunft entzieht. Die Beschleunigung des Innovationstempos, die Vervielfältigung der Innovationsakteure und die Globalisierung des Innovationsgeschehens bringen bewährte Standardlösungen und institutionelle Abstimmungen zwischen Forschung und Industrie ins Wanken. Tempounterschiede und Rhythmusstörungen verursachen das Stottern des Motors und den Stau der Antriebsdynamik.

Zum Schluß werde ich die Anzeichen dafür sammeln, daß sich auf vielen Feldern durch institutionelles Lernen neue Formen der Koordination herausgebildet haben. Neben der lockeren Kopplung von innovativen Akteuren in Wissenschaft und Wirtschaft durch den Markt und neben der strengen Kopplung von Forschung und Industrie durch Staat und Organisation bildet sich die eigenständige Form der interaktiven Vernetzung der Akteure durch Verträge, Verhandlung und Vertrauen heraus, die ich Innovationsnetzwerke nenne.

2. Nach den Anfängen und Einbettungen innovatorischen Handelns fragen

Die technische Entwicklung wurde immer schon durch innovatives Handeln bewegt – allein die institutionelle Einbettung macht den Unterschied.

Auf *innovatives Handeln*, nämlich Neues zu schaffen und zu nutzen, wird gerne hingewiesen, wenn es gilt, die moderne Gesellschaft von vormodernen Gesellschaften abzusetzen. Diese werden im Kontrast zur Moderne durch repetitives, routinisiertes und ritualisiertes Handeln gekennzeichnet. Aber auch vormoderne Gesellschaften kennen den Strom der Innovation. Ihre Mitglieder schätzen und fürchten seine magische Kraft. Sie versuchen, sie in besondere Territorien, z. B. der Magie und der Medizin, des Ritus und der Religion, zu bannen und sie auf diese Weise unmerklich und vermittelt in die Traditionen und Rhythmen ihres sozialen Lebens einzubetten. Andernfalls, wenn Innovationen nicht in lokale Traditionen eingebunden werden konnten, wurden ihre Verkörperungen als Teufelswerk gebrandmarkt und ihre Urheber verbannt oder auf dem Scheiterhaufen verbrannt. Innovative Handlungen wurden wie andere abweichende Handlungen, beispielsweise kriminelles, ketzerisches oder geisteskrankes Verhalten, immer nur dann bestraft, wenn sie die herrschenden Institutionen oder die Solidarität der traditionellen Gesellschaft bedrohten.

Trotz der spektakulären Sanktionen innovativen Handelns im Mittelalter waren die feudalen Gesellschaften reich an technischen Entwicklungen. Sie fanden vor allem auf den Feldern von Ackerbau und Kriegswesen, von Bergbau und Handwerk, von Schiffsbau und Kirchenarchitektur statt. Sie kulminierten im 14. Jahrhundert derart, daß einige Mediävisten sogar von einer frühen „Industriellen Revolution" im Mittelalter[6] sprechen.

Im allgemeinen jedoch kann die technische Entwicklung in vormodernen Gesellschaften als ruhiger, kumulativer und kontinuierlicher Strom kaum wahrnehmbaren Wandels charakterisiert werden. Die langsame Evolution des Steigbügels, des Pflugs und der Drei-Felder-Wirtschaft, wie sie Lynn White nachgezeichnet hat,[7] sprechen für die „longue durée" im Rhythmus der vormodernen Innovation. Sie kannte weder individuelle Erfinder noch bedeutsame Brüche. Die Wogen der Innovation wurden durch die institutionellen Ordnungen der Kirche, des Rittertums und der städtischen Zünfte geglättet. Die innovativen Handlungen blieben in die räumlich segmentierten örtlichen Praktiken der Handwerker, Händler und Künstler eingebettet.

Die *moderne Innovation* kommt auf, wenn die innovativen Handlungen aus den lokalen Traditionen entbettet, überlokal gesammelt und interlokal verglichen werden. Forschungspraktiken werden gegenüber Routinepraktiken betont. Kreative Tätigkeiten werden von der Routine abgegrenzt und zu besonderen Rollen des Ingenieurs oder des Forschers gebündelt.[8] Die Neuerer befreiten sich von den traditionellen Banden des Handwerks und des Handels, indem sie aus der örtlichen Kontrolle der Städte und Höfe flüchteten. Mühlen außerhalb der Stadttore und Bergminen weit weg von den Burgwällen entwickelten sich zu den bevorzugten Plätzen technischer Innovation. Der Bau und die Verbesserung von Wasserpumpen war zum Beispiel nicht mehr länger in die lokale Routine der Bergbauarbeit integriert, sondern spaltete sich zur besonderen Aufgabe der „mechanici", den Vorläufern der modernen Ingenieure, ab. Sie sammelten und verglichen, wie z. B. Georg Agricola, die technischen Praktiken und Maschinenbeschreibungen von verschiedenen Plätzen. Die Aufmerksamkeit verschob sich von den lokalen zu den interlokalen Bezügen. Diese „Interlokalität" schuf einen eigenen Rahmen der Selbstreferenz. Je mehr sich die Techniker auf solche Sammlungen technischer Texte und Zeichnungen bezogen, desto stärker gewannen die technischen Entwicklungen an relativer Autonomie gegenüber den traditionellen Einbettungen. *Mechanische Innovationen wurden auf andere mechanische Innovationen bezogen: die innovativen Handlungen wurden damit rekursiv.* Dieser Prozeß begann mit den ersten Büchern über Mechanik und Maschinationen und mündete in die Bildung von ingenieurwissenschaftlichen Disziplinen. Befreit von den Fesseln der örtlichen Traditionen und Autoritäten, konnte die moderne Innovation ihren eigenen Rhythmus entwickeln, der an die Temposteigerung des „Accelerando", z. B. in Maurice Ravels „Bolero", erinnert.

Mit der musikalischen Metaphorik läßt sich auch das Gemeinsame und Unterschiedliche zwischen vormoderner und moderner Innovation symmetrisch darstellen. Der Rhythmus der *vormodernen* Innovation könnte mit der Taktfolge: Routine – Routine – Innovation/Routine – Routine – Innovation/usw. beschrieben werden. Routinehandlungen dominieren. Wenn Probleme auftauchen, mag innovatives Handeln entstehen, aber es wird in den routine-dominierten Rhythmus integriert oder ganz ausgelöscht. Der Rhythmus der *modernen* Innovation ist jedoch viel lebhafter: *Innovation* – Routine – Routine/*Innovation* – Routine – Routine/usw. Jetzt wird der erste Takt betont. Die innovativen Akte werden verbunden, und ein andersartiger Rhythmus entsteht. Der Rhythmus ist beschleunigt wie im Wiener Walzer, obwohl er aus denselben Elementen wie vorher besteht. Der Tempowandel wurde nicht durch einen substantiellen Wandel, sondern nur durch die Veränderung der Emphase und der Interpunktion bewirkt.

Unter einer institutionellen Perspektive läßt sich der Prozeß der Entbettung der technischen Innovation empirisch genauer beobachten. Es ist richtig, daß mit der Moderne auch das innovative Handeln aus den Traditionen herausgelöst wurde. Aber im Vergleich zu den anderen Handlungsformen entwickelte sich kein spezifisches rekursives Teilsystem der technischen Innovation. *Die moderne technische Entwicklung – so lautet meine These – wurde in zwei andere Sozialsysteme wiedereingebettet: Die technische Innovation ging eine Symbiose mit dem wissenschaftlichen Forschungssystem und mit dem ökonomischen Produktionssystem ein.*

Was wissen wir von ihrer Verbindung mit den *modernen Wissenschaften*? Die technische Entwicklung war von Anfang an eng mit der empirischen Untersuchung in den bildenden und nützlichen Künsten und mit der wissenschaftlichen Forschung verknüpft. Im Italien der Renaissance entstand die „experimentelle Philosophie", wie die moderne Naturwissenschaft damals genannt wurde, aus der Kreuzung der humanistischen Universitätskultur mit der technischen Kultur der höheren Handwerker und Künstler.[9] Die neuen Wissenschaften, wie sie von der London Royal Society gefördert wurden, beruhten ganz entscheidend auf der experimentellen Demonstration wissen-schaftlicher Aussagen in Gegenwart einer kleinen Gruppe von Gentlemen.[10] Seitdem war die wissenschaftliche Entwicklung eng mit Fortschritten des Instrumentenbaus und der Verfügung über immer raffiniertere und größere Experimentieranlagen verbunden.

Was wissen wir über die Bindung technischer Entwicklung an die *moderne Wirtschaft*? Offensichtlich entwickelte sich die technische Innovation auch von Anfang an zu einem charakteristischen Wesenszug des kapitalistischen Wirtschaftssystems. Technische Entwicklungen wurden vielfältig mit der wirt-schaftlichen Entwicklung verflochten. Vor allem die Entwicklung der Produk-tionstechniken folgte den Pfaden wirtschaftlicher Rationalisierung. Prozeß-innovationen wurden vorangetrieben, die Arbeitsproduktivität zu steigern und Arbeitskräfte zu ersetzen oder auch zu kontrollieren. Produktinnovationen wurden verfolgt, um neue Märkte zu erschließen. Die Definitionen technischer und ökonomischer Effizienz zeigen kaum noch Unterschiede. Schon Karl Marx und Max Weber argumentierten einhellig, daß der Kurs technischer Entwicklung auf lange Sicht hin ökonomisch bestimmt sei.

Die technische Innovation war – wie wir bisher sehen konnten – auf den Gebieten der Wissenschaft und der Wirtschaft wieder neu eingebettet worden, d.h. daß sich dort neue Traditionen innerhalb der Moderne[11] herausbilden. Neue Techniken entwickeln sich also an verschiedenen Orten und mit unterschiedlichen Rhythmen. Die Paradoxie der technischen Innovation besteht darin, daß innovatives Handeln, wenn es vollkommen ungebunden ist, rücksichtslos das Gute zugunsten des Besseren zerstört. Joseph Schumpeter hat das die „schöpferische Zerstörung" genannt. Um also die Errungenschaften der entfesselten Innovation ohne ihre Nachteile nutzen zu können, sind Institutionen erforderlich, mit der Paradoxie der Innovation umzugehen und ihre Unbestimmtheit und Destruktivität einzugrenzen.

In der *Wissenschaft* wurden die destruktiven Züge der technischen Innovation dadurch gezügelt, daß dem theoretischen Argument gegenüber dem Experiment Priorität eingeräumt wurde. Solange wie eine experimentelle Neuerung nicht im Rahmen eines theoretischen Paradigmas erklärt werden kann, wird es keinen Einfluß auf die wissenschaftliche Entwicklung gewinnen.

In der *industriellen* *Wirtschaft* kontrollieren eine Reihe von stillen Praktiken und regulatorischen Institutionen die Ambivalenz technischer Innovation. Das zerstörerische Tempo von Innovationen konnte durch den Aufkauf von Patenten und durch geheime Marktabsprachen gedämpft werden. Unternehmen nahmen auch darauf Einfluß, indem sie eigene Forschungs- und Entwicklungsabteilungen einrichteten oder sich an gemeinsamen Industrielabors beteiligten.

Auf der Ebene der *gesamten Wirtschaft* konnten lange Wellen der technischen Innovation beobachtet werden. Sie ergeben sich als nichtintendierte Folgen der innovativen Handlungen in Wissenschaft und Industrie. In Zeiten normaler industrieller Technikentwicklung werden radikale Innovationen wegen ihres destruktiven Charakters vermieden. Defensive Innovationen geben den Ton an. Aber wenn ein herrschendes technisch-ökonomisches Paradigma seinen Gipfelpunkt überschritten hat und die Märkte zu stagnieren beginnen, dann erhalten wissenschaftliche Erfinder und Erfinder-Unternehmer ihre Chance: Die Sperren gegen radikale zerstörerische Innovationen werden durchbrochen. Die lokalen Durchbrüche können von wirtschaftlichen und politischen Systembildnern zu weltweiten technischen Regimes, wie dem Eisenbahnsyssem oder dem Telefonsystem, ausgebaut werden.

Aus der Koevolution von wirtschaftlicher und technischer Entwicklung erwächst der technischen Innovation ein zyklischer Charakter. Phasen der Festigung lösen sich mit Phasen der Fermentierung ab. Kontinuität und inkrementelle Innovation wechseln mit Diskontinuität und radikaler Innovation. Eine der vielen technologischen Alternativen wird dann durch die institutionelle

Selektion begünstigt. Sie wird durch Nachahmung und Auszeichnung dauerhaft zum dominanten Design stabilisiert.

Der diskontinuierliche zyklische Rhythmus der modernen Innovation unterscheidet sich also deutlich vom kontinuierlichen, kumulativen Rhythmus des vormodernen technischen Wandels. Der Unterschied betrifft das symbolische Markieren und das technische Materialisieren. In der Moderne wird das Neue explizit gegenüber dem Alten hervorgehoben und höher bewertet. Dadurch wird die Motorik der technischen Entwicklung beschleunigt. Außerdem werden in der Moderne die Innovationen in weitergreifende „Technostrukturen"[12] materialisiert. Das sind eben nicht nur neue technische Artefakte, sondern komplexe technische Systeme, in denen Maschinen, Programme und Praktiken eng miteinander verkoppelt sind. Dadurch erhalten sie eine größere Festigkeit und Widerständigkeit gegenüber neuem Wandel.

Wir können unsere Überlegungen zusammenfassen: Im Mittelalter waren Handwerker, Mechanici und Alchimisten die Motoren der technischen Entwicklung. Die Institutionen der Zunft und der Kirche wirkten in der Regel als Bremsen. In der Moderne wurde die technische Innovation beschleunigt, weil sie aus den festen Bahnen der Zünfte und der Moral entbettet wurde. Experimentierende Wissenschaftler und unternehmerische Instrumentebauer waren wichtige Motoren der technischen Innovation in der frühen Neuzeit. Die technische Innovation wurde jedoch in die institutionellen Ströme wissenschaftlicher und wirtschaftlicher Produktion wiedereingebettet, die ihr neue Bahnen vorschrieben. Die unterschiedlichen Zeitperspektiven von Wissenschaft und Wirtschaft erklären die Diskontinuität der modernen technischen Entwicklung und ihre zyklische Natur.[13]

3. Nach den Folgen der modernen Motorik und den Anzeichen für ihre Krise fragen

Die Motorik der technischen Entwicklung wird in der Moderne extrem beschleunigt; das geschieht allerdings in einem besonderen, aber heterogen verteilten System der Technikerzeugung. Tempo und Richtung der technischen Entwicklung werden zwar von lokalen Traditionen entbunden, hängen aber nunmehr von einer Vielfalt institutioneller Felder ab. Wissenschaft, Wirtschaft und Staat unterscheiden sich jeweils hinsichtlich ihrer leitenden Orientierungen und ihrer Zeithorizonte.

In der *Wissenschaft* kann eine wachsende wechselseitige Bedingtheit von wissenschaftlicher und technischer Innovation beobachtet werden. Als Konsequenz fällt das, was man „reine Wissenschaft" nannte, zunehmend mit der „angewandten Wissenschaft" zusammen. Die Computerwissenschaften und die Molekularbiologie können als solche hybriden Technowissenschaften oder „Hochtechnologien"[14] angesehen werden. Die Verwissenschaftlichung der Techniken wirft immer größere Probleme für die praktische Nutzung in anderen

Kontexten auf.[15] Um die wachsende Kluft zwischen wissenschaftlicher Technologie und praktischer Anwendung zu schließen, werden die Beziehungen zwischen Universität und Industrie zunehmend gestrafft und stromlinienförmig organisiert.[16]

In der *Wirtschaft* führte die enge Verbindung von Industrie und technischer Innovation zum Aufstieg der wissenschaftsbasierten Industrien. Forschung und Entwicklung sind dort in die Unternehmen selbst oder zwischen ihnen in gemeinschaftliche Forschungsinstitutionen, wie diejenigen der Fraunhofer-Gesellschaft, integriert. Als Folge wachsender Forschungsintensität muß die industrielle Produktion immer häufiger den Standardpfad ihres Produktzyklus verlassen. Sie gerät zunehmend unter den Imperativ der global entfesselten technischen Innovation. Um mit diesem beschleunigten Tempo technischer Innovation Schritt halten zu können und die Unsicherheiten zu verringern, die damit verbunden sind, suchen die Unternehmen eine engere Kooperation zwischen Entwicklern und Herstellern und eine festere Bindung zwischen Herstellern und Anwendern.[17]

In der *Politik* wußten die Staaten immer schon, wie die Früchte der technischen Innovation am besten zu ernten seien. Die modernen Nationalstaaten gewannen ihre wirtschaftliche Wohlfahrt und militärische Stärke hauptsächlich durch die Nutzung technischer Verbesserungsleistungen. Um gegenwärtig ihre wirtschaftliche und geopolitische Stellung in der Welt zu wahren, sind sie zunehmend gezwungen, technische Innovationen auf strategischen Feldern selbst zu identifizieren und angemessen zu fördern. Je mehr Innovationen bewußt technologiepolitischen Entscheidungen unterworfen werden, desto stärker drohen die Risiken der Fehlentscheidung, ihrer Zurechnung zu den politischen Entscheidern und ein allgemeiner Vertrauensverlust. Die Regierungen sehen sich gezwungen, vermehrt Beratung und flächendeckend Folgenabschätzung bei Experten zu suchen. Es wird zur neokorporatistischen Regulierung der Beziehungen zwischen Wissenschaft, Industrie und Staat zurückgegriffen.

Die angesprochenen institutionellen Veränderungen trugen bisher auf jedem einzelnen Gebiet zur Beschleunigung der technischen Innovation bei. Die Standardabfolge von der wissenschaftlichen Entdeckung über die technische Erfindung bis zur ökonomischen Innovation regulierte den im Grunde regellosen Strom der Innovationen. Die institutionelle Differenzierung schrieb jedem der am Prozeß Beteiligten eine bestimmte Rolle zu. Einfache Rückkopplungsprozesse zwischen Wissenschaft und Technik oder zwischen Hersteller und Anwender neuer Techniken festigten die eingeschlagenen Pfade technischer Entwicklung. Der Verlauf einer technischen Innovation war in gewisser Weise erwartbar. Auf analoge Weise, wie der moderne Wohlfahrtsstaat in den sechziger und siebziger Jahren einen Standardlebenslauf für die Beschäftigten geschaffen hatte, gelang es dem modernen, institutionell differenzierten System der Technikentwicklung, ein wohl abgestimmtes und effizientes Innovationsregime zu etablieren und einen Standardverlauf für Innovationen zu gewährleisten.

Aber seit zwei Jahrzehnten zeigt dieses Innovationsregime, wie der Wohlfahrtsstaat auch, Zeichen von Krise und Auflösung. Immer stärker mehren sich die Anzeichen dafür, daß die erfolgreiche Beschleunigung und die funktionale Aufteilung der innovativen Handlungen die etablierten institutionellen Arrangements untergräbt und daß die standardisierten Innovationspfade verlassen werden. Die Folgen der erfolgreichen Innovation verändern ungewollt die Form der Innovation. Diesen Sachverhalt kann man als Fall von *reflexiver Modernisierung* deuten, einer Modernisierung der unbeabsichtigten Folgen der ersten Modernisierung.[18] Auf der institutionellen Ebene können wir folgende Veränderungen als Indikatoren für eine „reflexive Innovation" beobachten:

- Die Produktion wissenschaftlichen Wissens wandert auf vielen Gebieten aus den Universitäten aus und gibt die klassischen Grenzen wissenschaftlicher Disziplinen auf.
- Die Grenzen zwischen Grundlagenforschung, angewandter Forschung und Technologie beginnen sich zu verwischen. Grundlegende technologische Forschungen werden zunehmend mit dem Nobelpreis ausgezeichnet; wissenschaftliche Entdeckungen eignen sich immer häufiger zur kommerziellen Verwertung und werden rasch als Patent angemeldet.[19]
- Die Rückkopplungsmechanismen zwischen der Ingenieurausbildung und praktischen Erfahrungen im Betrieb werden durch die Verwissenschaftlichung und Akademisierung der Ingenieurprofessionen immer stärker unterbrochen.[20]
- Die bisher eingespielten Hersteller-Nutzer-Beziehungen in der Werkzeugmaschinenindustrie und die Hersteller-Zulieferer-Beziehungen in der Automobilindustrie erweisen sich unter dem Druck globalisierter Märkte und radikaler Veränderungen des techno-ökonomischen Paradigmas als hinfällig. Die Vorteile dieser festen Beziehungen verkehren sich in Hindernisse für die flexible Anpassung an unterschiedliche Anwender und weltweiten Wettbewerb.
- Das techno-ökonomische Paradigma der Massenproduktion verliert in vielen Industrien an Boden, ohne daß sich deutlich ein neues dominantes Produktionsmodell abzeichnen würde.
- Weder große Konzerne noch mittlere Unternehmen bleiben die strategischen Orte technischer Innovation. Der Prozeß der Technikerzeugung findet stärker auf verschiedene Instanzen verteilt statt. Immer mehr intermediäre Institutionen[21] nehmen daran teil.

▪ Der Staat verliert, je mehr Technologieprogramme er initiiert, seine zentrale Position in der Innovationspolitik. Die Pluralität der Teilnehmer am Prozeß der Technikentwicklung erfordert eine dezentrale „Governance"-Struktur. Der Staat sieht sich zunehmend in die bloße Rolle des Vermittlers und Moderators gedrängt.

Die herausgegriffenen institutionellen Veränderungen können als „ironische" Konsequenzen der Modernisierung der technischen Entwicklung angesehen werden. Sie sind als unbeabsichtigte Folgen der erfolgreichen Institutionalisierung und der rasanten Temposteigerung der Innovation in der Moderne entstanden. Neben der Ironie teilen die institutionellen Veränderungen drei weitere Kennzeichen: Ambivalenz, Verteiltheit und globale Verdichtung.

Ambivalenz bezeichnet das Ende der Eindeutigkeit und Gewißheit moderner Innovation. Es kann nicht mehr länger ein fester Weg erwartet werden kann, wie technische Innovationen in Gang gesetzt, erfolgreich organisiert und angemessen ihre Folgen abgeschätzt werden können. Moderne Wissenschaft, angetreten unter dem Motto, alle Aussagen über die Kräfte der Natur mit Gewißheit zu treffen, kann nicht mehr die Harmlosigkeit einer Innovation garantieren. Moderne Technologie, getrieben vom Motiv, die gewünschten Kräfte zu praktischem Nutzen in einen geregelten Mechanismus einzukapseln, kann weder alle Einflüsse eindämmen noch alle Effekte und Nebeneffekte kontrollieren.

Verteiltheit bedeutet Vielfältigkeit und Heterogenität der Handlungen, die an der Produktion einer neuen Technik beteiligt sind. Es kann kein Zentrum und kein zentraler Akteur für die technische Entwicklung identifiziert werden. In dieser Hinsicht dürfen wir der postmodernen Diagnose folgen, daß wir in einer Welt mit einer Pluralität von Rationalitätsstandards leben. Dementsprechend gibt es keinen privilegierten Zugang zur Bewertung technischer Innovationen, weder von seiten der Technikwissenschaften noch von seiten der Ökologiebewegung.

Globale Verdichtung zeigt eine neue raum-zeitliche Beziehung an: Das Lokale und das Globale können nicht mehr länger voneinander getrennt gehalten werden. Vor allem die neuen Medien der Kommunikation haben die Zeiten der Übermittlung und die räumlichen Entfernungen geschrumpft.[22] Lokale Entscheidungen müssen zunehmend die globalen Implikationen mitbedenken: Wissenschaftliche Experimente, wie das geklonte schottische Schaf, können in ihren Folgen nicht auf die überschaubare internationale Gemeinschaft der Medizinforscher begrenzt werden. Folgen technischer Unfälle, wie die radioaktive Wolke von Tschernobyl, machen nicht an nationalen Grenzen halt. Insgesamt treiben die Globalisierung der Wirtschaft und das weltweite Netz der Kommunikation das Tempo der technischen Innovation an und treiben ihre Risiken in die Höhe.

Lassen sich die Konsequenzen dieser institutionellen Veränderungen auch auf der Ebene der individuellen Innovationsverläufe feststellen? Gibt es dort auch empirische Indikatoren dafür, daß sich die Muster technischer Entwicklungen angesichts ansteigender Ambivalenz, vielfältiger Verteiltheit und globaler Verdichtung verändern?

Analog zu Tendenzen der Auflösung fester Klassenmuster und der „Individualisierung" vorher stark standardisierter Lebensläufe unter dem Wohlfahrtsregime lassen sich für die technische Entwicklung veränderte Innovationsverläufe feststellen:

- Die Identität einer anvisierten Technik ist multipler und unbestimmter als zuvor geworden: Das Tempo und die Verteiltheit der Innovation bringen es mit sich, daß sich die Optionen vervielfältigen und die Erwartbarkeit verringert. Zu Beginn weiß man nicht, hat aber trotzdem zu entscheiden, was für die Kommunikation per Internet die beste Lösung sein wird: ein konvertierter Fernseher, ein opulenter Multimedia-Computer oder ein abgespeckter Netzwerkcomputer.
- Die Informationen, die mit der Entwicklung rückzukoppeln sind, haben eine wachsende Vielfalt von Kontexten zu berücksichtigen. Sie müssen räumlich und zeitlich stärker präsent gehalten werden. Die einfachen rekursiven Prozesse zwischen Hersteller und Anwender reichen nicht mehr aus, sondern es muß über eine Vielfalt von Aspekten nachgedacht werden, um die Innovation gelingen zu lassen.
- Die Übergänge in der Innovationsbiographie zwischen dem wissenschaftlichen, dem wirtschaftlichen und dem politischen Feld sind kritischer geworden: Zunehmend muß die Hilfe vermittelnder Agenturen in Anspruch genommen werden, diese prekären Übergänge zu bewältigen. Die Anforderungen sind enorm angewachsen, die Technikprojekte zwischen den verschiedenen institutionellen Feldern zu übersetzen. Die technischen Standards müssen zunehmend zwischen den unterschiedlichen Akteuren ausgehandelt werden.
- Die Emanzipation des Innovationsverlaufs von gewachsenen regionalen Einbettungen und von ausgetrampelten Pfaden technischer Entwicklung wird durch Einrichtung neuer Programme und frischer Organisationen vorangetrieben: Eine solche „Individualisierung" des Innovationsmusters schafft mehr Wahlfreiheit und Chancen für alternative Techniken in der Anfangsphase, vergrößert aber auch das Risiko des Fehlschlags wegen fehlender institutioneller Sicherheit.
- Die Zeitintervalle zwischen zwei Technikgenerationen verkürzen sich, und die intergenerationelle Differenz nimmt zu: Der technische Reifungsprozeß beschleunigt sich, wenn er vom institutionalisierten Lebenslauf entbunden ist. Dieses schnelle Reifen und Veralten zeigt sich besonders deutlich am

raschen Wechsel der Paradigmen zur Softwareproduktion und der noch rascheren Abfolge der einzelnen Programmversionen.

Ich fasse zusammen: *Ein höherer Grad an Vielfältigkeit*[23]*, eine Chance zu stärkerer Individualität, eine anspruchsvollere Rückkopplung und ein differenzierteres Tempo markieren den im Entstehen begriffenen Verlauf reflexiver technischer Innovation.* Die Vielfältigkeit resultiert aus der radikalen Entbettung und dem steigenden Bewußtsein für Ambivalenz. Sie ist zweifellos eine Konsequenz der Moderne.[24] Die langsame Auflösung der Standardverläufe schafft auf der einen Seite mehr Spielraum für individuelle und alternative Technikentwürfe. Aber auf der anderen Seite verlangt die Pluralität der Teilnehmer und die Heterogenität der Kontexte ein umfassenderes rekursives Lernen[25]. Die verschiedenen Agenturen müssen koordiniert und die unterschiedlichen Zeiten aufeinander abgestimmt werden.

Unter den Bedingungen der reflexiven Innovation entsteht der *paradoxe Effekt*: Je mehr der technische Wandel in den verschiedenen Phasen und auf den unterschiedlichen Feldern beschleunigt wird, desto stärker wird das Tempo der gesamten konzertierten Innovation gebremst. In einem heterogen verteilten System der Innovation wachsen nämlich die Koordinationsprobleme zwischen den unterschiedlichen Motiven und die Synchronisationsprobleme der unterschiedlichen Tempi an. Musikalisch gesehen erzeugen die vielen „Accelerandos" der einzelnen Melodien eine steigende Disharmonie und ein „Ritardando" im Gesamtkonzert. Gefragt ist also ein neues Innovationsregime, das der Herausforderung der reflexiven Innovation gewachsen scheint und einen Koordinationsmechanismus kennt, der Vielfältigkeit und Ambivalenz toleriert, rekursives Lernen besser begünstigt und Zeitdifferenzen zuläßt.

4. Was könnte der Motor der technischen Entwicklung im neuen Innovationsregime sein?

Die reflexive Modernisierung der Innovation löst also unbeabsichtigt ihre institutionellen Arrangements und die Standardform von Innovationsverläufen auf. Welcher Motor oder welcher soziale Mechanismus könnte jetzt in der Lage sein, die Vielfalt der Felder, der Zeiten und der Akteure zu erhalten und gleichzeitig ihre heterogene Verteiltheit zu koordinieren und ihre asynchronen Rhythmen zu konzertieren?

Die moderne Gesellschaft verläßt sich im wesentlichen auf zwei Mechanismen der Koordination sozialen Handelns: der Mechanismus des Marktes und der Mechanismus der hierarchischen Organisation. *Märkte* gelten als wirksame Mittel, eine bunte Vielfalt von Bedürfnissen mit einer breiten Palette von Produkten abzustimmen. In zeitlicher Hinsicht werden durch die Tauschakte die unterschiedlichen Tempi von Produktion und Konsumtion automatisch konzertiert. Insofern sind Märkte also extrem effiziente Mittel der

Zeitsynchronisation. Aber Märkte erfordern eine bestimmte Berechenbarkeit kritischer Ereignisse. Märkte versagen als Mittel der Koordination, wenn die Unsicherheiten zu stark ansteigen und sich die Zeithorizonte zu weit ausdehnen. Das ist auch der Grund dafür, daß eine *liberale Innovationspolitik* der Deregulierung, die auf die Selbstregulation durch Märkte setzt, nicht erfolgreich sein kann. Gesetzliche und bürokratische Hindernisse für Innovationen können zwar beseitigt und das Tempo der Innovation teilweise gesteigert werden. Aber gleichzeitig wachsen die Klüfte zwischen den unterschiedlichen Feldern der Innovation und ihren Zeitregimes. Die Unsicherheiten des gesamten Innovationsprozesses werden für die einzelnen Akteure unzumutbar erhöht.

Organisationen, einschließlich Staat und Bürokratie, haben sich als verläßliche Koordinatoren ganz unterschiedlicher Aufgaben und Zeitperspektiven erwiesen. Sie sind so erfolgreich, weil sie in ihren Grenzen Berechenbarkeit und Bestimmtheit herstellen können. Sie schaffen ihre eigene Ordnung und unterwerfen menschliche Handlungen, maschinelle Operationen und symbolische Äußerungen ihrer prozeduralen Rationalität. In zeitlicher Hinsicht haben sich Organisationen besonders gut als Mechanismen der Koordination bewährt, wenn es um die Zeitrechnung, die Zusammenführung verschiedener Zeiten und um die langfristige Speicherung von Ereignissen ging. Aber Organisationen versagen, wenn Unterschiede aufrechterhalten und Zeithorizonte offengehalten werden sollen. Daher dürfte auch eine *neokorporatistische Innovationspolitik*, die auf Regulierung und Entdifferenzierung setzt, nur begrenzte Erfolgsaussichten haben. Denn sie unterwirft die heterogenen Kräfte und Felder unter gemeinsame Projekte, geteilte Programme und gleiche Prioritäten. Diese Konzentration und Ausrichtung der vielfältigen Visionen und Tempi der technischen Entwicklungen auf einige Leitbilder und Förderschwerpunkte riskiert, die wissenschaftliche Kreativität zu kanalisieren und die breiter verteilte unternehmerische Innovationslust zu dämpfen.

Die beiden Motortypen „Innovation über den Markt" der Marke Schumpeter und „Innovation durch Organisation" der Marke Manhattan verschwinden nicht aus dem Arsenal der reflexiven Moderne. Risikofreudige, innovative Unternehmer und Ressourcen mobilisierende Systembildner bleiben wichtige Antriebselemente der technischen Entwicklung. Sie erhalten in einem sich verändernden Innovationsregime nur eine andere Position.

Der Typ der „*Innovation über den Markt*" ist der klassische Fall, den der frühe Schumpeter vor Augen hatte. Erfinder-Unternehmer machten sich frei von den gewohnten Verfahren, den gesicherten Märkten und den kalkulierbaren Gewinnen. Sie schufen sich mit eigenen Produktideen und gekauften Patenten neue Märkte. Sie sorgten damit unbeabsichtigt für das unübersichtliche Anwachsen technischer Neuerungen und darauf gründender Industrien. Der Erfolg dieses Typs in der Pionierphase führt zur Bildung großer Konzerne und industrieller Imperien, wodurch ihm selbst dann die Grundlagen entzogen werden.

Der Typ der „*Innovation durch Organisation*" gewinnt in Phasen der Stabilisierung an strategischer Bedeutung. Die Größe der Unternehmen ermöglicht die Aneignung und Bündelung der verschiedenen Quellen technischer Innovation. Die Kapitalkraft sichert den Erwerb und die Kontrolle der entscheidenden Patente. Die Errichtung eigener Forschungs- und Entwicklungslabors sorgt für den unmittelbaren Anschluß an die wissenschaftlich-technische Entwicklung. Die Risiken der Innovation werden durch Routinen minimiert. In der Industrie wird die Innovation in die vorgezeichneten Bahnen der ständigen und stückweisen Verbesserung gelenkt. In der staatlich organisierten Forschung werden sie auf wenige Großprojekte und strategische Förderprogramme konzentriert. Aber auch bei der „Innovation durch Organisation" schlagen die offensichtlichen Erfolge in Krisen um. Der späte Schumpeter hatte schon vor den Gefahren der „vollkommen bürokratisierten Rieseneinheit" für das innovative Potential gewarnt: „Das Erfinden selbst ist zu einer Routinesache geworden...".[26] Heute sehen wir, daß die strategische Beherrschung von Technologiefeldern nicht einmal gegen Blindheit für technische Neuerungen gefeit ist, wie die Vernachlässigung des PC bei IBM gezeigt hat. Die Erfolge staatlicher Forschungskoordination, wie die gezielte Entwicklung der Atombombe oder die massive Förderung der zivilen Atomenergie, begrenzen heute die Bereitschaft des Staates, sich ohne Kenntnis der Finanzierungszeiträume und der Folgedimensionen so stark festzulegen.

Gefordert ist gegenwärtig ein Antriebsmechanismus, der die Nachteile der beiden anderen vermeidet und ihre Vorzüge vereint. Netzwerke scheinen gegenüber Markt und hierarchische Organisation diese besondere Eigenschaft zu besitzen. Statt auf Tausch und Anweisung beruhen sie auf Verhandlung. Statt über Geld und Macht werden sie über Vertrauen geregelt.[27] Verhandlungen behalten die Flexibilität des Marktes bei, ohne seine Gleichgültigkeit gegenüber der Beschaffenheit der Güter und der Eigenschaft der Akteure zu zeigen. Vertrauensbeziehungen verringern die Unsicherheiten, ohne die Unterschiede zwischen den Ereignissen und ihren Zeitrhythmen so einzuebnen, wie es Organisationen normalerweise tun. In zeitlicher Hinsicht lassen Netzwerke heterogene Einheiten, unterschiedliche Tempi und einen offenen Zeithorizont zu. Diese Eigenschaft macht sie in meinen Augen zu einem überlegenen Mittel, die zunehmende Vielfältigkeit im verteilten System der Technikerzeugung durch lockere Kopplung und zeitlich flexibel zu koordinieren.

Eine *reflexive Innovationspolitik* verfolgt daher eine im Vergleich zur Organisation lockere, aber im Vergleich zum Markt verbindlichere Vernetzung heterogener Akteure. Sie muß der Tendenz zur Schließung ebenso wehren wie der Tendenz zur Bildung von strategischen Hierarchien.[28]

„*Innovationsnetzwerke*" entwickeln sich – wie wir oben gesehen haben – als Reflex auf die selbst erzeugten Grenzen der beiden anderen Innovationstypen. Sie bestehen aus einem lockeren Verbund zwischen verschiedenen

Praktiken und einer verbindlichen Assoziation nach Größe und Expertise heterogener Partner. Wir können von einem „Innovationsnetzwerk" immer dann sprechen[29], wenn der Zugang zum Netz für alle grundsätzlich offengehalten wird, wenn im Netz keinem etwas aufgezwungen wird, wenn ein Spielraum für Aushandlungen gegeben ist und wenn erfahrungsbasiertes Vertrauen die Beziehungen zwischen Konkurrenz und Kooperation regelt. Solche Innovationsnetzwerke können die institutionellen Unterschiede und Tempodifferenzen aufeinander abstimmen und gleichzeitig in ihrer Verschiedenheit aufrechterhalten. Wenn wir wieder zum musikalischen Vergleich übergehen, hieße das, eine Vielfalt dissonanter Melodien und asynchroner Rhythmen nicht polyphon zu harmonisieren, sondern wie Igor Strawinsky oder Charles Ives polyrhythmisch zu vernetzen. Oder in der Metaphorik des Motorantriebs: Innovationsnetzwerke lassen sich als Hybridmotoren vorstellen, welche jeweils nur die günstigen Eigenschaften eines Benzin- und eines Elektromotors nutzen.

Die neuen Zeiten für technische Innovationen haben schon längst begonnen: Vor drei Jahren wurde ein Patent für eine biotechnische Innovation angemeldet. Es ging um die Herstellung eines Tiermodells für die Alzheimersche Krankheit. Wer war der kreative Erfinder? Ein Wissenschaftler, ein findiger Mediziner oder eine innovative Firma? Nichts von alledem! Hinter den 34 Autoren verbirgt sich ein Innovationsnetzwerk. Es besteht aus den Interaktionen zwischen zwei neu gegründeten Biotechnikfirmen, einem etablierten pharmazeutischen Konzern, einer Eliteuniversität, eines staatlichen Forschungslabors und eines gemeinnützigen Forschungsinstituts.[30]

Wer ist der Motor der technischen Entwicklung heute?

Wenn weder der Schumpetersche risikofreudige Erfinder-Unternehmer noch der kapitalistische Konzern, weder der kreative Wissenschaftler noch die staatliche Großforschung allein den Gang der Innovation bestimmen können, dann werden die Innovationsnetzwerke zu den bestimmenden Agenturen im post-schumpeterianischen Innovationsregime. Neuerungen sind Netzwerkeffekte. Innovationen entstehen im Netz. Innovationsnetzwerke sind der neue Motor der technischen Entwicklung.

Anmerkungen:

[1] Die Thesen des Textes basieren auf Erfahrungen, die ich in mehreren empirischen Projekten gesammelt habe: Untersuchungen zu Produktinnovationen in fünf Unternehmen, acht intensive technikgenetische Fallstudien im Bereich der Künstliche-Intelligenz-Technologien und sechs Innovationsverlaufsanalysen von der Solarthermik bis zum Car-Sharing. In Teilen des Textes wurden Passagen aus dem Beitrag „Innovation im Netz – Neue Zeiten für technische Innovationen: heterogen verteilt und interaktiv vernetzt" übernommen, der in der Sozialen Welt 3 (1997) erschienen ist.

[2] Vgl. Hartmut Hirsch-Kreinsen, Innovationsschwächen der deutschen Industrie. Wandel und Probleme von Innovationsprozessen, in: Technik und Gesellschaft 9 (1997), S. 153 – 74.

[3] Vgl. Ulrich Jürgens/Frieder Naschold, Arbeits- und industriepolitische Entwicklungsengpässe der deutschen Industrie in den neunziger Jahren, in: Institutionenvergleich und Institutionendynamik, hrsg. v. Wolfgang Zapf und Meinolf Dierkes, Berlin 1994, S. 239 – 70.

[4] Vgl. Hariolf Grupp, Der Delphi-Report – Innovationen für unsere Zukunft, Stuttgart 1995.

[5] Auf dem Weg zu einer post-schumpeterianischen Innovationsweise: Institutionelle Differenzierung, reflexive Modernisierung und interaktive Vernetzung im Bereich der Technikentwicklung, in: Technikentwicklung und industrielle Arbeit, hrsg. von Daniel Bieber, Frankfurt/M. 1997, S. 45 – 71.

[6] Vgl. dazu exemplarisch Wolfgang von Stromer, Eine „Industrielle Revolution" im Mittelalter? In: Technik-Geschichte, hrsg. von UlrichTroitzsch und Gabriele Wohlauf, Frankfurt/M. 1980, S. 105 – 138.

[7] Vgl. Lynn White, Medieval Technology and Social Change, Oxford 1962.

[8] Ausführlicher zur Ausdifferenzierung des Forschungshandelns siehe Wolfgang Krohn / Werner Rammert, Technologieentwicklung. Autonomer Prozeß und industrielle Strategie, in: Soziologie und gesellschaftliche Entwicklung, hrsg. von Burkart Lutz, Frankfurt/M. 1985, S. 411 – 33.

[9] Siehe Edgar Zilsel, Die sozialen Ursprünge der neuzeitlichen Wissenschaft, Frankfurt/M. 1976.

[10] Siehe hierzu die bahnbrechende Studie von Steven Shapin/Simon Schaffer, Leviathan and the Air Pump. Hobbes, Boyle and the Experimental Life, Princeton 1985.

[11] Zur „neuen Tradition" und zur „Wiedereinbettung" siehe Anthony Giddens, Tradition in der posttraditionalen Gesellschaft, in: Soziale Welt 44 (1993) 4, S. 445 – 85.

[12] Zu Begriff und theoretischem Ansatz siehe jetzt Werner Rammert, New Rules of Sociological Method. Rethinking Technology Studies, in: British Journal of Sociology 48 (1997) 2, S. 171 – 91.

[13] Ein die Kontinuität zwischen den Diskontinuitäten der Forschungsereignisse betonendes Modell stellt Janos Wolf, Innovationsstruktur. Zufall, Ordnung und Spielraumbildung in der Entstehung der Penicillin/Antibiotika-Revolution, Berlin 1997 am Beispiel der Entwicklung der Antibiotika vor.

[14] Zu den „Technosciences" siehe Bruno Latour, Science in Action. How to Follow Scientists and Engineers Through Society, MA Cambridge 1987 und zur „Hochtechnologie" Werner

Rammert, Von der Kinematik zur Informatik. Konzeptuelle Wurzeln der Hochtechnologie im sozialen Kontext, in: Soziologie und künstliche Intelligenz. Produkte und Probleme einer Hochtechnologie, hrsg. von Werner Rammert, Frankfurt/M. 1995, S. 65 – 110, und Petra Ahrweiler, Künstliche Intelligenz-Forschung in Deutschland. Die Etablierung eines Hochtechnologiefachs, Münster 1995.

[15] Zum Beispiel bei der Entwicklung und Anwendung von Expertensystemen vgl. Werner Rammert u. a., Wissensmaschinen. Die soziale Konstruktion eines technischen Mediums – Das Beispiel Expertensysteme, Frankfurt/M. 1998.

[16] Siehe zum aktuellen Stand der Debatte Harvey Brooks, The Relationship between Science and Technology, in: Research Policy 23 (1994), S. 477 – 86.

[17] Siehe für viele Norbert Altmann/Dieter Sauer (Hg.), Systemische Rationalisierung und Zulieferindustrie. Sozialwissenschaftliche Aspekte zwischenbetrieblicher Arbeitsteilung, Frankfurt/M. 1989 und Bengt-Ake Lundvall, User-Producer-Relationships, National Systems of Innovation and Internationalization, in: Technology and the Wealth of Nations, hrsg. v. Dominique Foray und Christopher Freeman, London 1993, S. 277 – 300.

[18] Als Selbst-Konfrontation mit den internen latenten Nebenfolgen definiert Ulrich Beck die „reflexive" Modernisierung in der Einleitung zum gemeinsamen Buch mit Anthony Giddens und Scott Lash, Reflexive Modernisierung. Eine Kontroverse, Frankfurt/M. 1996, S. 27.

[19] Für den Wandel der Wissensproduktion siehe vor allem Michael Gibbons/C. Limoges/H. Nowotny/P. Scott/P. Trow, The New Production of Knowledge. The Dynamics of Science and Research in Contemporary Societies, London 1994.

[20] Für die Informatiker und Maschinenbauer vgl. Burkart Lutz/Pierre Veltz, Maschinenbauer versus Informatiker – Gesellschaftliche Einflüsse auf die fertigungstechnische Entwicklung in Deutschland und Frankreich, in: Technikentwicklung und Arbeitsteilung im internationalen Vergleich, hrsg. von Klaus Düll und Burkart Lutz, Frankfurt/M. 1989, S. 213 – 285.

[21] Siehe Ingo Schulz-Schaeffer/Michael Jonas/Thomas Malsch, Innovation reziprok – Intermediäre Kooperation zwischen adademischer Forschung und Industrie, in: Technik und Gesellschaft 9 (1997), S. 91 – 127.

[22] Siehe Anthony Giddens, Tradition [wie Anm. 11]; und Scott Lash/John Urry, Economies of Signs and Space, London 1994.

[23] Auf die „Vielfältigkeit" weist auch Helga Nowotny, Die Dynamik der Innovation. Über die Multiplizität des Neuen, in: Technik und Gesellschaft 9 (1997), S. 33 – 54, hin.

[24] Vgl dazu Anthony Giddens, Die Konsequenzen der Moderne, Frankfurt/M. 1995.

[25] Auf „rekursives Lernen" verweisen Helmut Wiesenthal, Lernchancen der Risikogesellschaft. Über gesellschaftliche Innovationspotentiale und die Grenzen der Risikosoziologie, in: Leviathan 22 (1994) 1, S. 136 – 59; Wolfgang Krohn, Rekursive Lernprozesse: Experimentelle Praktiken in der Gesellschaft. Das Beispiel der Abfallwirtschaft, in: Technik und Gesellschaft 9 (1997), S. 65 – 90.

[26] Joseph Schumpeter, Kapitalismus, Sozialismus und Demokratie, Bern 1946, S. 215 und 218.

[27] Siehe Walter W. Powell, Neither Markets Nor Hierarchy: Network Forms of Organization, in: Research in Organization Behavior 12 (1990), S. 295 – 336; Renate Mayntz, Moderni-

sierung und die Logik von interorganisationalen Netzwerken, in: Journal für Sozialforschung 31 (1992) 1, S. 19 – 32.

[28] Siehe zu diesem Typ von Netzwerken Jörg Sydow, Strategische Netzwerke – Evaluation und Organisation, Wiesbaden 1992.

[29] Eine ähnliche, aber etwas eingeschränktere Auffassung von „Innovationsnetzwerken" haben Christopher Freeman, Networks of Innovation. A Synthesis of Research, in: Research Policy 20 (1991), S. 499 – 514; Uli Kowol/Wolfgang Krohn, Innovationsnetzwerke. Ein Modell der Technikgenese, in: Technik und Gesellschaft 8 (1995), S. 77 – 105.

[30] Das Beispiel stammt von Walter W. Powell/Kenneth W. Koput/Laurel Smith-Doerr, Interorganizational Collaboration and the Locus of Innoation. Networks of Learning in Biotechnology, in: Administrative Science Quarterly (1996), S. 116 – 45.

Autorenverzeichnis

Rudolf Boch, Prof. Dr., geb. 1952, Professor für Wirtschafts- und Sozialgeschichte an der Technischen Universität Chemnitz
Veröffentlichungen u. a.: Grenzenloses Wachstum? Das rheinische Wirtschaftsbürgertum und seine Industrialisierungsdebatte von 1814 bis 1857, Göttingen 1991; The Rise and Decline of „Flexible Production": The German Cutlery Industry since the Eighteenth Century (1760 – 1960), in: C. Sabel u. J. Zeitlin (Hgg.), World of Possibilities: Flexibility and Mass Production in Western Industrialization, Cambridge 1997, S. 153 – 187.

Gerhard Dohrn-van Rossum, Prof. Dr., geb. 1947, Professor für Geschichte des Mittelalters an der Technischen Universität Chemnitz
Veröffentlichungen u. a.: zur Geschichte der Zeitmessung und des Zeitbewußtseins, zur Sozialgeschichte der mittelalterlichen Technik und zur Migration technischer Experten; Die Geschichte der Stunde. Uhren und moderne Zeitordnungen, München (Hanser) 1992, auch engl. u. frz. und japanisch.

Thomas Gering, Ph. D., geb. 1960, Leiter des Technologie-Lizenz-Büros der Baden-Württembergischen Hochschulen
Zahlreiche Veröffentlichungen zu Patentwesen und Technologietransfer im Bereich Hochschulen/Wirtschaft. Unlängst: (mit anderen) Patentwesen an Hochschulen. Eine Studie zum Stellenwert gewerblicher Schutzrechte im Technologietransfer Hochschule-Wirtschaft, Bonn 1996; Best Practice in Technology Transfer Management, NATO Advanced Research Workshop: From Invention to Innovation, Budapest 1997.

Kees Gispen, Prof. Dr., geb. 1943, Associate Professor of History, University of Mississippi/USA
Veröffentlichungen u. a.: New Profession, Old Order: Engineers and German Society 1815 – 1914, Cambridge 1989; National Socialism and The Technological Culture of the Weimar Republic, in: Central European History 25, 4 (1992), S. 387 – 406.

Siegfried Greif, Dr. Dipl. Volkswirt, geb. 1938, Leiter der Statistik im Deutschen Patentamt, Lehrbeauftragter für Patentinformation/Patentökonomie an der Humboldt-Universität Berlin und an der Technischen Universität München
Jüngere Veröffentlichungen: Patente und Wirtschaftszweige (zus. mit G. Potkowik, Köln/Berlin/Bonn/München 1990; Naturwissenschaftlich-technische Forschung und Entwicklung in der Deutschen Demokratischen Republik und in

den neuen Bundesländern. Eine patentstatistische Analyse, in: Laitko / Parthey / Petersdorf (Hgg.), Wissenschaftsforschung. Jahrbuch 1994/95, Marburg 1996; Patentatlas Deutschland. Die räumliche Struktur der Erfindungstätigkeit, München 1998.

Erich Häusser, Prof. Dr., Präsident des Deutschen Patentamts a. D., International President Abu-Ghazaleh Intellectual Property; Lehrbeauftragter für Patentrecht an der Technischen Universität Chemnitz
Zahlreiche Publikationen zu verschiedenen Themen des gewerblichen Rechtsschutzes.

Peter Kirchberg, Prof. Dr., geb. 1934, Professor für Technik- und Verkehrsgeschichte an der Hochschule für Verkehrswesen in Dresden (bis 1992), seit 1993 Berater der AUDI AG Ingolstadt für Traditionspflege und Unternehmensgeschichte
Zahlreiche Publikationen zur Kraftfahrzeugtechnik- und Verkehrsgeschichte. Unlängst: Bildatlas Auto Union. Eine technischhistorische Fotodokumentation, Stuttgart 1987; Dixi, Horch, Trabant & Co, Suderburg 1990; Horch-Prestige und Perfektion, Suderburg 1994.

Arno Körber, geb. 1934, Leiter der Patentabteilung der Siemens AG bis Oktober 1997, seitdem Repräsentant des Hauses Siemens im gewerblichen Rechtsschutz gegenüber staatlichen und nichtstaatlichen Einrichtungen und Organisationen. Vorstandsfunktionen in zahlreichen Verbandsgremien
Publikationen zu verschiedenen Themen des gewerblichen Rechtsschutzes, insbesondere zum Schutz von Software-Erfindungen und von Topographien von integrierten Schaltkreisen.

Friedrich Naumann, Prof. Dr., geb. 1940, Professor für Wissenschafts-, Technik- und Hochschulgeschichte an der Technischen Universität Chemnitz
Veröffentlichungen u. a.: 150 Jahre Ingenieurausbildung in Chemnitz/Karl-Marx-Stadt – Vorbereitung und Höhepunkte des Jubiläums im Jahre 1986. Karl-Marx-Stadt 1990; Bergstadt Freiberg – Exkursionsführer, Karl-Marx-Stadt 1989, Chemnitz 1995; Georgius Agricola – 500 Jahre: Wissenschaftliche Konferenz vom 25. – 27.3.1994 in Chemnitz, Freistaat Sachsen. Basel, Boston, Berlin 1994 (Herausgeber); Denkmale der Technik und Kultur im Erzgebirge – Exkursionsführer. Chemnitz 1996; Carl Julius von Bach (1847 – 1931). Pionier – Gestalter – Forscher – Lehrer – Visionär, Stuttgart 1998.

Werner Rammert, Prof. Dr., geb. 1949, Professor für Soziologie an der Freien Universität Berlin

Mitherausgeber der Jahrbücher „Technik und Gesellschaft". Wichtigste Buchpublikationen: Das Innovationsdilemma, Opladen 1988; Technik aus soziologischer Perspektive, Opladen 1993; (mit anderen) Wissensmaschinen, Frankfurt a. M. 1998; (Hg.), Technik und Sozialtheorie, Frankfurt a. M. 1998.

Günter Reiner, geb. 1941, Ministerialrat im Bundesministerium für Bildung, Wissenschaft, Forschung und Technologie mit den Aufgaben Justitiar, Patentwesen, Erfinderförderung

Ulrich Schmoch, Dr. phil. Dipl.-Ing., geb. 1954, Stellv. Abteilungsleiter am Fraunhofer-Institut für Systemtechnik und Innovationsforschung in Karlsruhe

Vielfältige Monographien und Fachpublikationen zu den Themen Patentindikatoren, technologische Wettbewerbsfähigkeit und Technologietransfer, Unlängst: (zus. mit G. Reger Hgg.), Organisation of Science and Technology at the Watershed, Heidelberg 1996; (zus. mit H. N. Abramson und anderen Hgg.), Technology Transfer Systems in the United States and Germany, Washington D. C. 1997.

Gerd Wystemp, Dipl.-Ing., geb. 1936, Patentanwalt in der Partnerschaft Lippert, Stachow, Schmidt & Partner/Chemnitz, Mitglied des Vorstandes des Sächsischen PAV e. V. Dresden

STUDIEN ZUR TECHNIK-, WIRTSCHAFTS- UND SOZIALGESCHICHTE

Herausgegeben von Hans-Joachim Braun

Für uns sind die vielen „Klassiker", die in den Werken unserer Gründerfirmen kreiert wurden, nicht das Wesentliche. Sondern die in rund hundert Jahren gewonnene Erfahrung, die es uns heute möglich macht, im Sinne des Menschen zukunftweisende Automobile zu bauen. Neu zum Thema: Das Audi Traditionsvideo. DM 20,– zzgl. Versandkosten. Nähere Infos: 0 84 58/32 95-21.

Das haben wir vielen
Automobil-Herstellern voraus:
Vergangenheit.

AUDI
Vorsprung durch Technik